航|空|航|天|新|兴|领|域|高|等|教|育|教|材

时空基准概论

INTRODUCTION TO SPACE-TIME DATUM

徐龙威　吴忠望　高　鹏/编

U0415324

国防工业出版社
National Defense Industry Press
·北京·

内 容 简 介

本书介绍综合导航定位定时体系下各类基准的基本知识和方法，内容涵盖天球坐标基准(深空基准)、地球坐标基准、重力基准、高程基准、地磁基准和时间基准等。采用专题化章节设置，对各类基准的基本概念、观测技术、建立和维持方法以及具体实现进行了系统介绍。

本书可供天文学、空间科学、地球科学、航空航天、测绘导航等学科师生作为课程教材或教学参考书，为学习时空基准知识的学生和工程技术人员提供参考。

图书在版编目（CIP）数据

时空基准概论 / 徐龙威，吴忠望，高鹏编. -- 北京 : 国防工业出版社，2024. 11. -- ISBN 978 - 7 - 118 - 13508 - 4

Ⅰ. P229

中国国家版本馆 CIP 数据核字第 2024ED1980 号

※

国防工业出版社 出版发行

（北京市海淀区紫竹院南路 23 号　邮政编码 100048）

三河市天利华印刷装订有限公司印刷

新华书店经售

*

开本 787 × 1092　1/16　印张 14¼　字数 332 千字

2024 年 11 月第 1 版第 1 次印刷　印数 1—2000 册　定价 92. 00 元

（本书如有印装错误，我社负责调换）

国防书店：（010）88540777　书店传真：（010）88540776

发行业务：（010）88540717　发行传真：（010）88540762

序 言

时空基准框架是国家重要的基础设施，是我国更加泛在、更加融合、更加智能的综合时空体系建设的重要内容，是国家社会经济建设和国防建设的重要支撑。

中华人民共和国成立以来，我国时空基准建设取得了显著成绩。坐标基准方面，先后建成了三代坐标系统，即1954北京坐标系、1980西安坐标系、2000国家大地坐标系及其2000坐标框架；重力基准方面，先后建成了1957重力基准网、1985国家重力基准网和2000重力基准网；高程基准方面，建成了1956年黄海高程系统和1985国家高程基准。时间基准建设方面，中国时间钟组在国际原子时中占比有了较大幅度提升，从2017年的7.8%上升到2022年的15.74%，成为继美国、俄罗斯之后的第三贡献大国（据国际计量局2022年度报告）。

航天工程大学作为我军培养航天人才的高等教育院校，也是培养时空基准领域专业人才的重要基地。航天工程大学导航时频教研团队近年来在时空基准领域取得了一系列科研和教学成果。徐龙威、吴忠望、高鹏三位老师在自己学术成果的基础上，结合大量国内外文献，完成了本书的编写。

本书对天球坐标基准（深空基准）、地球坐标基准、重力基准、高程基准、地磁基准和时间基准的基本概念、发展历程、观测技术、建立和维持方法进行了系统性介绍，着重介绍了航天技术在时空基准建立与维持中发挥的重要作用。本书内容全面、专业，适合作为测绘、导航相关专业的本科生教材，也可作为时空基准领域相关从业者的参考书。

杨元喜

2024年3月

序 言

前 言

2018年，习近平总书记在向联合国全球卫星导航系统国际委员会第十三届大会致贺信中指出，我国在2035年前将建设完善更加泛在、更加融合、更加智能的综合时空体系。2022年，国务院新闻办公室发布的《新时代的中国北斗》白皮书中也明确提出，中国将建设技术更先进、功能更强大、服务更优质的北斗系统，建成更加泛在、更加融合、更加智能的综合时空体系，提供高弹性、高智能、高精度、高安全的定位导航授时服务，更好惠及民生福祉、服务人类发展进步。时空基准作为整个时空体系的重要组成部分和基础底座，在生产生活的各个领域均发挥着举足轻重的作用。在注重大数据融合应用的数字经济和智能化时代，各种时空基准的融合更是实现大数据融合的前提。

近年来，关于时空基准的文献大量涌现，国内外已经出版了几本相当优秀的时空基准相关的书籍，受到了广大时空信息从业者的喜爱。与这些书籍相比，本书加大了航天技术在时空基准建立与维持中应用的介绍，如卫星定位技术、卫星重力测量技术、GNSS水准测量技术、卫星测磁技术、甚长基线干涉测量技术等。

本书共7章，在对时空基准进行总体概述之后，依次介绍了天球坐标基准、地球坐标基准、重力基准、高程与深度基准、地磁基准以及时间基准。第1章时空基准概述，依次介绍了时空基准的基本概念、理论基础、主要构成以及典型应用。第2章天球坐标基准，即深空基准，介绍了天球与天球坐标系的基本概念、建设天球坐标系的主要空间观测技术，以及主要天球参考框架。第3章地球坐标基准，介绍了地球坐标系的基本概念、主要空间观测技术、国际地球参考框架、中国的大地坐标系以及卫星大地控制网的建立过程。第4章重力基准，介绍了地球重力场的基本概念、重力测量的常用方法以及主要重力基准。第5章高程与深度基准，主要介绍常用的高程系统、主要高程测量方法，以及深度基准的基本概念。第6章地磁基准，介绍了地磁场的基本知识、地磁场的表示以及地磁场的测量技术。第7章时间基准，介绍了主要的时间系统、时频信号的测量、卫星导航系统的时间系统以及主要授时技术。地球坐标基准和时间基准是最为常用的时空基准，本书也花费了更多的篇幅对这两类基准进行了更为翔实的介绍。

时空基准的理论知识涉及多个学科，本书尝试将多学科的知识融合，对陆、海、空、天、磁各领域基准的理论知识、观测技术和实现方法进行系统化的介绍，为学习时空基准知识的学生和工程技术人员提供参考。

本书在编写过程中，参考和应用了许多国内外专家、学者的著作和文献。在此，谨向这些著作及文献的作者表示衷心感谢。

由于编者水平有限，书中难免有不当之处，敬请广大读者批评指正。

编 者

2024年3月

目 录

第1章　概述

1.1　时空与时空基准的基本概念

“时间无尽，空间无界，质量无限”是建立大千世界万事万物的最基本假设。时间、空间和物质是描述宇宙的基本元素，人类社会80%以上的信息具有时空属性。时间与空间是宇宙万物的基本属性，是人类一切活动的基础。时间和空间是物质的存在形式，两者合称时空。

从物质运动的角度来看，一般认为，时间是人类用以描述物质运动过程或事件发生过程的参数，即物质的持续性和顺序性；空间是物质存在的客观形式，表示长度、宽度、高度和大小，即物质的广延性和方位性。空间的特点是其三维性，任何现实的存在都只能在三个方向上体现自己的广延、伸张和与其他事物的距离。时间的唯一特性是它的一维性，又称“不可逆性”或“一去不复返性”。

为了更加准确化、精细化和数量化地定义和表达时间与空间，需要建立时间和空间基准。时空基准由时空参考系和时空参考框架组成，是为了测定空间点的几何、物理和时频参数而建立的统一的度量体系。

时空参考系定义了时空测量的起算基准和尺度，规定了时空基准的实现方式，包括理论、模型和方法。例如，空间坐标系的三轴指向、多源观测数据融合方法等。

时空基准框架是时空参考系的具体实现，由一系列的坐标、速度等参数已知的台站构成。例如，利用空间测量技术确定基准站点的坐标及时变特征可实现地球参考框架；利用水准测量和重力测量确定基准点的高程可实现高程基准的参考框架；通过时间比对或溯源的方式确定各地基准钟的时差以实现全球时间基准框架。

1.2　时空基准的理论基础

从现代科学理论上看，要定义严密的时间和空间基准，首先需要明确建立这些参考基准所依赖的时空观等理论基础。

1.2.1　欧几里得几何

欧几里得几何源于公元前3世纪，古希腊数学家欧几里得把人们公认的一些几何知识作为定义和公理，在此基础上研究图形的性质，推导出一系列定理，组成演绎体系，写出《几何原本》，形成了欧几里得几何，简称“欧氏几何”。

欧氏几何的五条公理是：

（1）任意两个点可以通过一条直线连接；

（2）任意线段能无限延长成一条直线；

（3）给定任意线段，可以以其一个端点作为圆心，该线段作为半径作一个圆；

（4）所有直角都相等；

（5）若两条直线都与第三条直线相交，并且在同一边的内角之和小于两个直角和，则这两条直线在这一边必定相交。

1.2.2 牛顿时空参考系统

在牛顿运动定律中，为描述物体运动，需要物体瞬时的位置、速度、加速度，这就抽象出一维时间和三维空间的坐标系概念。为此，牛顿创造出四维绝对时空的概念。牛顿在《自然哲学的数学原理》中说："绝对空间，就其本性来说，与任何外在的情况无关。始终保持着相似和不变"。"绝对的、纯粹的数学的时间，就其本性来说，均匀地流逝而与任何外在的情况无关"。绝对时空的本质是时空与任何具体物体以及观测者的运动状态无关，绝对时间均匀流逝，绝对空间符合三维欧几里得几何。选择相对于绝对空间静止或匀速直线运动为参照所得出的参考系，就是惯性参考系。牛顿运动定律成立于惯性参考系，又称牛顿参考系。

在牛顿运动定律提出后的200多年中，物理学者完成了很多个检核牛顿运动定律的实验与观测，对于一般的状况，牛顿运动定律能够计算出很好的近似结果。牛顿运动定律、牛顿万有引力定律、微积分数学方法，这些理论前所未有地对于各种各样的物理现象给出了一致的定量解释。虽然不断有人对牛顿的绝对时空概念提出异议，并且实际上也没有存在绝对时空的证据，但是牛顿力学和万有引力等规律在各个领域应用得非常成功，牛顿绝对时空理念一度主导了自然科学和哲学界。

对于某些状况，牛顿运动定律并不适用，这时需要更高阶的物理理论。超高速或非常强烈重力场的状况下，我们需要相对论修正和解释一些天体运动和现象，例如黑洞。在原子尺度，我们需要量子力学解释原子的发射光谱等物理现象。但是现代工程学里，对于一般应用案例，像车辆或飞机的运动，牛顿运动定律及其对应的牛顿时空参考系已能准确地解释和计算工程师遇到的问题。

1.2.3 相对论框架下的时空参考系

相对论是关于时空和引力的理论，主要由爱因斯坦创立，根据其研究对象的不同可分为狭义相对论和广义相对论。相对论和量子力学的提出给物理学带来了革命性的变化，它们共同奠定了现代物理学的基础。相对论极大地改变了人类对宇宙和自然的"常识性"观念，提出了"同时的相对性""四维时空""弯曲时空"等全新的概念。

在相对论框架中，时间与空间的概念与牛顿力学有本质的差别。根据狭义相对论，时间和空间是相对的、统一的，既没有绝对的空间，也没有绝对的时间。对于存在相对运动的不同参考系，与其相应的"时间"和"空间"是不一样的。换句话说，对于时空中发生的两个确定的事件，如果有两个相对运动的观测者拿着同样的"尺子"和"钟"来测量事件发生的空间距离和时间间隔，其结果是不相同的。其差异依赖于两个观测者的相对速度，相对速度越大，差异就越大。根据广义相对论，在引力场的作用下，时空不是平直的欧几里得空间，而是一个弯曲的四维伪黎曼空间。

相比牛顿力学，相对论时空参考系的概念要复杂得多，时间和空间与观测者相关联，其度量特性则由引力场决定。因此，时间和空间既不能绝对分开，也不具有平直的欧几里得特性。相对论时空参考系由表征时空点位坐标的时空参考框架和各种与时空度规相关的物理常数和模型构成。

1.2.4　局域惯性参考系

由于时空的同一性和弯曲性，时空的整体度量变成了十分复杂的问题。然而，对时空的测量在概念上却并不非常复杂。测量总是在观测者的局域时空中进行，在局域范围内，时间和空间不但可以分离而且可以看作平直的，因此在观测者附近的局域时空范围内可以建立局域惯性笛卡儿坐标系。这个惯性笛卡儿坐标系就是与观测者相对静止的并且相互垂直的三轴框架。局域惯性笛卡儿坐标系加上观测者所携带的“钟”，就构成了一个局域惯性参考系。有了这个局域惯性参考系，观测者就可以对其附近所发生的事件进行时间、距离和方向的测量。局域惯性参考系的选定一般满足以下条件：

（1）坐标原点是在时空中自由运动的质点；

（2）时间参考是原点处共动原子钟的读数；

（3）空间轴或坐标基的向量相对于惯性陀螺没有空间转动。

质心天球参考系（BCRS）的坐标原点是太阳系质心（考虑太阳和行星所有质量的分布），其坐标轴相对于遥远天体没有空间旋转，在不考虑太阳系引力场的情况下，太阳系质心天球参考系可视为一个全局惯性时空参考系，主要用于研究太阳系天体的轨道运动和构建遥远天体的观测模型。

地心天球参考系（GCRS）的坐标原点定义在地球质量中心，并且空间坐标轴相对于BCRS没有空间旋转，在不考虑地球自身引力场的情况下，GCRS可视为地球附近空间的局域惯性参考系。相对于BCRS，GCRS的坐标正交特性只在地球局域空间范围内成立。它主要用于研究地球自转和人造卫星的轨道运动。

1.3　时空基准的主要内容

时空基准按其基本属性可划分为空间基准和时间基准，如图1.1所示。空间基准是描述空间点位置所采用坐标系统的定义及相应参数，通常包括原点、轴向和尺度，以及其他物理参数。空间基准又可进一步划分为几何基准和物理基准。几何基准以坐标的形式为确定地球及其外部空间的几何位置提供参考，又称坐标基准。坐标基准包括天球坐标基准和地球坐标基准。物理基准是基于地球的物理场和空间点的位能水平建立的空间基准，主要有重力基准、高程基准、深度基准以及地磁基准。时间基准规定了时间测量的参考标准。重力、高程

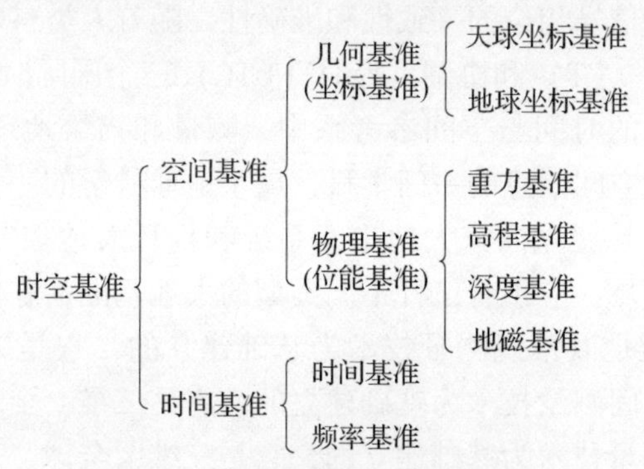

图1.1　时空基准基本体系框架

和深度基准的表征方式都是垂直于基准面的一维物理量，又可统称为垂直基准。在大地测量学中，通常将地球坐标基准、重力基准、高程基准和深度基准统称为大地基准。

天球坐标基准是描述天体在空间的位置坐标和运动的参考坐标系统，又称深空基准。在进行天文学研究时，通常把整个天空假想为一个巨大的天球，将所有天体投影到天球上，通过选定基本圈和基本点建立天球坐标系。天球参考框架是天球参考系的物理实现，由一定数量具有参考历元坐标的天体构成。

地球坐标基准是固定在地球上与地球一起旋转的空间坐标系，用于研究地球表面上点的位置坐标及其变化。地球参考框架是地球参考系的具体实现，由一组指定的附着于地球表面上并经过精密测定了站坐标的地面站点组成。

重力基准是在地球及其外部空间开展重力测量的起算基准，是由绝对重力值已知的重力基准点构成。世界公认的起始重力点称为国际重力基准。

高程基准是推算国家统一高程控制网中所有水准高程的起算依据，用于表达地面或近地空间点的垂直方向上的高度，包括一个水准基面和一个永久性水准原点。水准基面理论上采用大地水准面，它是一个延伸到全球的静止海面，也是一个地球重力等位面。水准基面实际上是取验潮站长期观测结果的平均海面。

深度基准是海图及各种水深资料的深度起算基准，由深度基准面构成。由于海水面是一个动态面，为获得固定的海水深度值，需要将实时测得的深度值归算到一个参考面上，即深度基准面。

地磁基准是描述空间某一点地磁场强度和方向的地磁参考。自从高斯把球谐分析方法引进地磁学，作为建立地磁场的数学描述方法以来，地磁学得到了极大的发展。为了对基本磁场的高斯系数给出一个全世界通用的标准，从 1968 年开始，国际地磁学和高空大气学协会（IAGA）相继讨论和通过了多个不同年代的基本磁场模型，至今共发布了 13 代的国际地磁参考场（IGRF），其精度不断提高，适用的时间范围也逐渐延伸。IGRF 模型广泛应用于科研、生产、通信和航天等领域，在地磁测量中可利用其完成对测量值的预估与比对、正常梯度改正等工作。

时间基准是描述事件发生时刻所采用的时间系统及相应参数，通常包括时间的起点和秒长，也称时间尺度或时间系统。任何一种时间基准都必须建立在某个频率基准的基础上，因此，时间基准和频率基准实质上是等价的，时间基准也可称为时频基准。时间基准的作用包括：时间统一，即保障时刻和时间间隔表达的一致性；频率校准，即保障频率的准确性和同步性；相位同步，即保障信号相位的一致性和准确性。随着人类科学技术的发展，先后建立了世界时（UT）、历书时（ET）和协调世界时（UTC）三个国际时间系统。

大地测量学是在一定的时间与空间参考系中，测量和描绘地球及其重力场并监测其变化，为人类活动提供地球空间信息的一门学科，属于地球科学的一个分支。大地基准是大地测量学的主要研究内容，是建立国家大地坐标系统和推算大地控制网点大地坐标的基本依据。目前在导航和测绘领域，应用着三种不同类型的大地基准，它们各有特定的服务对象和适用范围。传统大地基准是以常规测量技术为基础建立的，它是二维、局部、参心、静态的。现代大地基准是以空间测量技术为基础建立的，它是三维、全球、地心、半动态的。卫星大地基准也是以空间测量技术为基础建立的，它是三维、全球、地心、动态的。前两种大地基准主要应用于测量与制图，它的具体表现形式是分布于全球各地的大地控制网及其测量标志，最后一种作为卫星导航系统（GNSS）的空间基准。

为统一各种类型、不同区域的垂直基准，实现卫星定位技术代替高等级水准测量，20 世纪末，国际大地测量学者提出了垂直参考系统和垂直参考框架概念。垂直基准是理论定义或约定的垂直参考系统与具体实现和应用的垂直参考框架的统称。垂直参考系统由一维的垂直几何量和垂直物理量，以及相互之间的大地测量转换函数关系构成。垂直几何量是地球参考系统的大地高，垂直物理量是垂直基准的正（常）高和重力等。由于大地高是坐标基准在垂直方向的一维坐标，因此，垂直基准中垂直几何量与垂直物理量之间的大地测量转换关系一般用大地高和重力位的二维函数形式来表达。垂直参考框架是垂直参考系统的具体实现形式，是高程基准、深度基准和重力基准等垂直基准在地球参考框架中的具体实现。垂直参考框架的空间参考网也称垂直参考网。垂直参考框架通常采用坐标基准的空间参考网和垂直基准的地面参考网并置的方式建立，它通过整合垂直参考网中的几何和物理大地测量观测量，基于坐标基准、垂直基准和地球重力场组合理论方法，来实现和维持垂直参考框架。

1.4　时空基准的典型应用

时空基准是国家重要的基础性战略资源，对于维护国家安全和拓展国家利益具有重要意义。时空基准是描述真实世界的空间位置及时变的参考系统，主要为各种时空信息的生成与应用提供起算数据，是确定空间信息的几何形态和时空分布的基础。可以说，人类活动的足迹延伸到哪里，时空基准的服务就要保障到哪里。

1.4.1　时空基准在航天领域中的典型应用

航天器的发射、制导、跟踪、遥控以及返回都是在高精度的时空基准保障下完成的。

在航天工程中，通过由测控站组成的航天测控网来确定航天器的运动状态（轨道、姿态）和工作状态，对航天器运动状态进行控制、校正并建立航天器的正常状态，对航天器在运行状态下进行长期管理等。测控站在大地坐标系中的精密位置由大地测量方法精确测定，实施测控作业时，通过测定测控站至航天器的径向距离、距离变化率、高度角和方位角等，由已知站坐标解算出航天器的位置。卫星精密定轨依赖于其定轨动力学方程中给定的扰动重力位展开系数的准确程度，低阶地球重力场模型可保证低轨卫星分米级的定轨精度。

时间和频率是航天测量系统所用的十分重要的参数。由于航天试验的特点决定了其测量系统必须分布在辽阔的地域，甚至还有天基测量系统。为了使由各种设备和系统组成的测量系统能协调一致地工作，必须建立时间统一系统，以实现全系统时间和频率的统一。时间统一系统的典型作用有标记航天器中重要事件的时刻、统一航天器测量系统的时间和频率，以及提供对航天器飞行控制所需的精密时刻。

1.4.2　时空基准在现代战争中的典型应用

信息化战争是以信息为基础、以信息化武器装备为主要战争工具和作战手段，陆海空天多军兵种一体化作战，通过信息精确控制，战场实时监控和目标精确打击等方式，实施进攻与防御的体系对抗。在现代信息化战争舞台上，如果没有统一的时空基准，就不可能实现真正意义上的联合作战。美国军方认为，空间位置（纬度、经度、高度）和时间在防御和战斗中起着关键性作用，高准确度的时钟和频率源对于国防部具有生死攸关的意义。因为这些信息的准确度和稳定度是保证指挥、控制、通信和情报、技侦、电子战、导航制导和敌我识别系统性能的决定性因素。

洲际导弹飞行的主动段和被动段都需要精确的扰动重力场参数以校正预定弹道的偏离，主要包括扰动重力和垂线偏差。扰动引力对 10000～15000km 射程可产生 1～2km 的落点偏差；对 3000～5000km 的中远程导弹可产生 200～500m 的落点偏差，发射点垂线偏差在这一射程上也可产生 1km 左右的落点偏差。另外，洲际导弹的发射方位角也是需要高精度的空间基准保障。5″的方位偏差对 10000km 射程可产生约 200m 落点偏差，故需要精确的方位角来限制这一误差。

军用大地控制网，简称“军控网”，是为军事需要而布测的专用大地控制网。军控网通常是在国家大地控制网的基础上进一步加密军控点而成，当某些地区的国家大地控制点稀疏时，亦可布测国家三、四等点代替军控点加密。军控网的用途是：为加密炮兵控制网提供控制基础；为炮兵联测炮兵战斗队形、导弹部队联测发射阵地和雷达部队联测雷达阵地提供起算数据。

美国国防部早在 1971 年就对其精密时间标准进行了严格规范，明确规定以美国海军天文台（USNO）标准时间 UTC（USNO）为美国国防部时间标准，实现了美军全球化战略时间标准的高度统一。在阿富汗战争、伊拉克战争中，大批轰炸机、战斗机利用卫星精确定位和高精度授时系统，对各重要目标实施精确打击、高效摧毁，成为夺取胜利的关键因素。中国人民解放军军用标准时是中国人民解放军规定的在军事活动中统一使用的时间参考，属于协调世界时，用 UTC（CMTC）表示。

1.4.3　时空基准在社会生产生活中的典型应用

（1）空间基准是实施测绘地形图任务的首要工作。

在地形图测绘中，以控制网作为空间基准，能够控制大面积测图产生的误差传递和累积。基于长期稳定的国家空间基准（大地控制网）测图，能够统一点位坐标，实现不同部门、不同时期、不同地区地图的拼接和转换。在地形图投影工作中，通常基于一定的数学方法将空间基准点（控制点）投影到平面上，再基于这些平面点位置控制在平面上测绘地图。

（2）空间基准是贯穿工程建设全过程的基础设施。

设计阶段，设计人员必须在高精度大比例地形图上进行设计规划；施工阶段，如隧道贯通、建筑部件安放都需要高精度的空间基准点提供支持；工程竣工后，仍然需要长期稳定的空间基准点，监测建筑物变形沉降。

（3）时间基准是确保电力系统安全的关键要素。

随着社会经济的发展，电网的智能化程度越来越高，自动化电网和以高压输电为主的大电网占较大的比例，而这些高压设备长期处于无人值班状态，由数千米外的调度员监管。电网运行情况瞬息万变，为了在其发生事故时能够及时得到处理，需要统一的时间基准，以保证调度自动化系统、故障排查系统等一系列变电站自动化装置运行的准确性。统一的全网时间标准决定了这些装置的正常运行及其发挥的作用，因此，电网内的变电站和调度中心需要建立专用的时间同步系统，不断提高时间同步系统的对时精度，以保证电力系统运行的安全性、稳定性和可靠性。

1.5　时空基准与卫星导航系统的关系

1.5.1　时空基准是卫星导航系统的技术基础

全球卫星导航系统的运行必须基于一个统一的时空基准。自洽的时空基准确保了卫星导航系统定位、导航和授时（PNT）服务各个环节空间位置坐标和时间系统的统一，保证了空间位置坐标和时间服务的一致性。卫星导航系统的时空基准是指卫星导航系统的空间坐标和时间参考，由相应的卫星导航系统空间坐标系统和时间系统以及它们相应的参考框架来实现。为了体现独立性，各卫星导航系统都有独立的空间和时间参考系统。

卫星导航系统空间坐标基准规定了卫星导航系统 PNT 服务的起算基准、尺度基准以及实现方式。各卫星导航系统均独立建设有自己的空间基准，美国全球定位系统（GPS）使用 1984 年世界大地坐标系（WGS－84）参考框架，俄罗斯全球卫星导航系统（GLONASS）使用 PZ－90 地心地固参考框架，欧盟卫星导航系统（Galileo）使用伽利略地球参考框架（GTRF）以及我国北斗卫星导航系统（BDS）使用北斗参考框架（BTRF），它们都与国际地球参考框架（ITRF）对准，定义也基本一致。

卫星导航系统时间基准规定了时间测量的参考标准，包括时刻的参考标准和时间间隔的尺度标准。卫星导航定位技术是基于卫星无线电信号传播时间的高精度测量，时间信息的生成、保持和测量是其技术基础。卫星导航系统的系统时间是由地面原子钟（和/或星载原子钟）产生和保持的，是导航卫星、地面和用户终端的统一时间参考。卫星导航系统的系统时间通过建立与国家标准时间的比对和溯源关系，保持与 UTC 的同步，从而实现授时功能和各卫星导航系统间的时间兼容。

1.5.2　提供时空基准是卫星导航系统的核心任务

卫星导航定位技术是指采用导航卫星对地面、海洋、空中和空间用户进行导航定位的技术。全球卫星导航系统凭借其全天候、全空间、三维定位与测速、实时高精度导航的技术优势，已成为 PNT 体系的核心。

导航卫星配置高精度、高稳定度的原子钟，其播发精确的时间和频率信息是理想的时间同步时钟源，可以实现精确的时间或频率传递。利用导航卫星传送精确的时间和频率信息是卫星导航系统的重要应用，广泛、免费分享原子钟的精确时间而不需要一般用户自己装备昂贵的原子钟。基于卫星定位技术的时频服务技术，在通信系统数据通信网络精确定时、电力系统电力网的同步切换以及金融系统的时间同步等领域发挥了突出的作用。

1.5.3　卫星导航定位技术是建立全球统一时空基准的重要手段

卫星导航定位技术凭借着其基准站在空间分布上的数量和密度的优势，以及相对低廉的建设成本以及高精度的定位，在各类参考框架的建设和维持方面发挥着举足轻重的作用，成为建立时空基准参考框架必不可少的技术手段。

国际 GNSS 服务（IGS）基于遍布全球的卫星定位基准站观测数据建立了 IGS 参考框架，向全球用户提供一个稳定可靠的地球内部参考框架。各个国家和地区根据自己的需要，通常也会基于卫星定位技术建立自己的坐标基准。我国 2000 国家大地坐标系（CGCS 2000）框架是在 2003 年完成的 2000 国家 GPS 大地控制网平差基础上建立起来的。

卫星导航时频传递技术具有精度高、全天候、全球覆盖、实时连续等优势，是当今标准时频信号传递的主要手段。通过导航卫星“共视”等技术可实现不同国家实验室之间的高精度的时间信息交流。

习　题

1. 从物质运动角度，如何定义时间和空间？
2. 请简单概括近代以来构建时空基准的基本理论。
3. 请简要分析时空基准的基本体系框架。
4. 请论述时空基准与卫星导航系统的关系。
5. 请列举一项时空基准在生产生活中的典型应用，并简要分析。

第2章　天球坐标基准

天球坐标基准是描述天体在空间的位置坐标和运动的坐标系统，又称深空基准。

2.1　天球与天球坐标系

2.1.1　天球

2.1.1.1　天球概念

当我们仰望天空观看天体时，天空好像一个巨大的半球罩着大地，所有的日月星辰都镶嵌在这个半球的内壁上，而我们自己无论在地球上什么位置，都好像处于这个半球的中心。这是由于天体和观测者间的距离与观测者随地球在空间中移动的距离相比要大得多，在地球上无法分辨不同天体与我们之间距离的差异，所以看上去天体似乎都离我们一样远。我们所看到的这个假想的以观测者为球心、以任意长为半径的圆球，称为天球，如图2.1所示。天球是直观视觉所作的科学抽象，而不是客观存在的实体。天球一直作为一种辅助工具被天文学所采用，目的是便于研究天体的位置和运动。

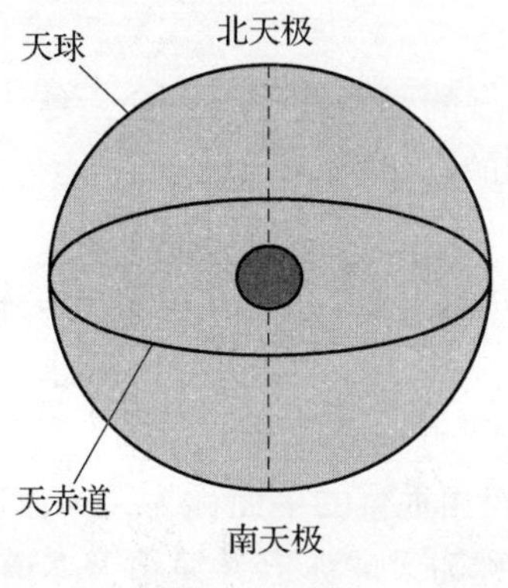

图2.1　天球

天球不仅具有天空的直观形态，而且具有明确的定义与内涵，人们借助天球的科学概念发展了一整套数学运算体系，天球具有如下特点：

（1）天球中心可以任意选取。通常选取观测者所在的点作为天球中心，根据观测者所处位置的不同，天球可分为站心天球、地心天球、日心天球等。

（2）天球半径可以任意选取。通常选取无穷大；有时为了方便研究某些问题，也常取为单位长度。

（3）天体在天球上的位置是把天体从天球中心投影在天球面上所得到的点。

（4）天球上任意两点之间的距离是这两点间的大圆弧弧长，用角度来表示，称为角距离。观测者只能辨别天体在天球上的方向，线距离是没有意义的。

（5）地面上不同点看同一天体的视线方向是互相平行的；一个天体发射到地面上不同

地方的光互相平行。

有了天球，认识天体就方便了，因为不论天体离观测者多么遥远，都可以把它们投影到天球上，并以天球为基础建立天球坐标系，用球面坐标来表示它们的位置。

2.1.1.2 天球上的基本点、线、圈、面

天球的基本点和基本圈是建立球面坐标的基础，经常用到的基本点和基本圈如下。以下描述中标号参考图2.2。

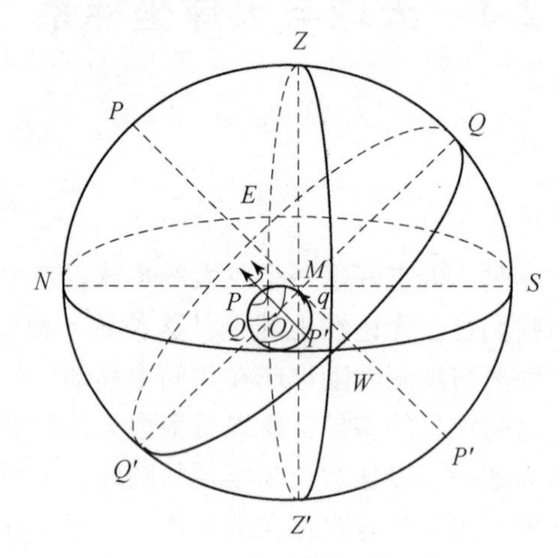

图2.2 天球上的点、圈、面

1）天顶和天底

过天球中心做一直线与观测点的铅垂线平行，交天球于 Z 和 Z' 两点，立于观测者头顶的一点 Z 称为天顶，与天顶相对的点 Z' 称为天底。

2）天轴和天极

通过天球中心 O 与地球自转轴平行的直线 POP' 称为天轴。天轴与天球相交的两点 P 和 P'，称为天极。相应地球北极的一点 P 称为北天极，地球南极的一点 P' 称为南天极。

3）天球赤道

通过天球中心 O 与天轴 POP' 相垂直的平面称为天球赤道面，它同地球赤道面平行，天球赤道面与天球相交的大圈 QQ' 称为天球赤道（简称天赤道）。平行于天赤道的小圈称为周日圈或赤纬圈。

4）地平圈

通过天球中心 O 垂直于铅垂线的平面称为天球地平面（简称地平面），它与天球相交的大圈 $NESW$ 称为天球地平圈（简称地平圈），平行于地平圈的小圈称为等高圈或地平纬圈。

5）天球子午圈

过测站铅垂线 ZOZ' 和北天极 P 的平面称为天球子午面，天球子午面与天球相交的大圈称为天球子午圈。也可以说通过测站天顶 Z 和南天极 P' 的大圈即为测站的天球子午圈。

6）四方点

天球子午面与天球地平面垂直，它们的交线称为子午线。子午线与天球相交于 N、S 两点，靠近北天极 P 的一点 N 称为北点，和它相对的另一点 S 称为南点。

天赤道 QQ' 与地平圈 $NESW$ 相交于 E 和 W 两点，观测者从天顶向下看，在地平圈上与

北点 N 顺时针方向相距 90°的点 E 称为东点，逆时针方向相距 90°的点 W 称为西点。E、W、S、N 统称为四方点。

7）上点和下点

天球子午圈含 Z 的半圆称为上天球子午圈，含 Z'的半圆称为下天球子午圈，上天球子午圈与赤道的交点 Q 称为上点；下天球子午圈与赤道的交点 Q'称为下点。

8）垂直圈和天球卯酉圈

通过天顶 Z 和天底 Z'的大圈称为垂直圈。过东点 E、西点 W 的垂直圈称为天球卯酉圈。

9）时圈

凡是通过南北天极的大圈均称为时圈。时圈有无数个，天球子午圈也是时圈。时圈也称赤经圈，它与赤道互相垂直。

上述天球上的基本点和基本圈中，天极、天赤道、时圈、周日圈等是与地球自转相关的，而与观测者的位置无关，它们在天球上的位置是固定的；而天顶、天底、垂直圈、地平圈、天球子午圈、天球卯酉圈、等高圈、四方点及上、下点等，相对于观测者是固定的，但由于地球的自转，它们在天球上的位置相对于恒星是变动的。由于各地观测者所处的地方的重力方向各不相同，因而其天顶、天底、真地平圈、天球子午圈、四方点、天球卯酉圈都具有“地方性”。天球上还有一些与地球公转有关的基本点、线、圈，其中最重要的是黄道，如图 2. 3 所示。

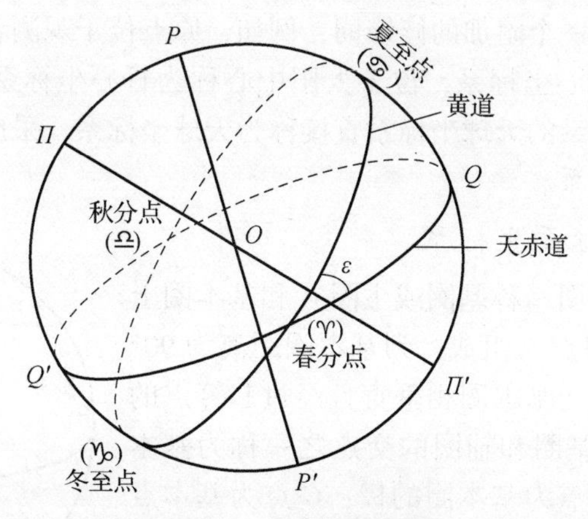

图 2. 3　天赤道与黄道

10）黄道

如图 2. 3 所示，通过天球中心 O 作一个与地球绕太阳公转轨道面相平行的平面，这个平面称为黄道面，它延伸与天球相交的大圈，称为黄道。

任一瞬间地球的公转向径及其速度方向所构成的平面称为瞬时黄道面，它与天球所交之大圈称为瞬时黄道。视太阳在观察瞬间就沿瞬时黄道运动。但是，由于地球公转受其他行星和月球的引力影响，瞬时黄道是变化的，这种变化可用一种缓慢的长期运动和一些周期和振幅不同的短周期变化来表示。任一瞬间，若只顾及长期项，忽略短周期变化影响的平面，则定义为黄道面。它与天球所交的大圈为黄道。显然，黄道面为瞬时黄道面的平均面。由于瞬时黄道面对黄道面的不规则振动，从地球上看，太阳并不精确地沿着黄道移动，但偏差不会超过 2″。

11）黄极

过天球中心 O 作一条垂直于黄道面的直线 $\Pi O\Pi'$，与天球相交于两点 Π 和 Π'，靠近北天极的点 Π 称为北黄极，靠近南天极的点 Π' 称为南黄极（图 2.3）。

黄道面与赤道面的夹角称为黄赤交角，一般用希腊字母 ε 表示，其值约为 $23°27'$。

12）二分点和二至点

天球上黄道与天赤道相交的两点(♈ 和 ♎)称为二分点。太阳在黄道上做周年视运动，每年 3 月 21 日前后由赤道之南向赤道之北所经过赤道的点 ♈ 称为春分点，每年 9 月 23 日前后由赤道之北向赤道之南所经过赤道的点 ♎ 称为秋分点。在黄道上距春分点和秋分点 90°的两个点称为二至点，在赤道以北的点称为夏至点，在赤道以南的点称为冬至点（图 2.3）。

13）二分圈和二至圈

在天球上通过天极、春分点和秋分点的时圈，称为二分圈。在天球上通过天极、夏至点和冬至点的大圈，称为二至圈（图 2.3）。

2.1.2 天球坐标系

天球坐标系是建立天球上各种正交坐标系的统称，通常采用球面坐标系和空间直角坐标系两种模式。球面坐标系和直角坐标系的区别就是前者是从天球的直觉形状和忽略天体距离而自然产生出来的，后者更适合解决理论天文学的问题及坐标系转换等。为了明确天球坐标系原点的位置，需要使用一个附加的修饰词，例如，原点位于观测者的坐标系称为站心坐标系，位于地球中心称为地心坐标系，位于太阳中心称为日心坐标系。在描述天体运动应用中，通常将采用球面坐标系的天球坐标系直接称为天球坐标系，采用空间直角坐标系的天球坐标系称为天球直角坐标系。

2.1.2.1 常用的球面坐标系

球面坐标系统由基本圈（称基圈或主圈）和基本圈上的一个起算点（起点或原点）组成，到基本圈距离为 90°处的点称为基本圈的极，与基本圈相垂直且经过起算点的圈称为辅圈（或次圈）。基圈和辅圈的交点之一称为基本点或原点。图 2.4 中，P 点为基本圈的极；G 点为基本点或原点；由 GP 所构成的圈为通过原点 G 的基本圈；由 RP 所构成的圈为通过天体 σ 的辅圈。GR 是自 G 到 R 的角距，通常自 G 点起按规定的方向计量。

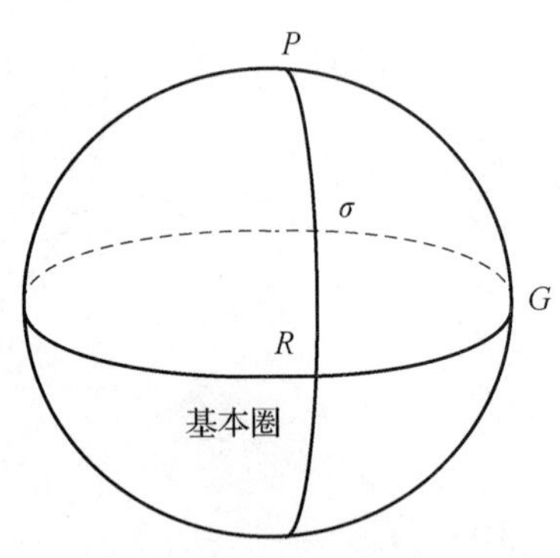

图 2.4 球面坐标系的基准

1）地平坐标系

地平坐标系是以地平圈为基圈（横坐标圈）、以子午圈为次圈（纵坐标圈）、以天顶 Z 为极点、以南点 S（也可由北点 N）为原点所构成的球面坐标系。如图 2.5 所示，SMN 为地平圈，σ 为任意天体，通过 σ 和天顶 Z 及天底 Z' 作垂直圈 $Z\sigma MZ'$，交地平于点 M，并且垂直于地平圈，$Z\sigma MZ'$ 为 σ 的地平经圈。通过天体 σ 作一个平行于地平圈的平面，它与天球交一个小圈 $L\sigma L'$，$L\sigma L'$ 称为地平纬圈。

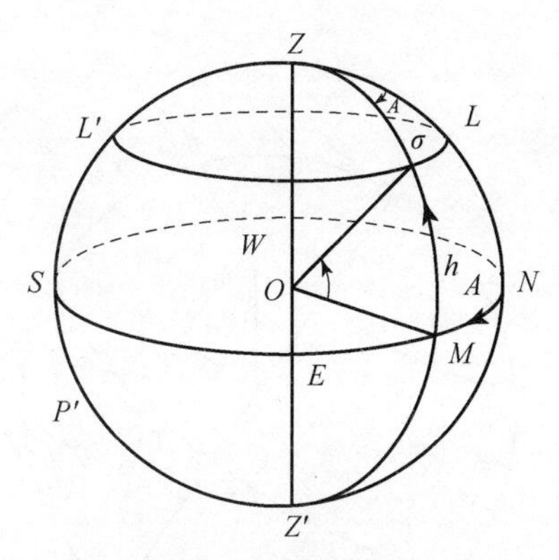

图 2.5　地平坐标系

地平经度是地平坐标系在基本圈上量取的第一坐标，也称天体方位角，以 A 表示。它从原点 N 开始在基本圈上量取至 M 点的大圆弧 $\widehat{NM}$，等于测站子午圈与过天体的地平经圈所夹的二面角 $\angle NOM$，经常用以天顶 Z 为顶点的球面角 $\angle NZM$ 来表示。地平经度是由原点 N 开始，沿地平圈向东按顺时针方矢量取，其值为 $0°\sim360°$。有时也以南点 S 为原点，从原点 S 起沿顺时针方向向西量取，其值为 $0°\sim360°$，具体应用时要注意坐标原点的实际定义。

地平坐标系的第二坐标是地平纬度，也叫天体高度，以 h 表示。它自 M 点起沿地平经圈量取至天体 σ 的大圆弧 $\widehat{M\sigma}$，从地平向天顶方矢量取为正，向天底方矢量取为负，其值为 $0°\sim\pm90°$。

地平纬度常以余弧 $\widehat{Z\sigma}$ 代替，称为天顶距 z，天顶距与高度的关系为

$$z = 90° - h \tag{2.1}$$

在同一地平圈上的天体，其高度相同，所以地平纬圈又称等高圈。

因为建立地平坐标系的基准是观测者所在位置的铅垂线，不同地方的铅垂线方向不同，地平坐标随观测地点的不同而不同，所以不同的观测站有各自的地平坐标系。另外，即使同一观测站点，其铅垂线的空间方向也随地球自转而随时改变，所以天体的地平坐标又随时间而变化。因此，地平坐标系不仅具有地方性而且具有时间性。这说明地平坐标能明显地反映出天体和观测站两个位置之间的密切关系，正是由于地平坐标与地面观测者的这种直接联系，可以方便地在地面直接测量天体的地平坐标值。

进行天文观测时，通常使用北极星的高度和方位角先对测量仪器进行方向标定，之后按照天体地平坐标的预报值，寻找所要观测的天体，精确照准该天体后，记录天体的高度、方位角和时间。这是大地天文定位、定向观测中获取天体位置的第一步，然后再将其转换为其他坐标值。

2）第一赤道坐标系

取天赤道作为基本圈的天球坐标系称为赤道坐标系，因所取的基本点不同而分为第一赤道坐标系和第二赤道坐标系。

第一赤道坐标系又称时角坐标系。如图 2.6 所示，它的基圈为天赤道，极点为北天极，次圈为子午圈，原点为上点 Q。

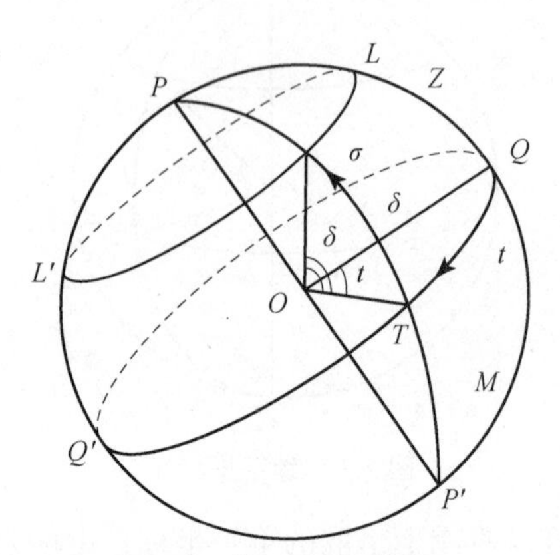

图 2.6 第一赤道坐标系

通过 σ 和北天极 P 以及南天极 P' 作半个大圆 $P\sigma TP'$，交天赤道于点 T，并且垂直于天赤道，$P\sigma TP'$ 称为 σ 的赤经圈或时圈。通过天体 σ 作一个平行于天赤道的平面，它与天球交一个小圈 $L\sigma L'$，$L\sigma L'$ 称为 σ 的赤纬圈。

时角是第一赤道坐标系在基本圈上量取的第一坐标，以 t 表示。它从原点 Q 开始在基本圈上量取至 T 点的大圆弧 $\widehat{QT}$，等于测站天球子午圈与过天体的时圈所夹的二面角 $\angle QOT$，其值由原点 Q 开始沿天赤道向西（按顺时针方向）计量，为 0 ~ 24h 或 0° ~ 360°。有时也由原点 Q 沿天赤道向东、西分别计量，向西为正，向东为负，为 0 ~ ±12h 或 0° ~ ±180°。

第一赤道坐标系的第二坐标是赤纬，以 δ 表示。它自 T 点起沿天赤道量取至天体 σ 的大圆弧 $\widehat{T\sigma}$，从天赤道向北天极方矢量为正，向南天极方矢量为负，其值为 0° ~ 90°。赤纬 $\widehat{T\sigma}$ 的余弧 $\widehat{P\sigma}$ 称为天体的极距，以 p 表示。它们之间的关系为

$$p = 90° - \delta \tag{2.2}$$

在时角坐标系中，由于计量时角的原点是天球子午圈与天赤道交点，不同观测站点的天球子午圈各不相同，所以天体的时角 t 随不同地点而变化。另外，对于同一地点的观测者来说，天体的时角随地球自转而变化，地球自转一周，天体的时角变化 24h。因此，天体的时角在不同的测站和不同的观测时间不断发生变化。

时、分、秒单位和度、分、秒单位之间的关系为

$$1\text{h} = 15°, 1\text{min} = 15', 1\text{s} = 15''$$

$$1° = 4\text{min}, 1' = 4\text{s}, 1'' = 0.06667\text{s}$$

由于时角坐标系不像地平坐标系是以观测者所在地的铅垂线为基准的，因此时角坐标系不能作为观测量直接获取。另外，由于时角 t 随不同地点和时间而变化，因此时角坐标系也不适用天体星表。通常时角坐标系的主要作用是建立天体位置间的联系和进行坐标换算等。

3）第二赤道坐标系

第二赤道坐标系通常称为赤道坐标系，其基本圈、极点的选取与第一赤道坐标系完全相同，次圈为过春分点的赤经圈，原点为春分点 Υ，如图 2.7 所示。

赤经是第二赤道坐标系在基本圈上量取的第一坐标，以 α 表示。它沿天赤道量取，从春分点向东到通过天体的时圈与赤道的交点处，即从原点 Υ 开始在基本圈上量取至 T

交点的大圆弧$\widehat{\Upsilon T}$，其值由春分点 ϒ 开始逆时针方向计量，为 0 ~ 24h 或 0° ~ 360°。赤经不取负值。

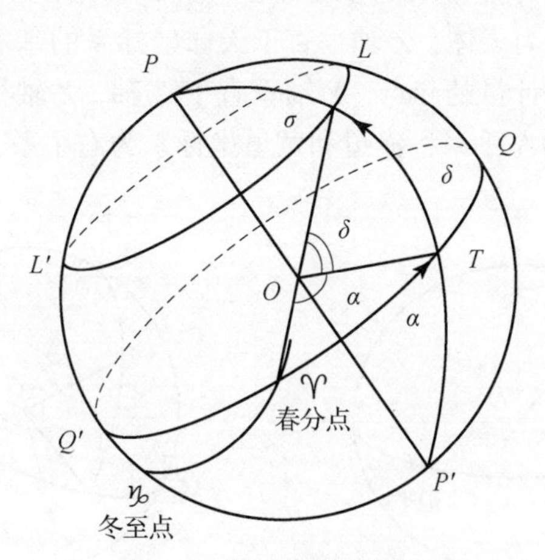

图 2.7　第二赤道坐标系

天体 σ 的第二坐标是大圆弧$\widehat{T\sigma}$，它与第一赤道坐标系的第二坐标一样，是赤纬 δ。

春分点在天球上的位置并非绝对静止不动的。不过春分点的这种运动，首先与观测者所在的位置无关，其次这种运动规律对第二赤道坐标的影响已被人们所掌握，并能用理论计算加以修正。由于天体的周日视运动不会影响春分点与天体之间的相对位置，因此以天赤道、春分点为基准度量的赤经和赤纬不受周日视运动的影响，也不因观测者所在位置的不同而不同。通常使用赤道坐标系编制各种基本星表和进行卫星定轨等。

4）黄道坐标系

黄道坐标系是以黄道为基圈，以春分点为原点的天球坐标系，如图 2.8 所示。

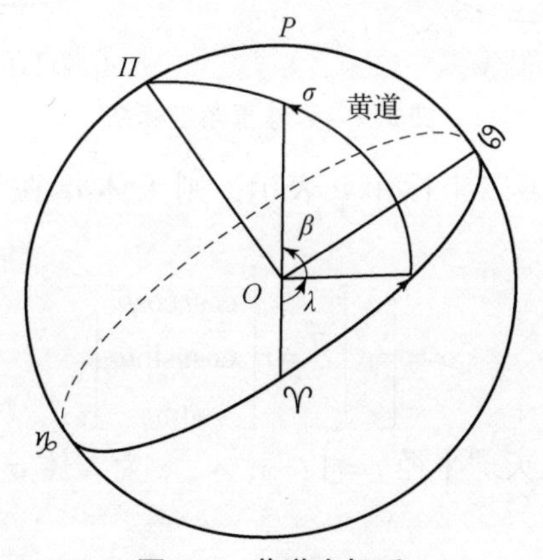

图 2.8　黄道坐标系

黄道坐标系的第一坐标黄经 λ，自春分点沿黄道按逆时针方向（从北黄极看）计量，取 0 ~ 24h 或 0° ~ 360°。第二坐标黄纬 β，自黄道向北黄极计量为正，向南黄极为负，取值为 0° ~ ±90°。

天体的黄道坐标系特别适于研究太阳系天体的位置和运动，因为这些天体的轨道平面都接近黄道平面。天体的黄经、黄纬均不随地球自转而变化。

2.1.2.2 天球直角坐标系

天球空间直角坐标系的原点常取地心或日心。图 2.9 所示为四种天球坐标系对应的地心直角坐标系。O 为地心，σ 为天体，Z 轴垂直于天球坐标系的基本圈并指向基本圈的极点方向，X 轴指向天球第一坐标计量的起点，Y 轴垂直于 X 轴，Z 轴构成左手系或右手系。显然地平坐标系和时角坐标系为左手系，赤道和黄道坐标系为右手系。

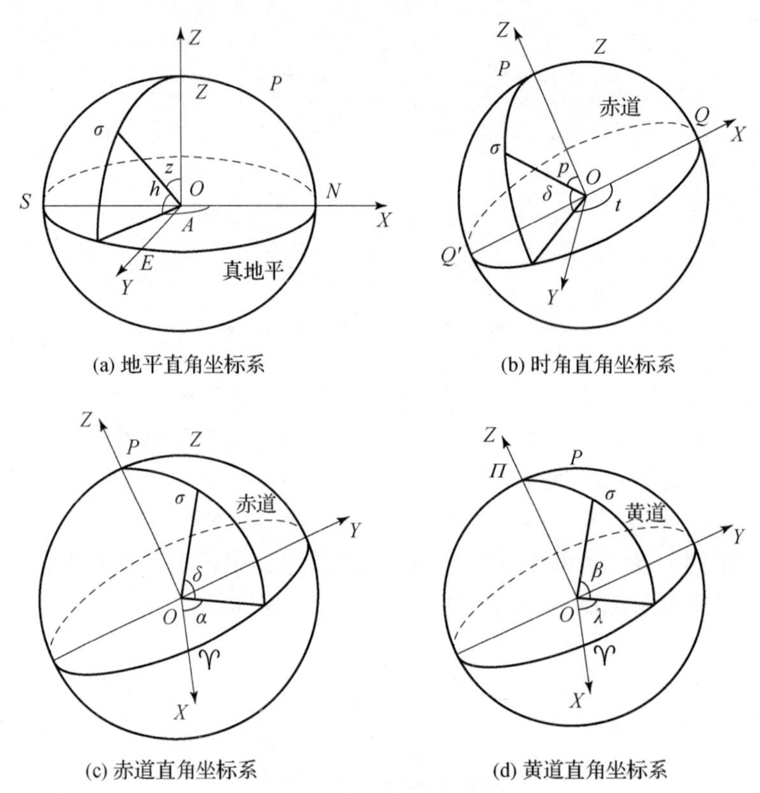

(a) 地平直角坐标系　(b) 时角直角坐标系

(c) 赤道直角坐标系　(d) 黄道直角坐标系

图 2.9　天球直角坐标系

设第一坐标用 μ 表示，第二坐标用 ν 表示，则天体 σ 在天球坐标系中的位置用 r 表示，即

$$r=\begin{bmatrix}x\\y\\z\end{bmatrix}_{\mu,\nu}=r\begin{bmatrix}\cos v\cos\mu\\ \cos v\sin\mu\\ \sin v\end{bmatrix}\tag{2.3}$$

式中：r 为天球半径，通常取天球半径 $r=1$；x，y，z 为天体 σ 的直角坐标，与球面坐标的关系式为

$$\begin{cases}r=\sqrt{x^2+y^2+z^2}\\ \mu=\arctan\dfrac{y}{x}\\ v=\arctan\dfrac{z}{\sqrt{x^2+y^2}}\end{cases}\tag{2.4}$$

几种天球直角坐标系和球面坐标系的表示方法如表 2.1 所示。

表 2.1　几种天球坐标系的表示方法

坐标轴		地平坐标系	时角坐标系	赤道坐标系	黄道坐标系
坐标轴的指向	x	北点或南点	上点 Q	春分点	春分点
	y	$A=90°$	$t=90°$	$\alpha=90°$	$\lambda=90°$
	z	天顶	北天极	北天极	北黄极
第一坐标 μ		A	t	α	λ
第二坐标 ν		h	δ	δ	β
左旋或右旋		左旋	左旋	右旋	右旋

2.1.2.3　天球坐标系间的向量转换

由观测或计算得到天体在某一种坐标系的坐标，要求该天体在另一种坐标系的坐标，就要建立同一天体在不同坐标系之间的关系。本节介绍基于四种空间直角坐标系统的转换，其坐标变换的前提是它们为同心坐标系，且这四种坐标系相邻两系之间有一轴相同。

如果使用的两种坐标都是球面坐标的表示形式，则可先使用式（2.3）将原球面坐标(μ,v)转化为相应的直角坐标(x,y,z)，之后再按下述方法进行不同坐标系间的向量转换，最后再把转换后的直角坐标(x',y',z')按式（2.4）转化为对应的球面坐标(μ',v')。

1）地平坐标与时角坐标的转换

地平系与时角系均为左手系，且两系的第二轴（Y 轴）为公共轴，见图 2.10。将地平坐标系的 X 轴绕其 Z 轴顺时针旋转 180°，接着绕旋转后的 Y 轴逆时针旋转 $90°-\varphi$，φ 为测站天顶的赤纬，则可得地平坐标系到时角坐标系的转换关系式，即

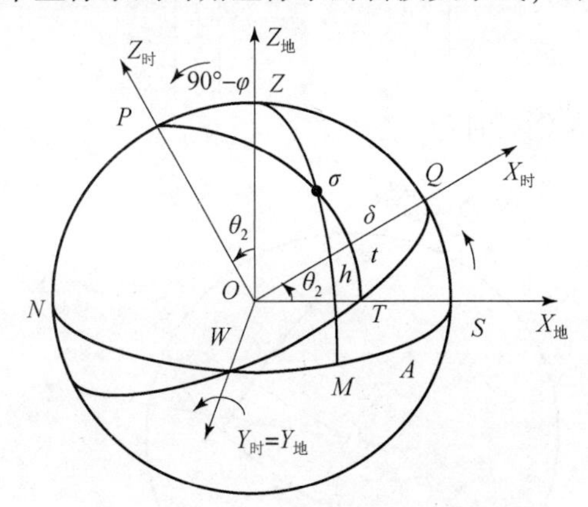

图 2.10　地平坐标与时角坐标的转换

$$\begin{bmatrix} x \\ y \\ z \end{bmatrix}_{t,\delta} = R_y(\varphi-90°)R_z(180°)\begin{bmatrix} x \\ y \\ z \end{bmatrix}_{A,h} \tag{2.5}$$

上式的分量形式为

$$\begin{bmatrix} \cos t\cos\delta \\ \sin t\cos\delta \\ \cos\delta \end{bmatrix} = \begin{bmatrix} \sin\varphi & 0 & -\cos\varphi \\ 0 & 1 & 0 \\ \cos\varphi & 0 & \sin\varphi \end{bmatrix}\begin{bmatrix} \cos A\cos h \\ \sin A\cos h \\ \cos h \end{bmatrix} \tag{2.6}$$

上式可变换为

$$\begin{aligned}\sin\delta &= \sin\varphi\cos z + \cos\varphi\sin z\cos A \\ \sin t &= \frac{\sin(-A)\sin z}{\cos\delta}\end{aligned} \tag{2.7}$$

同理可得时角坐标系到地平坐标系的转换关系式为

$$\begin{bmatrix} x \\ y \\ z \end{bmatrix}_{A,z} = R_z(-180)R_y(90-\varphi)\begin{bmatrix} x \\ y \\ z \end{bmatrix}_{t,\delta} \tag{2.8}$$

亦可推导出：

$$\begin{aligned}\cos z &= \cos\varphi\cos\delta + \cos\varphi\cos\delta\cos t \\ \sin(-A) &= \frac{\cos\delta\sin t}{\sin z}\end{aligned} \tag{2.9}$$

2）时角坐标与赤道坐标的转换

时角坐标系与赤道坐标系分别为左手与右手坐标系，属于异手轴系，应先用转换矩阵使 Y 轴反向，变时角系为右手轴系。在这两个坐标系中 Z 轴为公共轴，如图 2.11 所示。于是将时角系绕 Z 轴顺时针旋转一个 $-S$ 角，使 X 时轴与 X 赤轴重合，则可得转换关系式，即

$$\begin{bmatrix} x \\ y \\ z \end{bmatrix}_{\alpha,\delta} = R_z(-S)P_y\begin{bmatrix} x \\ y \\ z \end{bmatrix}_{t,\delta} \tag{2.10}$$

其反解为

$$\begin{bmatrix} x \\ y \\ z \end{bmatrix}_{t,\delta} = P_yR_z(S)\begin{bmatrix} x \\ y \\ z \end{bmatrix}_{\alpha,\delta} \tag{2.11}$$

在时角坐标系中 S 为春分点时角。

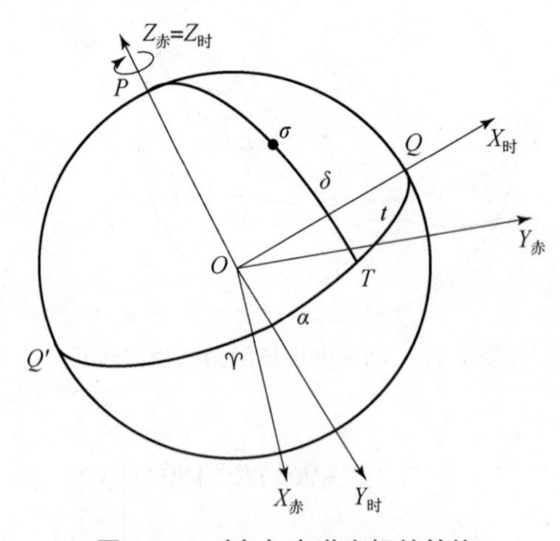

图 2.11 时角与赤道坐标的转换

3）赤道坐标与黄道坐标的转换

赤道坐标系与黄道坐标系均为右手系，且两系的第一轴（X 轴）为公共轴，见图 2.12。将赤道坐标系绕 X 轴旋转一个 $\theta_1=\varepsilon$ 角，则可得转换关系式，即

$$\begin{bmatrix} x \\ y \\ z \end{bmatrix}_{\alpha,\delta} = R_x(-\varepsilon) \begin{bmatrix} x \\ y \\ z \end{bmatrix}_{\lambda,\beta} \tag{2.12}$$

其反解为

$$\begin{bmatrix} x \\ y \\ z \end{bmatrix}_{\lambda,\beta} = R_x(\varepsilon) \begin{bmatrix} x \\ y \\ z \end{bmatrix}_{\alpha,\delta} \tag{2.13}$$

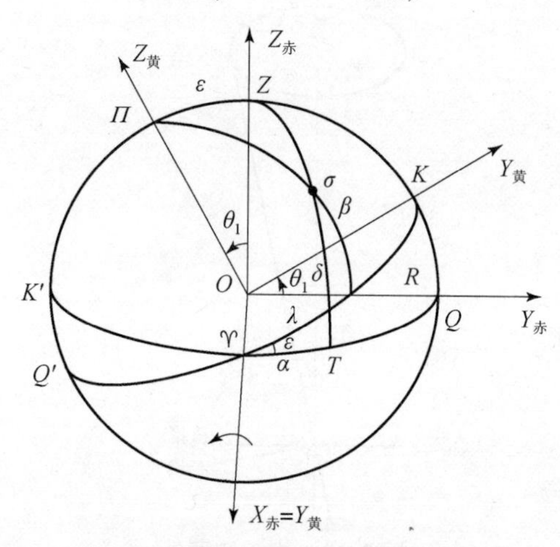

图 2.12　赤道与黄道坐标的转换

在此不加推导地给出球面坐标转换公式。

从黄道坐标到赤道坐标：

$$\begin{cases} \sin\delta = \sin\varepsilon\sin\lambda\cos\delta + \cos\varepsilon\sin\beta \\ \cos\alpha\cos\delta = \cos\lambda\cos\beta \\ \sin\alpha\cos\delta = \cos\varepsilon\sin\lambda\cos\beta - \sin\varepsilon\sin\beta \end{cases} \tag{2.14}$$

赤道坐标转换为黄道坐标：

$$\begin{cases} \sin\beta = \cos\varepsilon\sin\delta - \sin\alpha\cos\delta\sin\varepsilon \\ \cos\lambda\cos\beta = \cos\alpha\cos\delta \\ \sin\lambda\cos\beta = \cos\varepsilon\sin\alpha\cos\delta + \sin\varepsilon\sin\delta \end{cases} \tag{2.15}$$

2.1.3　协议天球参考系

依据研究对象的不同，天球坐标系的坐标原点（天球中心）可有多种不同选择，如位于地心、位于太阳系质心或位于银河系中心等。坐标轴指向也有多种不同选择，如 Z 轴指向北天极、指向北黄极等。此外，由于地球的旋转轴是不断变化的，实际应用中难以建立惯性坐标系，通常根据统一的约定建立近似的惯性坐标系，即协议坐标系。

2.1.3.1　*岁差与章动*

地球绕地轴旋转，可以看作巨大的陀螺旋转，由于日、月等天体的影响，类似于旋转陀螺在重力场中的进动，地球的旋转轴在空间围绕黄极发生缓慢旋转，形成一个倒圆锥体（图 2.13），其锥角等于黄赤交角 $\varepsilon = 23.5°$，旋转周期为 26000 年，这种运动称为岁差，是地轴方向相对于空间的长周期运动。岁差使春分点每年向西移动 50.3″，以春分点为参考点的坐标系将受岁差的影响。例如恒星的赤经 α、赤纬 δ 分别是以某时刻的春分点位置和天赤道为参考，在不同时刻，由于岁差影响，其值将发生变化。

月球绕地球旋转的轨道称为白道。由于白道对于黄道有约 5°的倾斜，这使得月球引力产生的转矩的大小和方向不断变化，从而导致地球旋转轴在岁差的基础上叠加 18.6 年的短周期圆周运动，振幅为 9.21″，如图 2.13 所示，这种现象称为章动。

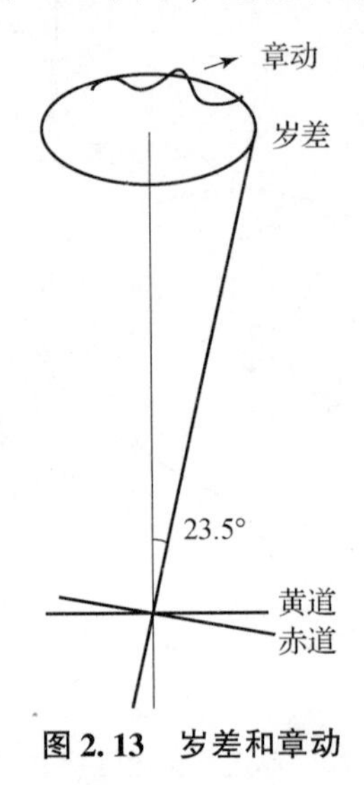

图 2.13 岁差和章动

地球自转轴在空间的变化主要包括岁差和章动。通常，把同时顾及岁差和章动，能够反映其真实位置的北天极和春分点，称为真北天极和真春分点；把仅顾及岁差的北天极和春分点称为平北天极和平春分点。

2.1.3.2 真地心天球赤道坐标系

真地心天球赤道坐标系或瞬时地心天球赤道坐标系为坐标原点位于地心，X 轴指向真春分点，Z 轴指向真北天极，Y 轴垂直于 X 轴和 Z 轴组成的右手坐标系。天文观测总是在真天球坐标系中进行，所获得观测值也是属于该坐标系的，然而由于岁差和章动的影响，真天球坐标系中的三个坐标轴的指向在不断变化，在不同时间对空间某一固定天体（例如无自行的恒星）进行观测后所求得的天体坐标(α,δ)是不相同的，因而不宜用该坐标系来编制星表，表示天体的位置和方向。

2.1.3.3 平地心天球赤道坐标系

平地心天球赤道坐标系是坐标原点位于地心，X 轴指向平春分点，Z 轴指向平北天极，Y 轴垂直于 X 轴和 Z 轴组成的右手坐标系。当然，实际上岁差和章动是叠加在一起的，之所以要人为地把长期的平均运动（岁差）与在此基础上的许多微小的周期性变化（章动）分离开来，是为了使坐标转换的概念和步骤更为清晰。在计算时也可以把它们合并在一起同时计算。

平天球坐标系的三个坐标轴的指向仍然是不固定的。但是其变化规律已很简单。可以方便地进行计算。显然我们也不宜用平天球坐标系来描述天体的位置和方向。

2.1.3.4　协议地心天球赤道坐标系

天体的位置需要在一个固定不变的坐标系中来加以描述。从理论上讲，这种空固坐标系是可以任意选择的，只要坐标轴的指向不变就行。但是为了避免各国各行其是，建立起五花八门的各种天固坐标系，实际上总是通过协商最后由国际权威单位规定，统一使用。目前广为使用的协议天球坐标系是由国际天文联合会（IAU）规定的国际天球坐标系（ICRS），包括太阳系质心天球坐标系和地心天球坐标系。前者的坐标原点位于太阳系质心，用于计算行星的运行轨道，编制星表；后者的坐标原点位于地心，用于计算卫星轨道，编制卫星星历。ICRS 的 X 轴指向 J2000.0(JD = 2451545.0)时的平春分点，Z 轴指向 J2000.0 时的平北天极，Y 轴垂直于 X 轴和 Z 轴组成右手坐标系。显然这只是一种理论上的规定和定义。

2.2　天体测量技术

2.2.1　甚长基线干涉测量技术

甚长基线干涉测量（VLBI）是利用电磁波干涉原理，在多个测站上同步接收河外致密射电源（类星体）发射的无线电信号，并对信号进行测站间时间延迟干涉处理以测定测站间相对位置以及从测站到射电源的方向的技术和方法。独立本振的射电干涉测量，它的基线长度原则上不受限制，在地球上可以达到几千、上万千米。甚长基线干涉测量具有超高空间分辨率、全天候观测、高精度相对定位等优点，在天体物理、大地测量、地球物理、深空探测等方面得到广泛应用。

2.2.1.1　概述

甚长基线干涉测量技术是 20 世纪 60 年代后期发展起来的射电干涉测量技术。最初的射电干涉测量技术是应用传统天文学的射电望远镜对遥远距离的射电星进行成像。根据衍射原理，可得

$$\delta = 1.22\frac{\lambda}{D} \tag{2.16}$$

式中：δ 为射电望远镜的角分辨率；λ 为接收辐射的波长；D 为望远镜口径。

1962 年，英国天文学家赖尔（M. Ryle）利用干涉原理发明了综合孔径射电望远镜。其基本原理是：将相隔很远的两个天线接收到的同一天体的两束射电波进行干涉，等效于一架口径相当于两站间距的单口径射电望远镜，由此极大地提高了射电望远镜的分辨率。

原子钟等高精度计时工具和频率标准的出现及高密度记录设备的出现，使得两个或多个射电望远镜相互独立观测，然后将不同射电望远镜同时接收的相同射电源信号进行数据处理成为现实，从而产生了甚长基线干涉测量技术，其分辨率不再依赖于望远镜口径的大小，而是取决于各个望远镜之间的距离，从而获得等效口径相当于地球直径量级甚至超越地球大小限制的射电望远镜。1965 年，苏联的射电天文学家首先发表了关于甚长基线干涉测量概念方面的论文。1967 年 2 月，加拿大和美国的射电天文学家分别成功地实施了首次甚长基线

干涉测量试验观测。

甚长基线干涉测量技术的基本原理是：在相距数千或上万千米的两个或多个观测站上，各安置一架抛物面天线口径较大的射电望远镜，在同一时刻对同一宇宙射电源（如射电星系核或类星体）进行观测，接收机将天线接收的微弱无线电信号放大，并转换为中频信号（100～150MHz）。两个或多个观测站数据经干涉处理，得到站间时间延迟量，如图 2.14 所示。

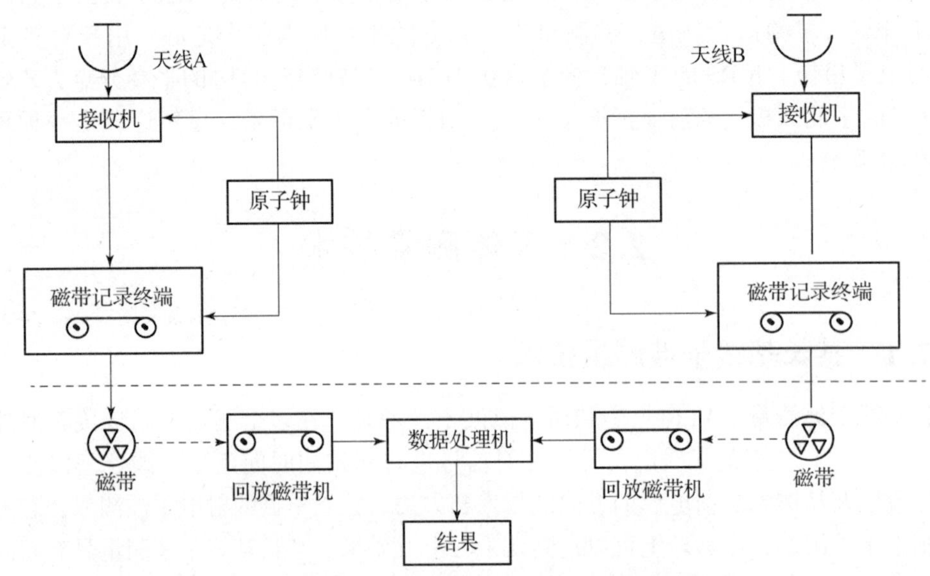

图 2.14　甚长基线干涉测量系统结构

甚长基线干涉测量技术能把相距几千甚至上万千米的两台射电望远镜组合成一个分辨率非常高的射电干涉测量系统。两台站间的连线称为基线，因此该技术称为甚长基线干涉。VLBI 的分辨率随基线的延伸也得到了提高，目前已经达到微角秒的量级。甚长基线干涉测量技术的超高分辨率促成了其在天文、地球物理、大地测量和空间技术等领域的广泛应用，包括射电天文、地球自转参数精确测定、地壳形变监测、深空探测及电离层探测等。

地面甚长基线干涉测量技术的天线口径不能无限制增大，为了进一步提高望远镜的角分辨率，空间甚长基线干涉测量技术应运而生。将甚长基线干涉测量天线送往太空，大幅度延伸甚长基线干涉观测基线长度，提高观测分辨率，这种技术即为空间甚长基线干涉测量（SVLBI）。1997 年 2 月，日本发射了甚长基线干涉测量空间观测站项目（VSOP）中的第一颗空间甚长基线干涉测量卫星 HALCA 之后，空间甚长基线干涉测量已经变成了现实。2024 年，我国在嫦娥七号探测任务中利用鹊桥二号中继星，开展了世界上第一个地月空间的甚长基线干涉测量试验。

2.2.1.2　基本原理

甚长基线干涉测量技术的观测目标是距地球非常遥远的河外射电源，它们一般都在距离地球一亿光年以外的宇宙空间。当天体辐射的电磁波到达地球表面时，传播距离远远大于甚长基线干涉测量的基线距离，可以认为此刻波前面是平行传播的，也称平行波。

由于两天线到某一射电源的距离不同，则射电信号的同一波前面到达两天线的时间也将不同，存在一个时间延迟 τ。根据图 2.15 的几何关系可得

$$aA = c\tau = |\boldsymbol{b}|\cos\theta = \boldsymbol{bs} \tag{2.17}$$

式中：c 为真空光速；$\boldsymbol{s}$ 为射电望远镜至射电源方向上的单位向量；$\boldsymbol{b}$ 为基线向量$\overrightarrow{AB}$；θ 为 $\boldsymbol{s}$ 与 $\boldsymbol{b}$ 间的夹角。

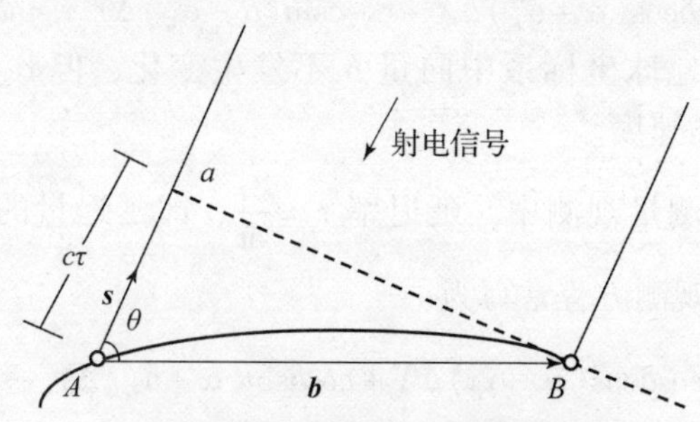

图 2.15　甚长基线干涉测量原理

假设(X_A, Y_A, Z_A)和(X_B, Y_B, Z_B)为 A 和 B 两点在地心地球坐标系中坐标，则

$$\boldsymbol{b} = \begin{bmatrix} X_B - X_A \\ Y_B - Y_A \\ Z_B - Z_A \end{bmatrix} = \begin{bmatrix} \Delta X \\ \Delta Y \\ \Delta Z \end{bmatrix} \tag{2.18}$$

如图 2.16 所示，射电源在天球坐标系中的赤经和赤纬坐标为(α, δ)，天球空间直角坐标系中射电源的方向向量为

$$\boldsymbol{s} = \begin{bmatrix} \cos\delta\cos\alpha \\ \cos\delta\sin\alpha \\ \sin\delta \end{bmatrix} \tag{2.19}$$

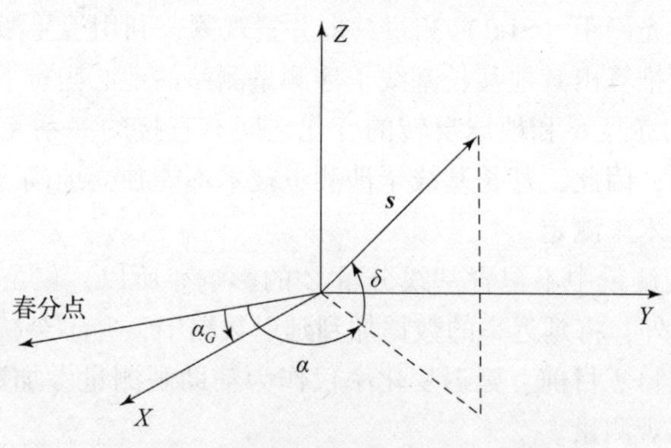

图 2.16　射电源在天球坐标系的中坐标

忽略岁差、章动和极移的影响，射电源在地球坐标系下的方向向量为

$$\boldsymbol{s} = \begin{bmatrix} \cos\delta\cos(\alpha - \alpha_G) \\ \cos\delta\sin(\alpha - \alpha_G) \\ \sin\delta \end{bmatrix} \tag{2.20}$$

式中：α_G 为经度零点的赤经，即起始子午线与赤道的交点到春分点的角距。

于是，式（2.17）可表示为

$$
\begin{aligned}
c\tau &= \boldsymbol{bs} = \begin{bmatrix} \Delta X \\ \Delta Y \\ \Delta Z \end{bmatrix}^{\mathrm{T}} \begin{bmatrix} \cos\delta\cos(\alpha-\alpha_G) \\ \cos\delta\sin(\alpha-\alpha_G) \\ \sin\delta \end{bmatrix} \\
&= \cos\delta\cos(\alpha-\alpha_G)\Delta X + \cos\delta\sin(\alpha-\alpha_G)\Delta Y + \sin\delta\Delta Z
\end{aligned}
\tag{2.21}
$$

由于地球自转运动，地球坐标系中向量 $\boldsymbol{b}$ 不发生变化，但 α_G 随地球自转不断改变，$\Delta\alpha_G=\omega\tau$，$\omega$ 为地球自转角速度。

在实际甚长基线干涉测量观测中，延迟率 $\dot{\tau}=\frac{\mathrm{d}\tau}{\mathrm{d}t}$，即延迟量的变化率，也是主要观测量。甚长基线干涉测量的观测方程常写为

$$
\begin{cases}
\tau = \dfrac{1}{c}(\cos\delta\cos(\alpha-\alpha_G)\Delta X + \cos\delta\sin(\alpha-\alpha_G)\Delta Y + \sin\delta\Delta Z) \\
\dot{\tau} = \dfrac{1}{c}\omega[\cos\delta\sin(\alpha-\alpha_G)\Delta X - \cos\delta\cos(\alpha-\alpha_G)\Delta Y]
\end{cases}
\tag{2.22}
$$

在甚长基线干涉测量数据处理中，射电源天球坐标(α,δ)通常已知，观测方程中只有三个未知参数，即$(\Delta X,\Delta Y,\Delta Z)$，只需三个观测值即可进行解算。当射电源天球坐标未知时，理论上需要$(3+2n)$个观测方程（n 为射电源的个数）。

通过分析可知，甚长基线干涉测量观测建立参考框架具有下列特点：

（1）甚长基线干涉测量延迟和延迟率是纯几何观测量，其中没有包含地球引力场的信息，因此观测量的获得也不受地球引力场的影响。

（2）甚长基线干涉测量是相对测量，仅利用甚长基线干涉测量技术只能测定出两个天线之间的相对位置，即基线向量，而不能直接测出各天线的地心坐标。

（3）为了确定甚长基线干涉测量测站的地心坐标，通常是在一个测站上同时进行甚长基线干涉测量和卫星激光测距（SLR）测量，即并置观测，利用卫星激光测距技术所测得的地心坐标为基准，进而推算出其他甚长基线干涉测量测站的地心坐标。

（4）由于射电源的赤经 α 和地球自转的变化之间有直接的关系无法独立地从延迟和延迟率观测量中解算出来，因此，甚长基线干涉测量技术不能独立地确定射电源参考系的赤经原点，它必须用其他技术来测定。

（5）延迟变化率观测量中不包含基线分量 Z 的影响。所以，仅由延迟变化率观测无法解算出基线分量 Z。另外，将延迟率的数据加到延迟数据中，并不会减少为求得所有未知参数所需观测的射电源数目。目前，延迟变化率仅作为辅助观测量参加数据处理和参数解算，而起决定作用的是延迟观测量。

2.2.1.3 国际 VLBI 服务

国际天体测量/大地测量甚长基线干涉测量服务（IVS）是 1999 年 3 月成立的支持和维护甚长基线干涉测量技术的国际合作组织。目前 IVS 有 32 个观测站，主要集中在北半球，其中美国和欧洲分布最为密集，中国的上海佘山站和乌鲁木齐南山站均为 IVS 观测站。

目前，IVS 拥有 3 个运行中心、5 个数据中心、7 个技术开发中心、30 个分析中心（包括中国上海天文台）。各分析中心提供解决方案独立交换格式（SINEX）的文件，多个分析中心的文件组合形成基于甚长基线干涉测量的地球参考框架。

IVS 地球参考框架累积产品组合了各分析中心的法方程集，生成完整的参考框架法方程信息。在此基础上，解算法方程，生成地球参考框架产品。甚长基线干涉测量对定向和尺度参数敏感，但甚长基线干涉测量观测无法提供地球参考框架的地心定位参数，为此在 IVS 网数据处理中需要引入网无平移约束，该条件可由一个或多个卫星导航和卫星激光测距并置站来实现。

甚长基线干涉测量测定地球定向参数的精度和稳定性极高，且其尺度的长期稳定度优于卫星激光测距、卫星定位技术。目前，IVS 提供的产品包括长期地球定向参数时间序列、短期地球定向参数时间序列、地球参考框架、天球参考框架、UT1 日解、地球定向参数及站坐标日解、对流层参数和基线长度时序。

1979 年，中国开始建立甚长基线干涉测量观测系统，包括建设上海、乌鲁木齐和昆明 3 个台站和 1 个相关处理中心，并首先在上海建立一个 25m 的射电天线。2004 年，中国正式启动月球资源探测卫星工程（“嫦娥工程”），并在中国甚长基线干涉测量网的原有基础上，在昆明和北京组建了两个甚长基线干涉测量站，改造扩充了原有的上海站和乌鲁木齐站。目前，中国甚长基线干涉测量网（CVN）拥有 4 个固定台站和 1 个相关处理中心。

2.2.2　空间天体测量计划

限制地面观测精度的最主要因素是大气折射和抖动，仪器受重力影响的形变，以及大气窗口的限制，使得观测只能在很窄的波段进行。空间天体测量卫星可以完全克服这些缺陷，但其主要的问题是发射、操作和数据处理的困难。空间天体测量随着依巴谷（Hipparcos）卫星和“哈勃”太空望远镜（HST）的发射而诞生。

2.2.2.1　依巴谷计划

依巴谷卫星全称依巴谷高精视差测量卫星，是欧洲空间局（ESA）发射的一颗高精视差测量卫星，以古希腊天文学家喜帕恰斯（又译作依巴谷）的名字命名，专门用于测量遥远恒星的视差，从而计算距离。

整个依巴谷计划分依巴谷实验和第谷实验两部分。前者目标是测量 120000 颗恒星的五个天文测量参数，精度达 2～4mas；后者目标是测量另外 400000 颗恒星的天文测量参数及 B－V 色指数，但位置精度稍逊（20～30mas）。

1996 年 8 月，依巴谷星表和第谷星表正式完成，1997 年 6 月由 ESA 出版。这两个星表的资料用来编制千禧年星图，包含全天百万余颗暗至 11 等的恒星，以及一万余个非恒星天体。

2.2.2.2　盖亚计划

“盖亚”（Gaia）天文卫星是欧洲空间局于 2013 年 12 月 19 日发射的一颗空间科学卫星，也是一架空间望远镜，其目标是通过对银河系 10 亿颗恒星的详细观测，最终绘制银河系最大、最精确的三维图像。

2013 年，“盖亚”卫星于法属圭亚那库鲁航天发射中心用俄罗斯“联盟”号运载火箭发射升空并随后入轨成功。2016 年 9 月，盖亚公布了首批数据。2022 年 6 月 13 日，ESA 发布借助“盖亚”空间探测器绘制的银河系多维地图，这是 ESA 发布的第三批银河系探测数据，也是迄今最详尽的银河系星系图。

2.3 天球参考框架

天球参考框架是天球坐标系的具体实现。常见的天球参考框架有：通过观测遥远射电源实现的射电天球参考框架、通过观测恒星实现的光学天球参考框架、通过观测太阳系天体运动实现的行星和月球历表、通过观测脉冲星实现的脉冲星星表以及通过观测公共源或进行掩星观测实现的不同天球参考框架之间的连接参数。

2.3.1 射电天球参考框架

射电天球参考框架是基于运动学概念，通过一套河外射电源的位置来描述惯性空间的参考框架。1991 年，IAU 第 21 届大会提出采用河外射电源位置为基准的河外射电参考系作为国际天球参考系。截至目前已经完成了天球参考系的 5 次实现，称为国际天球参考框架（ICRF）。ICRF 主要以河外射电源（类星体、BLLac 源、活动星系核）为客体，由国际天文联合会下设的参考框架工作组负责实现。

ICRF 中的坐标轴指向是由甚长基线干涉测量所确定的一组河外射电源在 J2000.0 的天球赤道坐标来予以定义和维持的。由于河外射电源离我们的距离十分遥远，所以从地球上所观测到的射电源方向是固定不变的。例如，对于一个距我们 10 亿光年的射电源来说，地球绕日公转的半径在该处所对应的夹角仅为 $3'' \times 10^{-9}$。即使该射电源以 30000km/s 的横向速度在运动，在地球上所对应的方向变化率也只有 0.00002″/年，远小于目前的观测误差。实际上迄今为止，由甚长基线干涉测量所给出的坐标框架之间的差异也都保持在 0.0001″之内。

1994 年，国际地球自转服务（IERS）组织首次在年度报告中正式公布了 608 个射电源的坐标，其中对其进行了长期观测，较为稳定的 236 个射电源被用来建立和维持 ICRF。此后 IERS 还根据新的观测值对这些坐标进行更新，并对其长期稳定度进行监测。

用甚长基线干涉测量技术对射电源进行观测自然是使用 ICRF 最直接也是最精确的一种手段。但遗憾的是除极少数用户外，其余用户均未配备价格昂贵、设备笨重复杂的射电望远镜及相应的数据处理设备，因而无法直接使用该参考框架。一个较好的解决办法是用甚长基线干涉测量来维持 ICRF，但同时又将它与其他一些常用的参考框架建立联系，以便用户可通过这些常用的参考框架来间接使用 ICRF，如行星/月球历表和光学天球参考框架。

2.3.2 行星/月球历表

行星/月球历表主要描述太阳系内自然天体的位置和速度，表现形式可以是一组公式、一组算法、一组程序、一组数据文件或者它们的某种组合。行星/月球历表在人类太空活动与深空探测、人造天体精密定轨和控制、远程武器精确打击，以及各种引力理论检验等方面发挥着重要的不可替代的作用。由于行星/月球历表用途广泛，从古至今国家和科研机构对其都极为重视。近现代以来，行星/月球历表编制先后经历了分析与半分析、数值积分、谱分析三种方法。分析法使用最早，但精度受限；数值法精度最高，但是计算运行环境要求高；谱分析法是一种“混合方法”，精度可与数值法相比。目前国际上最先进的行星/月球历表主要用数值积分法实现。

美国、俄罗斯和法国都具有独立提供高精度行星/月球历表的能力。美国喷气推进实验室（JPL）和麻省理工学院（MIT）于 20 世纪 60 年代提出行星/月球历表发展计划，70 年代初，它们研制的历表成为世界标准，先后根据不同目的发表了多个版本的历表，成为 IERS 规范推荐的动力学天球参考框架的实现，当前最新版本为 DE/LE436。俄罗斯应用天文研究所（IAA）于 1974 年开始编制行星/月球历表，最完整的历表为 EPM87，之后逐步改进，于 2006 年后相继发表了 EPM2004、EPM2008、EPM2011、EPM2015 等多个版本的历表，当前最新版本为 EPM2017。法国虽然最早开始太阳系行星历书的计算和出版，但是直到 1998 年天体力学和历书计算所（IMCCE）成立后才开始编制行星/月球历表，于 2008 年发表了第一个版本的历表 INPOP06，之后陆续推出 INPOP08、IN - POP10a、INPOP10b、INPOP10e、INPOP13a、IN - POP13c 等多个版本，当前最新版本为 IN - POP17a。

我国在编制和利用太阳系大体（日、月）历表方面历史悠久，自商朝以后，历代王朝均设置专门机构观察天象、制定历法。中国古代对于天象的观测曾经长期领先，数据归算水平也曾十分先进。近代科学发展以后，我国开始落后于西方。明代崇祯年间，徐光启组织编纂了《崇祯历书》，全面引进了欧洲天文学理论，对中国天文学向近代模式发展起到了相当重要的作用。20 世纪 60 年代以来，空间技术的发展为高精度行星和月球历表编制提供了契机。我国也着手从理论和技术层面开展研究，并在基础理论研究方面取得重要进展。但与国外相比，我国在行星观测方面技术薄弱、数据匮乏。本世纪以来，国内紫金山天文台等研究单位逐步开始研究行星/月球历表的构建理论与方法，取得了重要研究成果。在观测技术方面，随着我国深空探测活动的增多，我国构建了仅次于美国、俄罗斯、欧洲的深空测控系统，测距精度已达到 1m，测速精度已达到 1mm/s，差分干涉测量时延精度已达到 1 ~ 2ns，时延率精度已达到 1ps/s。随着后续月球、火星、木星等众多深空探测活动的实施，我国构建行星/月球历表的能力将显著提升。

2.3.3 光学天球参考框架

光学天球参考框架是基于运动学概念，以某一历元的一组恒星位置来描述惯性空间的参考框架，又称恒星星表。从观测方法上讲恒星星表有基本星表和照相星表之分。基本星表属于大视场的天体测量方法，是绝对测量；照相星表属于小视场天体测量，是相对测量。

20 世纪经典天球参考系通过一系列基本星表来实现。1938 年 IAU 采用 FK3 基本星表，1964 年采用 FK4 星表，1988 年采用 FK5 星表。建立 ICRS 后，使用依巴谷星表作为其光学实现。依巴谷星表是由 ESA 的依巴谷空间任务提供的高精度星表。1989 年 8 月，ESA 发射第一颗天体测量卫星，开辟了空间天体测量的新纪元。依巴谷星表包含 118000 多颗恒星的位置与自行数据，位置精度为几毫角秒，自行精度为几毫角秒每年。近年来，ESA 编制了第谷系列星表，并发射了新一代的天体测量卫星“盖亚”，进一步提高光学参考框架的恒星数目和精度水平。

我国是世界上最早编制恒星星表的国家。公元前 400 年，我国战国时期魏国天文学家石申著有《石氏星经》，是世界上最古老的星表，其中载有二十八宿距星和 121 颗恒星的位置。二十八宿的创设是古代天文学的一大进步，在观象授时、制定立法方面发挥了重要作用。有学者认为中国古代的天文学在逻辑性和实用性方面毫不逊色于埃及、希腊以及较晚的欧洲天文学。在天文观测仪器方面，中国于汉代就开始“浑仪”的制造，唐代后逐渐完善。

宋代开始探索浑仪的简化途径，到元代由科学家郭守敬完成，其创制的“简仪”在世界上遥遥领先300多年，直到1598年丹麦天文学家第谷所发明的仪器才能与之媲美。

中华人民共和国成立以来，我国光学观测取得长足进展。目前已有通用型光学望远镜的最大口径为2.16m，2009年建造完成有效口径为4m的巡天望远镜——郭守敬望远镜(LAMOST)。2016年国家发展和改革委员会在《国家重大科技基础设施建设“十三五”规划》中提出将建设一台12m级口径光学红外望远镜，具备多目标、暗天体高分辨成像和光谱观测的精测能力，最暗天体成像极限亮度达到28星等，最暗天体光谱极限亮度达到25星等。设施建成后，使我国光学极限探测能力处于国际领先行列，大幅度提升天文观测重大发现的综合能力，同时为相关领域的前沿研究提供重要支撑，带动我国光学技术的创新发展。此外，我国还计划发射口径为2m的中国空间站巡天望远镜，中国南极昆仑站也将建造一台口径2.5m的巡天望远镜。这些望远镜在履行科学目标的同时，也将为光学参考框架的精化提供技术支持。

2.3.4 脉冲星星表

脉冲星是旋转的中子星，具有超高压强、超高温度、超高密度、超强磁场和辐射。脉冲星星表主要由脉冲星在天球的位置、自行和一些物理参数来表征，是开展脉冲星观测、研究脉冲星科学理论、构建脉冲星时间系统与发展脉冲星导航的基础。

由于距离遥远，脉冲星的信号辐射到达地球后十分微弱，因此建立脉冲星历表需要利用灵敏度极高的射电望远镜开展长期观测。脉冲星观测已经有50年的历史。目前在射电波段已经发现了2600余颗脉冲星，并初步建立了脉冲星星表。

习　　题

1. 构建天球坐标系的天球应该具备哪些特性？
2. 请简述常用的天球坐标系有哪几类？分别是如何定义的？适用于哪些场景？
3. 为什么要构建协议天球坐标系？
4. 请推导甚长基线干涉测量技术的原理公式。
5. 请简要介绍主要天球参考框架的基本情况。

第3章 地球坐标基准

为量化描述物体在地球上及近地空间中的位置和运动速度，需要确定相应的参考基准。在参考基准的构建中，除了选择参考物外，还需要进行空间定位、定向并规定度量单位，于是需要在地球上建立地球坐标基准，即地球坐标系。

3.1 地球坐标系

地球坐标系，又称地固系或大地坐标系，是一种与地球固连，以地球表面为参照物的非惯性参考系统，是建立在一定的基准上用于表达地球表面空间位置及其相对关系的数学参照系。

3.1.1 理想地球参考系

地球参考系应是一种固连于地球的地固系统。相对于它，附于固体地球表面任意点的位置只受地球物理效应的微小变化（板块运动或潮汐形变）影响，地球无整体的旋转或平移。通常采用 Tisserand 条件来定义一个理想的地球参考系，其主要特征是：相对于地球参考系，整个地球的线性动量和角动量为零。在数学上可表示为

$$\begin{cases} \int_G \boldsymbol{v} \mathrm{d}m = 0 \\ \int_G \boldsymbol{r} \times \boldsymbol{v} \mathrm{d}m = 0 \end{cases} \tag{3.1}$$

式中：G 为整个地球的积分区域；$\mathrm{d}m$ 为地球上的某质量元；$\boldsymbol{r}$ 和 $\boldsymbol{v}$ 为 $\mathrm{d}m$ 在参考框架内的位置向量和速度向量。

显然，满足了这两个条件，所定义的地球参考系也必然满足相对于地球无整体旋转和平移的约束。

上述 Tisserand 条件定义的地球参考系在理论上是严格的。但由于到目前为止，人们仍然无法获知地球内部的运动特征，而且也不可能到地球内部去建立参考点，上述严格理论上的定义，实际上是难以实现的。因此作为一个近似，常把积分区间局限于地壳这一层，通常将理想地球参考系简化为

$$\begin{cases} \int_D \frac{\mathrm{d}\boldsymbol{OM}}{\mathrm{d}t} \mathrm{d}D = 0 \\ \int_D \boldsymbol{OM} \times \frac{\mathrm{d}\boldsymbol{OM}}{\mathrm{d}t} \mathrm{d}D = 0 \end{cases} \tag{3.2}$$

式中：D 代表整个地球表面，$\mathrm{d}D$ 为地球表面 M 处的一个面元；O 是地球参考系的原点。式（3.2）假设地壳的厚度和密度是均匀的，所以不涉及质量。很显然式（3.2）就是一个相对于地壳的 Tisserand 条件，要使式（3.2）严格等价于式（3.1），还必须满足另一个假设，即地壳相对于地球内部无整体旋转和平动。

3.1.2 地球坐标系的分类

根据坐标系原点位置的不同，地球坐标系分为地心坐标系（原点与地球质心重合）和参心坐标系（原点与参考椭球中心重合）。

3.1.2.1 参心坐标系

参心坐标系是采用经典的大地测量方法建立的大地坐标系，依据本地区的大地测量资料与该区域内的大地水准面最为吻合的条件（使该区域内的大地水准面差距 N 的平方和为最小），确定参考椭球的形状和大小（当然也可直接采用较好的地球椭球）并完成参考椭球的定位和定向，如图 3.1 所示。采用这种方法来建立大地坐标时，参考椭球的中心一般不会与地心重合，因而称为参心坐标系。此时参心与地心间的差距一般可达数十米至数百米。

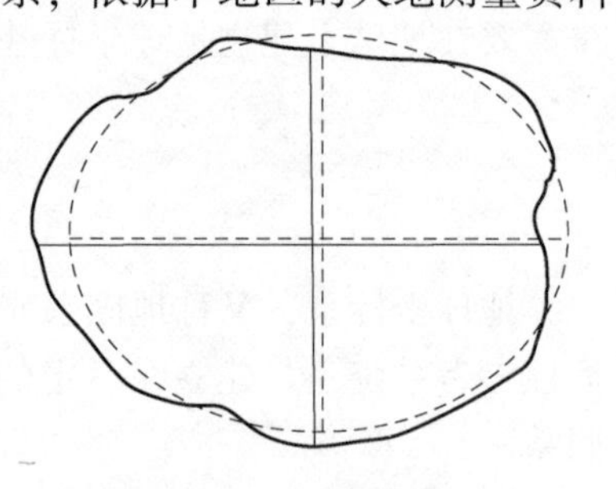

图 3.1 参考椭球

参心坐标系的建立可划分为以下六个步骤：①选定一个地球椭球；②选定一个大地原点；③确定大地基准数据；④布设天文大地网；⑤多点定位调整椭球；⑥椭球变换获得新椭球下的大地坐标。由参心坐标系的建立过程可知，大致过程为先测量天文经纬度，再通过椭球和似大地水准面的适配，计算得到大地经纬度。需要注意的是，天文经纬度的测量与椭球无关。

1）选定一个地球椭球

关于椭球参数，一般可选择国际大地测量学和地球物理学联合会（IUGG）推荐的国际椭球参数，如表 3.1 所示，下面主要讨论椭球定位与定向及建立大地原点。

表 3.1 常用椭球参数

椭球参数	克拉索夫斯基椭球	1975 年国际椭球	WGS-84 椭球体	2000 中国大地坐标系
长半轴 a/m	6378245	6378140	6378137	6378137
短半轴 b/m	6356863.0187730473	6356755.2881575287	6356752.3142	6356752.3141
极曲率半径 c/m	6399698.9017827110	6399596.6519880105	6399593.6258	6399593.6359
扁率 f	1/298.3	1/298.257	1/298.257223563	1/298.257222101
第一偏心率 e^2	0.006693421622966	0.006694384999588	0.00669437999013	0.00669438002290
第二偏心率 e'^2	0.006738525414683	0.006739501819473	0.00673949674227	0.00673949677548

2）选定大地原点

参心坐标系中各点坐标是依据大地原点的天文大地观测和高程测量结果，确定地面点垂线偏差和大地水准面差距等信息，并利用到某一相邻点的方位角实现的。如图 3.2 所示，依据 P_k 点大地经纬度(L_k,B_k)和到下一点的方位角 A_k 以及归算到椭球面上的各种观测值，可以精确计算出天文大地网中各点的大地坐标，该过程称为大地主题正算。L_k，B_k，A_k 称作大地测量基准数据，也称为大地测量起算数据，大地原点也称大地基准点或大地起算点。一个国家的大地原点大概在这个国家的几何中心，我国的大地原点位于陕西省泾阳县永乐镇。

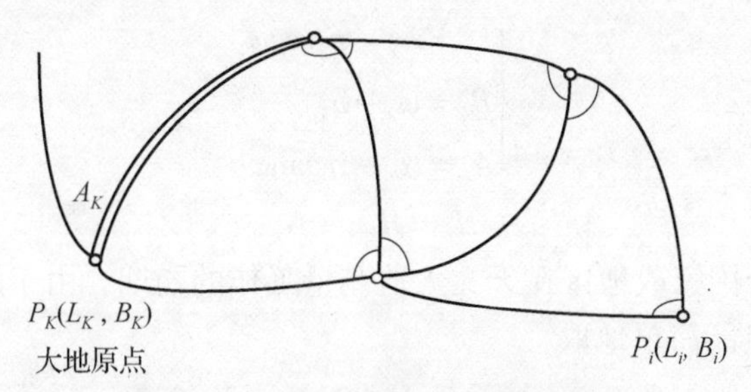

图 3.2　大地原点和大地起算数据

3）确定大地起算数据

确定大地起算数据一般包括两方面的内容，即椭球定向和椭球一点定位。

①椭球定向。对于地球和参考椭球可分别建立空间直角坐标系 $O_1-X_1Y_1Z_1$ 和 $O-XYZ$，如图 3.3 所示，两者间的相对关系可用三个平移参数 X_0，Y_0，Z_0（椭球中心 O 相对于地心 O_1 的平移参数）和三个旋转参数 ε_X，ε_Y，ε_Z 来表示。传统的做法是：首先选定某一适宜的点作为大地原点，在该点上实施精密的天文大地测量和高程测量，由此得到该点的天文经度 λ_k、天文纬度 φ_k、正高 $H_{正k}$ 至某一相邻点的天文方位角 α_k。以大地原点垂线偏差的子午圈分量 ξ_k、卯酉圈分量 η_k、大地水准面差距 N_k，和 ε_X，ε_Y，ε_Z 为参数，根据广义垂线偏差公式和广义拉普拉斯方程式可得

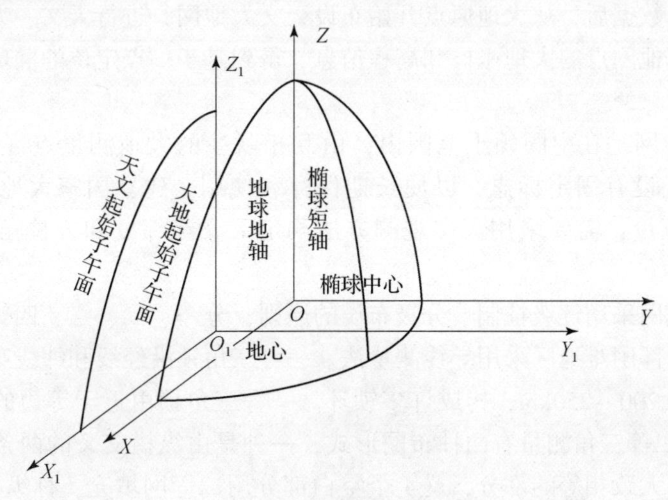

图 3.3　双平行条件

$$\begin{cases} L_k = \lambda_k - \eta_k \sec\varphi_k - (\varepsilon_Y \sin\lambda_k + \varepsilon_k \cos\lambda_k)\tan\varphi_k + \varepsilon_Z \\ B_k = \varphi_k - \xi_k - (\varepsilon_Y \cos\lambda_k - \varepsilon_k \cos\lambda_k) \\ A_k = \alpha_k - \eta_k \tan\varphi_k - (\varepsilon_k \cos\lambda_k + \varepsilon_x \cos\lambda_k)\sec\varphi_k \end{cases} \tag{3.3}$$

$$H_k = H_{正k} + N_k + (\varepsilon_Y \cos\lambda_k - \varepsilon_X \sin\lambda_k) N_k e^2 \sin\varphi_k \cos\varphi_k \tag{3.4}$$

式中，L_k，B_k，A_k，H_k 分别为相应的大地经度、大地纬度、大地方位角、大地高。

椭球定向一般选定两个平行条件：椭球短轴平行于地球自转轴；大地起始子午面平行于天文起始子午面，即

$$\varepsilon_X = 0, \varepsilon_Y = 0, \varepsilon_Z = 0 \tag{3.5}$$

代入式（3.3）和式（3.4），可得

$$\begin{cases} L_k = \lambda_k - \eta_k \sec\varphi_k \\ B_k = \varphi_k - \xi_k \\ A_k = \alpha_k - \eta_k \tan\varphi_k \end{cases} \tag{3.6}$$

$$H_k = H_{正k} + N_k \tag{3.7}$$

②一点定位。一个国家或地区在天文大地测量工作的初期，由于缺乏必要的资料来确定 η_k，ξ_k，N_k 值，通常只能简单地取：

$$\eta_k = 0, \xi_k = 0, N_k = 0 \tag{3.8}$$

式（3.8）表明，在大地原点 k 处，椭球的法线方向和铅垂线方向重合，椭球面和大地水准面相切。这时，由式（3.6）和式（3.7）可得

$$\begin{cases} L_k = \lambda_k, B_k = \varphi_k, A_k = \alpha_k \\ H_k = H_{正k} \end{cases} \tag{3.9}$$

因此，仅仅根据大地原点上的天文观测和高程测量结果，顾及式（3.5）、式（3.8），按式（3.9）即可确定椭球的定位和定向，这种定位方法称为一点定位。

大地起算数据确定后，即完成了椭球的定向和定位，标志着参考坐标系的建成。但此时坐标系仅仅是理论上的定义，无法直接使用，需要建立参考框架来实现这个坐标系。

4）布设天文大地网

确定大地起算数据后，从大地原点开始布设天文大地网，进行天文、大地、水准以及重力测量，推算出其他网点的大地坐标和高程信息，得到基于一点定位的椭球坐标系的参考框架和似大地水准面。

国家天文大地网是在中国领土范围内，由互相联系的大地测量点（简称大地点）构成的网，大地点上设有固定标志，以便长期保存和使用。建立国家大地网的经典方法是边角测量和导线测量，需要采用天文观测方法测定天文经纬度和方位角，所以又称为天文大地网。

国家天文大地网采用逐级控制、分级布设的原则，分一、二、三、四等，主要采用三角测量法布设，在西部困难地区采用导线测量法。一等三角锁沿经线和纬线布设成纵横交叉的三角锁系，锁长为200～250km，构成许多锁环。一等三角锁由近于等边的三角形组成，边长为20～30km。二等三角测量有两种布网形式，一种是由纵横交叉的两条二等基本锁将一等锁环划分成4个大致相等的部分，这4个空白部分用二等网填充，称纵横锁系布网方案。另一种是在一等锁环内布设全面二等三角网，称全面布网方案。二等基本锁的边长为15～20km，二等网的平均边长为13km，测角中误差±2.5″。二等基本锁基线测量精度为1:200000。一等锁的两端和二等网的中间，都要测定起算边长、天文经纬度和方位角。国家一、二等网合称为国家天文大地网。国家天文大地网于1951年开始布设，1961年基本完成，1975年修补测工作全部结束，全网约有5万个大地点。同时，为满足经济建设、国防建设和地形图测绘、工程测量等对控制点密度的需要，军队和地方测绘部门还加密测量三、四等三角点约23万点，测绘部队布测了大量军用控制点。三等大地网中三角形平均边长为8km，角度观测中误差不大于1.8″。四等三角点间的平均边长为4km，角度观测中误差不大

于 2.5″。四等网布设常采用插点法、插网法或越级布网。中国国家测绘局利用 10 年的时间（1989—1998 年）对全国三、四等三角网进行了分区平差，将其成果统一到 1980 西安坐标系。三等网的精度为 1∶80000，四等网的精度为 1∶40000。三、四等三角点与国家天文大地网点共同构成中国大地测量平面基础控制网。

国家天文大地网规模之大、网形之佳和质量之优，在全世界居于前列；布设速度之快也是空前的，这是我国测绘界几代人艰苦奋斗的结果。

5）多点定位

一点定位的结果，在较大范围内往往难以使椭球面与大地水准面有较好的密合。所以，在国家或地区的天文大地测量工作进行到一定的时候或基本完成后，利用许多拉普拉斯点（即测定了天文经度、天文纬度和天文方位角的大地点）的测量成果和已有的椭球参数，按照广义弧度测量方程，根据使椭球面与当地大地水准面最佳拟合条件 $\sum N_{新}^2 = \min$（或 $\sum(\xi_{新}^2 + \eta_{新}^2) = \min$）采用最小二乘法可求得椭球定位参数 ΔX_0，ΔY_0，ΔZ_0，旋转参数 ε_X，ε_Y，ε_Z，及新椭球几何参数 $a_{新} = a_{旧} + \Delta a$，$\alpha_{新} = \alpha_{旧} + \Delta\alpha$。再根据式（3.3）和式（3.4）可求得大地原点的垂线偏差分量 ξ_k，η_k 和大地水准面差距 N_k。这样利用新的大地起算数据和新的椭球参数进行新的定位和定向，从而可建立新的参心大地坐标系。按这种方法进行椭球定位和定向，由于包含了许多拉普拉斯点，因此通常称为多点定位法。

多点定位的结果使椭球面在大地原点不再同大地水准面相切，但在所使用的天文大地网资料的范围内，椭球面与大地水准面有最佳的密合。

6）椭球变换

多点定位以后，参考椭球的几何参数发生了变化。基于两个椭球之间各参数的差异，利用大地坐标微分方程，计算同一点在新椭球和原椭球下的大地坐标改正数 dB 和 dL，该过程即为椭球变换。

参心坐标是静态坐标，没有考虑板块运动对坐标的影响。虽然板块运动客观存在，但在测量精度不高的情况下，可以假设局部范围内构造运动为同向平移运动（板块刚性）。各点的绝对位置虽然变化，但点之间的相对位置不变。显然，同向平移假设并不严密，因此参心坐标系需要定期复测。

采用参心坐标系可以使本区域内大地水准面与参考椭球面之间的差距较小，两个面符合得更好，有利于把观测资料归算到椭球面上去。

因为参心与地心的不一致并不会影响该区域内点与点之间的相对位置，因此参心坐标系适用于交通运输、水利建设、矿山勘探、城市建设、农业等领域以及一般军事领域内的应用。但采用参心坐标系也存在一些缺点，主要是：

（1）无法满足空间技术及远程武器发射等领域的需要。

（2）目前卫星定位技术已取代常规方法成为大地定位的主要手段。卫星定位获得的是地心坐标，若再将其转换为参心坐标，不仅会增加工作量，而且还会由于坐标转换参数的误差而导致定位精度的下降。

3.1.2.2　地心坐标系

地心地固坐标系（ECEF）简称地心坐标系，是一种以地心为原点，固定在地球上与地球一起旋转的地固坐标系。地心坐标系能够满足地球动力学、物理大地测量学和空间科学以及 PNT 服务等应用的需求，是当前工程应用和科学研究主要采用的地球坐标系。

地心坐标系的地球椭球除了满足地心定位和双平行条件外，在确定椭球参数时能使它在全球范围内与大地体最密合，叫作总地球椭球，如图 3.4 所示。

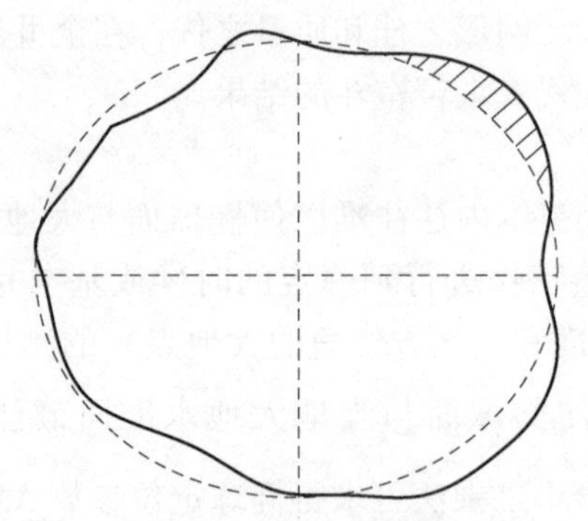

图 3.4 总地球椭球

建立地心坐标系的方法可分为直接法和间接法两类。所谓直接法，就是通过一定的观测资料（如天文资料、重力资料、卫星观测资料等），直接求得点的地心坐标的方法，如天文重力法和卫星大地测量动力法等。所谓间接法，就是通过一定的资料（其中包括地心系统和参心系统的资料），求得地心坐标系和参心坐标系之间的转换参数，而后按其转换参数和参心坐标，间接求得点的地心坐标的方法，如应用全球天文大地水准面差距法以及利用卫星网与地面网重合点的两套坐标建立地心坐标转换参数等方法。

基于现代空间测量技术获得的地心坐标顾及了板块漂移的影响，其坐标是动态坐标。准确描述一个点的位置，应该具备四个要素：瞬时坐标、历元、框架以及速度。瞬时坐标是某历元时刻的坐标，必须表明其历元。如果知道该点在某历元的瞬时坐标和点位速度，就可以计算该点在任意历元的坐标。不同框架下的参考系定向结果存在差异。瞬时坐标的历元或框架不一致，不方便使用和交流，需要在全国范围内约定一个统一的历元和框架。CGCS2000 是我国当前正在使用的制图坐标系，参考历元为 2000.0，参考框架为 ITRF97 框架，即 CGCS2000 坐标必须是 2000.0 历元 ITRF97 框架下的瞬时坐标。

地心坐标系既能满足参心坐标系中普通用户的需要，同时也能满足空间技术、远程武器等特殊领域的需要。由于卫星定轨时所确定的卫星位置基于地球质心，因而用卫星定位技术进行定位时所确定的测站坐标也属地心坐标。当卫星定位取代传统方法（如三角测量、三边测量、导线测量、前方交会、后方交会等地面测量方法）而成为主要的大地定位方法时，直接采用地心坐标系比采用参心坐标系更为方便可靠。

地心坐标系的建立是基于空间观测技术，参考框架的站点能够遍布全球，十分有利于建立全球统一的地球坐标系。GPS 系统的 WGS-84 坐标系即为全球坐标系，我国也建立了北斗卫星导航系统的全球空间基准——北斗坐标系。

在实际应用中，参心和地心坐标系之间的转换，通常在参心坐标系中较为均匀地选择若干个测站，用卫星定位、卫星激光测距等方法来测定其地心坐标，依靠这些同时具有参心坐标和地心坐标的“公共点”来求出这两套坐标系间的坐标转换参数。采用空间直角坐标时一般可采用布尔莎七参数模型来进行坐标转换，如式（3.10）所示。

$$\begin{bmatrix} X \\ Y \\ Z \end{bmatrix}_{\text{地心}} = \begin{bmatrix} \Delta X_0 \\ \Delta Y_0 \\ \Delta Z_0 \end{bmatrix} + (1+m)\begin{bmatrix} 1 & \varepsilon_Z & -\varepsilon_Y \\ -\varepsilon_Z & 1 & \varepsilon_X \\ \varepsilon_Y & -\varepsilon_X & 1 \end{bmatrix}\begin{bmatrix} X \\ Y \\ Z \end{bmatrix}_{\text{参心}} \tag{3.10}$$

式中：$(\Delta X_0, \Delta Y_0, \Delta Z_0)^{\mathrm{T}}$ 为坐标原点的三个平移参数；m 为尺度比；ε_X，ε_Y，ε_Z 为三个旋转角。

3.2 卫星大地测量技术

传统参心坐标系的建立方法主要包括三角测量法、导线测量法、边角测量法等经典大地测量技术。外业测量主要使用精密测角仪器和测距仪获取高精度边角观测量，进而构成三角网。在测定地面点的水平坐标和其高程时所采用的方法是不同的，三角测量法、导线测量法只能获得地面点的水平二维坐标(x,y)或(B,L)；地面点的高程 H 则需通过水准测量或三角高程测量获得。由于水平坐标和高程的测定在原理和方法上均有本质区别，无法将它们统一起来。因而经典大地控制网是将水平控制网与高程控制网分离独立进行建立的。水平控制网确定了地面点的水平坐标基准，高程控制网确定了地面点的高程基准。这种分别由两套系统建立的控制网也称为“2+1”维网，该方法目前仍在生产中广泛使用。

经典大地测量的水平坐标与高程坐标采用两种不同的基准，且水平控制网与高程控制网无法实现统一，使其在实际工作中受到了许多局限。随着空间技术的迅猛发展，地球坐标系的建立和维持方法经历了一场划时代的革命性变革，克服了传统的经典测量手段的时空局限，进入了以空间大地测量技术为主的全球统一空间基准的新阶段。

目前，地球坐标系的实现主要基于 4 种空间大地测量技术：卫星导航定位技术、卫星激光测距技术、星载多普勒定轨定位系统和甚长基线干涉测量。

3.2.1 卫星导航定位技术

卫星导航定位技术是采用导航卫星作为空间位置和时间基准，通过卫星发射的无线电导航信号，为地球表面、海洋及近地空间用户提供高精度的空间位置和时间参数，确定用户在相应时空参考系中的三维坐标、速度和时间的技术。卫星导航定位技术拥有全球可用、不受气候和通视等因素约束的优势，已经广泛应用于交通、农业、气象、地理信息采集、系统授时、通信、地球科学研究等诸多领域。

3.2.1.1 卫星导航系统

卫星导航系统是利用人造地球卫星发射的无线电信号进行导航的综合系统，通常包括导航卫星星座（空间段）、系统运行管理设施（地面段）和用户接收设备（用户段）。目前，在运行的全球卫星导航系统有美国的 GPS、俄罗斯的 GLONASS、欧盟的 Galileo 和中国的北斗，还包括区域卫星导航系统和星基增强系统。

1）空间段

空间段是卫星导航系统中空间所有卫星及其星座的总称，主要作用是产生并发送测距码与载波相位信号，并广播由地面控制段上传的导航电文。为了实现连续的全球定位服务，每个卫星导航星座必须包含足够数量的卫星，以确保在每个站可同时观测至少四颗卫星。卫星星座的选择必须遵循多种优化原则，设计中需要考虑用户定位精度、卫星可用性、服务范围和星座几何构型等。

按照运行轨道不同，导航卫星可以分成地球同步轨道（GEO）卫星、倾斜地球同步轨道（IGSO）卫星和中圆地球轨道（MEO）卫星。MEO卫星是全球卫星导航系统最经常使用的卫星，GPS、GLONASS、Galileo系统的卫星均为MEO卫星。北斗卫星导航系统使用了由GEO卫星、IGSO卫星和MEO卫星三种类型卫星构成的异构星座。区域卫星导航系统常使用GEO卫星或IGSO卫星，例如日本准天顶导航卫星系统（QZSS）的导航卫星为IGSO卫星、印度区域卫星导航（NavIC）系统的导航卫星为GEO卫星和IGSO卫星。

2）地面段

地面段是维持卫星导航系统正常运行的地面系统的总称。一般包括主控站、监测站和时间同步/注入站等，以及相互之间的数据通信网络。

地面运行控制系统主要执行如下功能：跟踪整个星座卫星，测量导航卫星发射的信号；计算每颗卫星的时钟误差，确保卫星时钟与系统时钟同步；计算每颗卫星的轨道运行参数；计算大气层延迟等导航电文中所包含的各项参数；更新卫星导航电文数据，并将其上传至卫星；监测卫星发生故障与否，发送调整卫星轨道的控制命令；启动备用卫星，安排发射新卫星；系统时间与空间坐标基准建立与维持等。

为完成系统赋予的任务目标和功能，地面运行控制系统通常包括一定数量导航信号监测站组成的监测站网，将导航电文和控制指令播发给卫星的注入站和一个协调各部分运行的主控站。主控站是整个运行控制系统和卫星导航系统的核心、中枢和“大脑”，完成对星座内全部卫星导航信号观测数据处理，主要功能包括：卫星时间同步计算、卫星精密轨道计算、卫星导航信号完好性计算以及信号传播时延修正与预报计算。注入站完成对卫星历书、星历、钟差、控制参数及电离层校正参数和导航信号完好性参数的注入，导航信号监测站通过多频段监测接收机和地面卫星遥测、遥控系统，接收处理卫星导航信号、卫星系统遥测信号，形成精密定轨数据与完好性判定数据，并送主控站进行综合处理，形成注入参数。

各卫星导航系统的地面运控系统基本功能具有一定的相似性，但其组成和定义等都具有一定的差异性。

3）用户段

用户段指用于接收、处理导航卫星信号并实现定位、测速和授时等功能的设备总称。

根据用途与类型的不同，卫星导航接收机的组成结构也各有差异，但是基本的框架结构大致相同。根据卫星导航接收机中的信号流程可以将其分为3个主要模块：信号采集与产生模块、中频信号处理模块和导航定位解算模块。

（1）信号采集与产生模块。卫星导航信号首先进入信号采集与产生模块，该模块包括天线与射频前端部分。卫星播发的射频信号首先由天线接收，信号进入射频前端后进行带通滤波，并通过放大器放大信号幅度，之后由本地基准振荡器产生的混频信号对其进行处理（包括前置放大、下变频和模块转换等）后将射频信号转换成中频信号，并将产生的中频信号送至中频信号处理模块。

（2）中频信号处理模块。中频信号处理模块利用相关器将中频信号与本地伪随机码进行相关运算，通过捕获处理，实现本地伪随机码与卫星信号的粗略同步，确定卫星信号载波频率及伪随机码相位的粗略值。通过跟踪处理，确定卫星信号载波相位及伪随机码的精确值，解调出导航电文，送至导航定位解算模块。

（3）导航定位解算模块。导航定位解算模块指对导航电文进行处理解算出相应结果的软件，利用测距信息和卫星导航电文，基于距离交会原理计算用户的坐标。

按卫星导航接收机的用途可以将其分为导航型接收机、定位型接收机、测量型接收机、授时型接收机以及北斗指挥型用户终端；按卫星导航接收机的载波频率可以将其分为单频接收机和双频接收机；按卫星导航接收机的通道数可以将其分为多通道接收机、序贯通道接收机和多路多用通道接收机；按卫星导航接收机的工作原理可以将其分为码相关型接收机、平方型接收机和混合型接收机。

卫星导航系统大规模民用的成功很大程度上要归功于集成电路的革命，它使得接收机简单、轻便、价格大幅降低。

3.2.1.2　卫星导航信号

卫星导航测距信号主要包括载波、测距码和导航电文三部分。第一部分的信号就是载波，即以指定频点为频率的正弦波；第二部分为扩频码，也称为伪随机噪声（PRN）码，是一种伪随机序列，通过它可以区分不同的卫星信号。需要说明的是，扩频码虽然是一种随机序列，但它是有周期的一种序列码，是可预测的，因此是伪随机序列。这一序列同时也是卫星导航系统的测距码，即通过卫星发射信号和接收机接收信号之间的延时来测量距离；第三部分就是导航电文，是由导航卫星播发给用户的描述导航卫星运行状态参数的电文，包括系统时间、星历、历书、卫星时钟的修正参数、导航卫星健康状况和电离层延时模型参数等内容。导航电文的参数给用户提供了时间信息，利用导航电文参数可以计算用户的位置坐标和速度。

3.2.1.3　卫星导航测距原理

扩频码测距是卫星导航最基本的测距方法。首先由卫星在某一时刻发出信号，此时刻可称为发射时刻，而后本地的接收机用复现的码片捕获输入信号进行相关，获取相关峰，也就是找到输入信号的相位，提取此时刻为发射时刻。而接收机的时间与此发射时刻就有一个差值，可记为τ，称作传播时间，此时间乘以光速即为接收机和卫星的距离。由于接收机时钟的不稳定性，接收机的真实时间我们其实是无法得知的，因此就需要假设一个接收机时间，将真实的接收机时间减去假设接收机时间可得接收机钟差。以假想的接收时间减去发射时刻再乘以光速得到卫星到接收机的几何距离。该距离并不是真实距离，而是一种伪距，其中还包括其他的一些量如接收机钟差、卫星钟误差、电离层和对流层的延迟等。在基准站网数据处理中，伪距观测量一般模型化为

$$P_r^i = \rho_r^i + c(t_r - t^i) + I_r^i + T_r^i + \varepsilon_P \tag{3.11}$$

式中：P 表示伪距观测量；r 表示接收机；i 为卫星号；ρ 为接收机到卫星的真实几何距离；t_r 为接收机钟差；t^i 为卫星钟差；I_r^i 为电离层延迟；T_r^i 为对流层延迟；ε_P 为观测噪声。

载波相位也可以用于测距，但载波和伪随机序列有很大的区别，就是载波的每个周期长一模一样，如果想要定位则必须计算出卫星的信号是第几个周期，之后用周期数乘以波长即为距离。相对于伪距计算，载波相位测距涉及整周模糊度的计算，而每颗卫星的整周模糊度

都是不同的，需要通过一段时间的滤波解算才能求取整周模糊度。载波相位观测量一般模型化为

$$L_r^i = \rho_r^i + c(t_r - t^i) - I_r^i + T_r^i + \lambda N_r^i + \varepsilon_L \tag{3.12}$$

式中：L 表示载波相位观测量；N 表示整周模糊度；λ 为载波相位的波长。

卫星导航还有一个观测量，即多普勒观测量。在发射端和接收端发生相对运动时，接收端收到的信号频率和发射端发出的信号频率会产生一个差值，这个值就是多普勒观测值。利用多普勒观测值求解距离时的方程即为伪距方程的一阶导数，需要用到接收机和卫星的速度及二者的钟差来求解。多普勒观测量精度偏低，在高精度定位数据处理中应用较少。

3.2.1.4 卫星导航定位原理

用户接收每颗卫星的信号，测定到卫星的距离，并利用卫星播发的电文可以确定卫星的位置。具备以上条件就可以通过交会原理算出用户的位置。在已知卫星位置的前提下，利用对三颗卫星的距离测量组成三个方程式，就可以解出用户的位置(X,Y,Z)。考虑到卫星的时钟与接收机时钟之间的误差，用户实际获得的是包含钟差的伪距，伪距测量方程中有4个未知数：3个位置参数和1个钟差参数，因而需要引入对第4颗卫星的距离测量，形成4个方程式进行求解。在实际应用中，用户接收机可以接收4颗以上的卫星信号并获得伪距测量，按照最优估计解算出用户的位置与钟差。

由于卫星导航电文中播发的轨道和卫星时钟信息存在误差，以及信号传播通过的大气对流层、电离层对信号传播路径和速度的影响，早期的卫星定位精度只有数十米量级，随着导航电文精度、误差修正模型精度的提升，目前卫星导航的民用定位精度已达到2～3m水平(按95%置信度统计)。为进一步提高定位精度，普遍采用差分定位技术，通过建立地面基准站（差分台）进行卫星观测，利用已知的基准站精确坐标，计算出的理论伪距值与观测值进行比较，从而得出修正数，并对差分用户发布。差分接收机收到该修正数后，对自身的观测值进行修正，可消去大部分误差，从而得到一个更准确的定位结果。

基于卫星导航观测建立的地球参考框架具有以下特点：

（1）属于动力学技术，对坐标原点敏感。

（2）对地球自转参数敏感，可用于确定地球自转参数。

（3）空间覆盖性好，可精确测定板块运动、电离层参数、对流层天顶延迟等，可用于实现地球参考框架的定向约束条件。

（4）设备廉价，定位速度快，可在全球范围内提供实时高精度服务。

3.2.1.5 国际GNSS服务

国际GNSS服务（IGS）组织是国际大地测量协会（IAG）为支持大地测量和地球动力学研究于1993年组建的一个国际协作组织，1994年1月1日正式开始工作。1992年6月至9月的全球GPS会战等试验为IGS的建立奠定了基础。此后，随着GLONASS等其他全球卫星导航定位系统的建成及投入工作，IGS也扩大了工作范围，并于2005年正式更名为国际GNSS服务，但仍缩写为IGS。

1）IGS 发展历程

自 20 世纪 80 年代末，面对日益增长的、多样化的 GPS 应用，全球很多科学组织致力于提高 GPS 数据的获取和分析能力，希望成立一个公共的、全球性的 GPS 服务组织。IGS 在 1993 年正式被 IAG 认可，于 1994 年 1 月 1 日正式提供服务。主要包括 GPS 卫星轨道参数、跟踪数据以及其他数据产品，用于支持大地测量和地球物理学等方面的科学研究。

目前 IGS 拥有 4 个全球数据中心、6 个区域数据中心，形成了 12 个数据处理分析中心（https：//igs. org/），主要包括美国喷气推进实验室（JRL）、德国地学中心（GFZ）、欧洲定轨中心（CODE）、ESA、美国斯克里普斯海洋研究所（SIO）、美国海军天文台、麻省理工学院、美国国家海洋和大气管理局（NOAA）、加拿大自然资源部（NRCan）、武汉大学（WHU）等。IGS 拥有 10 个工作组，主要包括天线工作组、低轨卫星工作组、钟差工作组、全球导航卫星系统工作组、数据中心工作组、实时工作组、参考框架工作组、对流层工作组、电离层工作组、偏差和校正工作组。

IGS 跟踪站配备卫星导航接收机，产生原始观测数据。业务数据中心能够直接和跟踪站进行通信，收集原始数据。形成与接收机无关的标准数据格式（RINEX）数据发送到数据中心。为减少网络上的传输，区域性的数据中心收集若干个业务数据中心的数据，并传输到全球数据中心，由全球数据中心对跟踪数据和数据产品归档并提供在线服务。

2）IGS 产品

IGS 负责全球性的卫星导航跟踪观测和数据处理、分析以及成果生成，并提供高质量的数据和高可靠性的产品服务。IGS 开发国际卫星导航数据标准和规格，并发布年度报告。

IGS 收集、归档、分配卫星导航观测数据集，这些数据集有足够的精度来满足一系列科学领域和工程领域的应用和研究，可用来生成以下产品：导航卫星精密星历、地球自转参数、IGS 跟踪站坐标和速度、导航卫星和 IGS 跟踪站时钟信息、天顶对流层路径延迟估计、全球电离层地图等。

根据产品的精度和时延，分为三种不同类型产品：超快速产品、快速产品和最终产品。其中超快速产品每天更新 4 次，快速产品每天更新 1 次，最终产品每周更新 1 次。目前 IGS 已经能够提供轨道和钟差的实时产品。

IGS 产品是各数据处理分析中心的加权最优结果。首先各数据处理分析中心独立计算 IGS 产品，然后 IGS 分析中心的协调机构对各分析中心的计算结果进行加权平均，生成高精度的 IGS 产品，之后再发送到 IGS 中心局美国喷气推进实验室。由美国喷气推进实验室向全球用户提供 IGS 的官方成果。IGS 的协调分析中心位于美国国家海洋和大气管理局/美国国家大地测量局（NGS），IGS 参考框架的协调中心在加拿大自然资源部，IGS 钟差产品的协调中心在美国海军天文台。IGS 各数据处理分析中心均拥有自己的卫星导航数据综合处理软件，其中以欧洲定轨中心的 BERNESE 软件、美国喷气推进实验室的 GIPSY 软件、德国地学研究中心的 EPOS 软件、美国斯克里普斯海洋研究所使用的 GAMIT 软件和武汉大学的 PANDA 软件最具代表性。

3.2.2　卫星激光测距技术

3.2.2.1　概述

卫星激光测距是利用安置在地面上的卫星激光测距系统所发射的激光脉冲，跟踪观测装有激光反射棱镜的人造地球卫星，以测定测站与卫星之间距离的技术和方法。该技术可用于研究地球动力学、大地测量学、地球物理学和天文学等，是目前单次直接测距精度最高的卫星测距技术。

卫星激光测距是20世纪60年代中期兴起的一项空间测距技术。1964年10月，美国在BE-B卫星上实现了人造卫星激光测距，当时的精度为米级。1976年美国航空航天局发射了激光地球动力卫星LAGEOS-1，1992年美国和意大利合作发射了动力卫星LAGEOS-2，扩大了地球上卫星激光测距的观测范围。法国、苏联、日本和德国等先后都发射了激光测距卫星。经过60多年的发展，卫星激光测距系统的测距精度由开始的1m提高到现在的1cm，已成为卫星精密定位观测的主要技术手段之一。

中国科学院上海天文台于1971年率先开展卫星激光测距观测实验，建成我国第一代卫星激光测距系统，单次测距精度1~2m。1983年建成我国第二代卫星激光测距系统，测程至8000km，单次测距精度至15cm。1985年实现了对LAGEOS卫星的自动跟踪，单次测距精度5~6cm。1992年单次测距精度达到2cm，并在国内首次实现白天卫星激光测距。

中国科学院长春卫星激光测距站于1992年参加国际联测，1997年单次测距精度提高至1~2cm，年观测圈数达2600圈，进入国际先进行列。北京卫星激光测距站隶属于原国家测绘地理信息局，1994年参加国际联测，1999年单次测距精度达到1~2cm，年观测圈数达1500圈。武汉卫星激光测距站由中国科学院测量与地球物理所和中国地震局地震研究所联合建立，1988年起参加国际联测。中国科学院云南天文台卫星激光测距站于1998年参加国际联测，望远镜口径1.2m。中国还研制了两台卫星激光测距流动站，一台属于西安测绘研究所，一台属于中国地震局地质研究所。

21世纪，卫星导航系统开始逐步建设一些卫星激光测距测站，用于导航卫星精密定轨等。GPS35/36卫星上都安装了激光反射器，利用卫星导航技术和卫星激光测距技术分别开展了定轨工作。以GPS35为例，仅用GPS技术定轨时，轨道均方根误差为10cm；仅用卫星激光测距技术定轨时，轨道均方根误差10~20cm；GPS联合卫星激光测距定轨时，轨道均方根误差为6cm。

卫星激光测距技术的未来发展包括：通过采用短脉冲、可靠性好的多波长激光器，多波长光电接收器和皮秒事件计时器，以及改进激光卫星后向反射器的设计等，有望使单次测距精度提高至毫米级，标准点精度提高至0.5mm。实现高度自动化卫星激光测距系统，无人值守自动运行。发展非同步激光应答器，实现对行星及其探测器的激光测距。

3.2.2.2 测距原理

卫星激光测距用安置在地面测站上的激光测距仪向配备了后向反射棱镜的激光卫星发射激光脉冲信号，经被测卫星反射后，激光脉冲信号回到测距仪接收系统，测出发射和接收该激光脉冲信号的时间差Δt，就可求出卫星至地面站的距离为

$$\rho = \frac{1}{2}c\Delta t \tag{3.13}$$

卫星激光测距的观测量是测站到卫星的距离，此观测量包含了一系列误差。只有从原始观测得到的距离中扣除这些系统误差后，才是用户计算观测量。

设原始观测得到的距离为ρ'，则

$$\rho_0 = \rho' - (\Delta\rho_{TD} + \Delta\rho_{RF} + \Delta\rho_{ERL} + \Delta\rho_{MC} + \Delta\rho_{RO}) \tag{3.14}$$

式中：$\Delta\rho_{TD}$为台站本身位置的潮汐变化导致的测距误差；$\Delta\rho_{RF}$为光线在大气中折射导致的测距误差；$\Delta\rho_{REL}$为广义相对论效应引起的测距误差；$\Delta\rho_{MC}$为卫星的质心改正；$\Delta\rho_{RO}$为台站本身观测的系统误差。

3.2.2.3　系统构成

卫星激光测距系统主要分为空间部分和地面部分。

空间部分为带有反射棱镜的卫星，亦称激光卫星。激光测距卫星按其功能可划分为四类：

（1）地球动力学卫星，卫星激光测距主要使用这类卫星。它们通常是实心的球体，表面上布满后向角反射器。这些卫星轨道高，由于形状规则反射均匀，它们的轨道可以定得很准，如 LAGEOS－1/2、GFZ－1 等。

（2）地球遥感卫星。这类卫星搭载雷达高度计，形状不规则，所以作用到卫星上的大气阻力和太阳辐射压等都很大，卫星激光测距是它们定轨的唯一的手段。如 TOPEX/Poseidon 海洋卫星、Jason－1/2、海洋一号卫星。

（3）导航卫星。这些卫星轨道很高，近 2 万 km。卫星上安装了后向反射器，能进行卫星激光测距和卫星导航并置观测，这样可以提高卫星的定轨精度。

（4）其他一些科学试验卫星。激光测距可作为一种定轨的手段，如重力恢复与气候实验（GRACE）卫星、挑战小卫星载荷（CHAMP）等卫星。

地面部分由激光器、发射光学系统、发射望远镜、望远镜跟踪架、伺服系统和转台、光子探测系统、时间间隔测量系统计数器、时间频率系统、GPS 时钟接收机和系统控制计算机七个部分组成（图 3.5）。其工作原理是：激光器产生的光脉冲经导向光路引入发射望远镜，发射望远镜将光束准直后射向作为目标的激光卫星。在发射光束中取出一小部分，通过主波取样电路形成两个电脉冲，一个称主波脉冲，用来启动激光飞行时间间隔计数器，当它的开门信号；另一个电脉冲用来从时钟中取样，记录激光发射时刻。激光脉冲从卫星上反射回地面后，由接收望远镜接收。在接收望远镜的焦点上装有微光探测设备，检测到的回光由光电转换变成电信号，放大、整形以后形成回波脉冲，用来作为计数器的关门信号，停止计数器计数。这样计数器就记录了主波和回波脉冲的时间间隔，即激光在测站和卫星间往返飞行的时间。

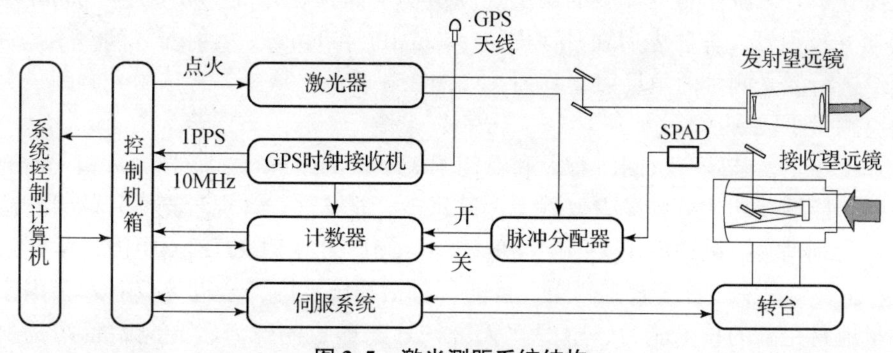

图 3.5　激光测距系统结构

激光测距仪的望远镜有发射、接收激光和瞄准卫星三个功能，可以设计成三台各自独立的望远镜，也可以设计成在同一架望远镜上，同时实现三种功能。其时频系统有两个功能，其一是为计数器、激光器、计算机等设备提供稳定的频率源，计数器频率稳定应好于10^{-10}；其二是记录激光发射的时刻，在厘米级精度的测距仪中，时刻记录的精度为1μs，好的石英钟或铷钟均可满足上述要求。由于测距仪要发射高强度的激光到卫星上，所以卫星激光测距系统中的测距仪设备都比较庞大。

激光测距仪只可对配备了专用反射镜的卫星进行观测。入射至卫星的激光必须完成沿发射激光的同一方向返回。这种类型的反射镜也被称为后向反射镜，主要是由玻璃棱镜构成的。为得到要求的精度，反射镜必须仔细设计以适合专用卫星的几何形状和轨道高度。为使发射激光与接收光子的能量平衡得到调整，反射镜尺寸应设计得足够大，以便反射回足够的能量。大部分情况下，几个直径为2~4cm的单反射镜按一定阵列组合，可以获得必要的能量。单个反射镜的准直调整要极其注意，以免引起信号重叠而使脉冲变形。反射镜是无源装置，极易作为附件安装在卫星上。

卫星激光测距与其他的空间测距技术相比，具有以下特点：

（1）激光器输出功率可达10^9W量级，在单位面积上的光能密度可高于太阳表面，作用距离可达几万千米，到达人造地球卫星，甚至月球表面。

（2）测距精度高。激光的谱线非常尖锐，半宽为5×10^{-10}m左右，有利于在接收光学系统中采用窄带滤光片消去天空背景噪声，提高观测信噪比。

（3）对地心坐标、地心运动和尺度参数敏感，可用于定义地球参考框架的原点和尺度。

（4）受目前地面站分布限制，不具备确定地球定向参数高频变化监测能力。

3.2.2.4 月球激光测距

月球激光测距（LLR）是测定地月距离的一种技术，是地面测站上的发射望远镜向月球发射脉冲激光，经过月球表面上的光学四面体棱镜即后向反射器的反射，激光回波沿原路径返回到达地面上的接收望远镜，通过测定激光往返所需的时间，乘以光速便得到地月之间距离的技术。

20世纪60年代，在实施登月计划之前，美国和苏联开始进行激光测月试验，但当时只能测量月面漫反射回波，测量精度十分有限。1969年7月21日美国“阿波罗”登月计划成功，激光后向反射器Apollo11号被宇航员放置到月面预定的位置上，不久之后，美国利克天文台和麦克唐纳天文台使用单光子接收技术成功地收到来自Apollo11号反射器的激光回波信号，自此揭开了月球激光测距发展的历史。随后，美国又在月面上放置了Apollo14号和A-pollo15号激光反射器。苏联先后在月面安置了Luna17和Luna21反射器阵列，于是月面上共有五个可供进行激光测月的角反射器阵列，如图3.6所示。从此，月球激光测距成为最精准的地月距离测量手段。

之后几十年里，陆续有法国、意大利、德国等多家测站进行过激光测月相关研究。但由于各种原因，能够成功的只有极少数测站。近几年，能够进行常规激光测月的只有法国格拉斯测站、意大利马泰拉测站以及美国阿波罗测站。2018年1月22日，中国科学院云南天文台1.2m望远镜实现中国首次激光测距。目前，包括我国在内，全世界仅有六个国家具备激光精准测量地月距离的技术能力。中国“天琴计划”建设的珠海激光测距台站是少数几个能够实现对部署在月球上全部五个激光反射镜实现测量的台站之一。

单次测距精度已从早期的几十厘米逐渐提高到1~2cm。美国的“阿波罗”采用3.5m口径望远镜，具有更强的激光光子探测能力，可提高激光重复率（如10Hz），从而将测距精度提高至几毫米的量级。以上台站、观测与数据情况可参见国际激光测距服务网站。

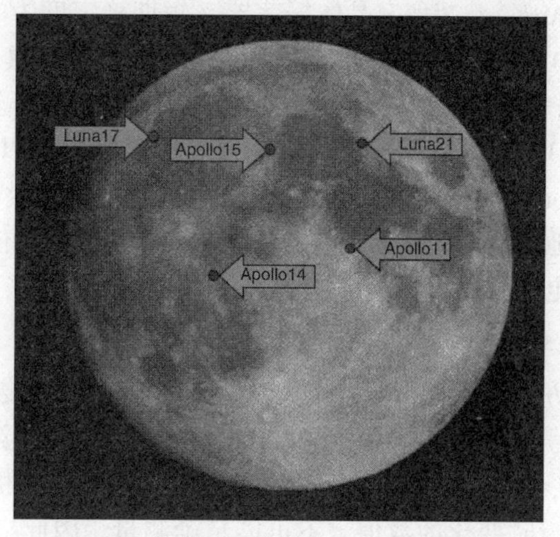

图 3.6　激光测月的激光后向反射器分布

3.2.2.5　国际激光测距服务

国际激光测距服务（ILRS）是 IAG 于 1998 年 11 月建立，主要功能是提供全球卫星和月球激光测距数据及其相关产品，支持大地测量和地球物理研究活动及 ITRF 的维持（https：//ilrs.gsfc.nasa.gov/）。此外，ILRS 还负责卫星激光测距技术的全球标准和规范的协商与制定。

1）组织架构

ILRS 组织架构包括卫星激光测距观测站、操作中心、数据中心、分析中心、中央局和管理委员会，分布全球的联合机构协作运行，并一致和及时地向全球用户提供数据和派生产品。管理委员会负责 ILRS 整体管理和年度活动，定义 ILRS 产品形式和新测站的吸纳工作。目前，隶属于 ILRS 的卫星激光测距台站在全球共 50 多个，受限于设备造价、观测成本以及布站运维等因素，全球的卫星激光测距台站数量不多，且分布不均匀。在南半球、赤道区域以及极区没有台站。

2）产品和功能

ILRS 收集、合并、归档和分发足够精确的卫星激光测距和月球激光测距观测数据集，以满足广泛的科学、工程和应用实践，并生成一些产品。ILRS 提供的主要产品有地球定向参数（极运动和昼长）、ILRS 跟踪系统的站坐标和速度、时变地心坐标、地球重力场的静态和时变系数、厘米精度卫星星历、基本物理常数、月球星历和振动、月球定向参数等。

3.2.3　星载多普勒定轨定位系统

3.2.3.1　概述

星载多普勒定轨定位系统（DORIS），也译作多里斯系统，是由法国国家空间研究中心、法国国家大地测量研究所和法国国家地理研究所经过近十年的共同努力研制成功的，该系统主要用于卫星精密定轨和地面精确定位。DORIS 的精密定轨和精确定位是基于精确测定星载 DORIS 信号接收机接收的来自地面 DORIS 信标机发射的无线电信号的多普勒频移，因而像子午卫星系统一样采用双频多普勒测量方法。DORIS 由于采用了较高的卫星射电频率(2036.25MHz 和 401.25MHz)、超稳定晶体振荡器（短期稳定度为 5×10^{-13}）、地面钟与星载钟的严格同步以及 DORIS 全球均匀分布跟踪网，使该系统除具有子午卫星系统的特点(全天候、全自动、数据多)，另外在提高定轨和定位精度方面有了较大的进展。在 TOPEX/Poseidon 海洋卫星上的 DORIS，使该卫星的轨道径向精度在 3cm 以内，而 DORIS 网的信标位置精度平均已达 1～2cm。这使 DORIS 像卫星激光测距、甚长基线干涉测量等空间技术一样，进入了大地测量和地球物理研究的许多新领域，它也使我们能依靠该技术改进地球引力场模型以及加深人们对电离层的了解。

3.2.3.2 基本原理

DORIS 的测轨定位方法就是双频多普勒方法。DORIS 接收机接收地面 DORIS 信标机以 f_g 频率发射的无线电信号存在多普勒频移 Δf($\Delta f=f_g-f_r$,f_r 为卫星接收到的信号频率)。

测量多普勒频移 Δf，实际上就是测量接收频率 f_r，因为信标机发射频率 f_g 是已知的。但由于 f_r 是高频而且是瞬时变化的数值，不可能精确测量。因此，一般是在接收机中另增加一个已知的固定频率 f_s，称为接收机的本机振荡频率（简称“本振频率”）。将本振频率 f_s 与接收频率 f_r，进行混频，以求得 f_s 与 f_r 的差频 $\Delta f'$，即 $\Delta f'=f_s-f_r$。为了避免 $\Delta f'$ 出现负值，一般使 f_s 大于 f_r。从而多普勒频移为 $\Delta f=f_g-f_r=f_g-f_s+\Delta f'$。

由于本振频率 f_s 和信标机发射频率 f_g 都是已知的，所以只要测量出差频 $\Delta f'$，即可求得多普勒频移 Δf。

差频 $\Delta f'$ 常用多普勒计数来代替。设信标机在 t_1 和 t_2 两时刻发射无线电信号，多普勒计数 N_{12} 是 (t_2-t_1) 时间间隔内整周期波数，它与差频 $\Delta f'$ 的关系为

$$N_{12}=\int_{t_1}^{t_2}\Delta f'\mathrm{d}t \tag{3.15}$$

经过简单数学运算，得积分型多普勒接收机的多普勒计数 N_{12}（观测的基本量）为

$$N_{12}=(f_s-f_g)(t_2-t_1)+\frac{f_g}{c}(\rho_2-\rho_1) \tag{3.16}$$

式中：f_s、f_g 和 c 均为已知量；t_1、t_2 可由信标机发射的电文确定；$(\rho_2-\rho_1)$ 为卫星在时刻 t_2 和 t_1 到测站的距离差。

由此可知只要 DORIS 接收机测得多普勒计数 N_{12}，就可以确定测站到两个时刻的卫星的距离差：

$$(\rho_2-\rho_1)=\frac{c}{f_g}[N_{12}-(f_s-f_g)(t_2-t_1)] \tag{3.17}$$

距离差如作为观测量来参加 DORIS 数据处理，尚需对原始多普勒计数 N_{12}^0(仪器测量值)进行许多改正（系统误差)，即式（3.17）的 N_{12} 为已进行过这些系统误差改正的量。这些改正包括接收机时延改正 N_δ、电离层折射改正 N_{IONO}、对流层传播延迟改正 N_{T} 和相对论效应改正 N_{R}。

因而进入观测量公式的 N_{12} 为

$$N_{12}=N_{12}^0+N_\delta+N_{\mathrm{IONO}}+N_{\mathrm{T}}+N_{\mathrm{R}} \tag{3.18}$$

而距离差的观测量：

$$(\rho_2-\rho_1)_0=\frac{c}{f_g}\left[\frac{N_{12}^0+N_\delta+N_{\mathrm{IONO}}+N_{\mathrm{T}}+N_{\mathrm{R}}}{(t_2-t_1)}-(f_s-f_g)\right] \tag{3.19}$$

距离差的计算量为

$$(\rho_2-\rho_1)_c=\Delta\rho+\Delta\rho_{\mathrm{cm}} \tag{3.20}$$

式中：$\Delta\rho=\rho_2^*-\rho_1^*$，为欧几里得斜距离。$\rho_i^*=[(r_i-r_g)^{\mathrm{T}}(r_i-r_g)]^{\frac{1}{2}}$，$i=1,2$。$r_i$、$r_g$ 分别为 t_i 时刻卫星及信标机在地固系中的位置向量。$\Delta\rho_{\mathrm{cm}}$为 DORIS 信标机发射天线的 2GHz 参考点相位中心改正。

3.2.3.3　国际多普勒服务

为了协调全球 DORIS 台站的测量工作，成立国际 DORIS 服务（IDS），2003 年 7 月 1 日起，IDS 成为隶属于 IAG 的成员。IDS 现有 7 个研究组（3 个在法国，2 个在美国，另外 2 个分别在俄罗斯和荷兰）处理 DORIS 的资料，这些研究组的绝对定位的精度一致性达 1cm，速度为每年几毫米。目前 IDS 网已有 60 多个永久的信标站均匀分布于全球 30 多个国家。

3.3　协议地球参考系与参考框架

由于地球参考系的定向等定义有一定的随意性，常需采用国际协议一致的方式来决定，另外，在地球参考系实现过程中所采用归算模型的常数系统，也常采用国际协议推荐的规范（如 IERS 规范），由此定义的地球参考系称为协议地球参考系（CTRS）。

3.3.1　极移

地球瞬时自转轴在地球本体内的变化称为地极移动，简称极移。产生极移的主要原因是地球表面上的物质运动（如海潮、洋流等）以及地球内部的物质运动（如地幔对流等）。随时间变化的地球自转轴称为瞬时轴，相应的极点叫瞬时极。

1765 年，瑞士数学家、力学家欧拉（L. Euler）在研究刚体定点转动时，发现瞬时自转轴在刚体内通过质心环绕惯量主轴运动。由此可以推断，若假定地球是刚体，地球瞬时自转极将围绕形状极（即惯量主轴的极点）作圆周运动，其周期为 305 恒星日，称为欧拉周期，从而从理论上预言了极移的存在。这时自转极在无外力矩作用下的摆动，称为自由摆动或自由极移。但是，直到 1888 年德国天文学家屈斯特纳（K. F. Küstner）才从纬度变化的观测中发现了极移。

1891 年，美国天文学家钱德勒（S. C. Chandler）在分析了 1837—1891 年世界上 17 个天文台的 3 万多次纬度观测结果后指出，极移包括两个主要的周期成分：一个周期为 427 天（近于 1.2 年），另一个周期为 1 年。前者称为钱德勒周期（Chandler period），相应的运动称为钱德勒摆动。实际观测到的钱德勒周期比欧拉周期约长 40%。加拿大天文学家纽康（S. Newcolnb）认为欧拉周期只是地球作为刚体的自由摆动，可是实际地球并非刚体，地球本体的弹性形变和海洋等因素导致自由摆动的周期延长。极移的周年分量是一种受迫摆动，振幅约 0.1″，主要起因于大气环流和洋流的周年性流动与固体地球的角动量交换。两项合成的最大振幅为 0.4″。另外，极移还有长期变化和数量微小的短周期变化。

观测表明，地极在约0.8″×0.8″（相当于24m×24m）的范围内，沿着一条振幅忽大忽小的螺旋线，逆时针向运动（从北极看）。由于瞬时极在地球表面移动的范围较小，故可取一个通过地极轨迹线中心与地球表面相切的平面替代这一范围的地球表面。通常在此平面上建立平面直角坐标系来确定极点的瞬时位置，此坐标系称为地极坐标系。取切点为原点，令其为 P_0，此点为某时期瞬时极的平均位置（称为平均极点），并作为地极原点，如图3.7所示。习惯上取过 P_0 点的格林尼治子午线方向为 x 轴的正方向，取格林尼治以西90°的子午线方向为 y 轴的正向，则瞬时极 P 的坐标可以用直角坐标 (x_p, y_p) 表示。

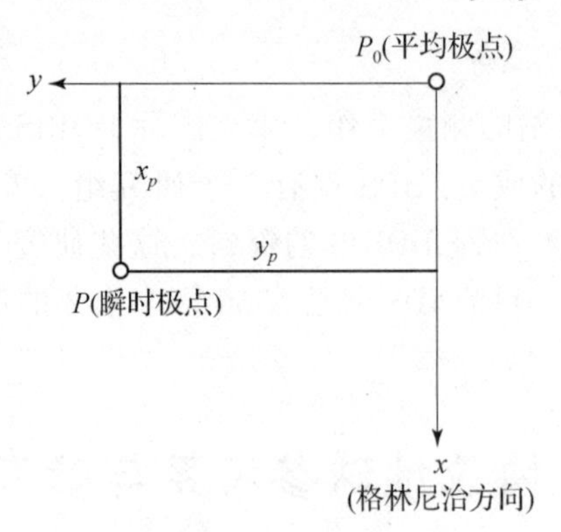

图3.7 地极坐标系

以极移矩阵 $\boldsymbol{A}=\boldsymbol{R}_Y(-x_p)\boldsymbol{R}_Y(-y_p)$ 建立的协议地球坐标系与瞬时地球坐标系的关系为

$$\begin{bmatrix} X \\ Y \\ Z \end{bmatrix}_{协议} = \boldsymbol{A} \begin{bmatrix} X \\ Y \\ Z \end{bmatrix}_{瞬时} \tag{3.21}$$

地极坐标原点即平极的确定在建立地球坐标系统和极移研究中很重要。最初，国际纬度服务采用国际纬度站1900—1905年6年各站的纬度平均值定义平极，称为1903.0平极。之所以采用6年的值，是因为6年是5个钱德勒周期和6个周年周期的整数时段，故其平均值能最大限度地消除极移的周期项。这个平极被认为是固定在地面上的“固定平极”。由于在纬度观测值中存在不能忽视的非极移纬度变化，此外，参加国际纬度服务的纬度站也时有改变，即不能维持一个长期稳定和均匀的系统，有学者研究后指出1903.0平极不能很好地固定。为了统一全球地面坐标系统和便于研究极移，1967年，IAU和IUGG决定采用新的地极坐标原点。这个原点是根据国际纬度服务连续观测的5个纬度站的平均纬度确定的，仍采用1900—1905年的观测值，但经过更精密的数据处理，尽可能消除各项误差，归算到一个均匀系统，它称为国际协议原点（CIO）。在它被定义以后，由国际时间局（BIH）和国际极移服务（IPMS）的各台站共同维持，其精确性和稳定性远优于1903.0平极。

20世纪80年代，空间测地技术逐步在地球科学观测中发挥重要作用，诸如卫星激光测距、激光测月和甚长基线干涉测量技术等。从1988年起这些新技术全面取代了经典技术用于测定极移。使用新技术不仅使测量精度有了2个量级的提高，能在一天之内获得多个测量值，而且还能把测量结果与地心地球参考系直接联系，便于地球参考系与天球参考系的转换，并适应新的服务需求。在这一新的情况下，1987年国际天文联合会与国际大地测量学和地球物理学联合会建立了国际地球自转服务（IERS）取代了国际时间局和国际极移服务，并于 1988 年 1 月 1 日开始运行，中央局仍是国际时间局所在处——巴黎天文台。2001 年国际地球自转服务进行改组，中央局由法国巴黎天文台移至德国制图和大地测量研究所。2003 年重新命名为国际地球自转和参考系服务，简称仍为 IERS。IERS 发布地球定向参数（EOP），它们由世界时（UT1）和地极坐标以及天极补偿值（即章动两个分量的改正）组成。世界时和地极坐标加上岁差章动，就能完整地描述地球自转的状态，它们直接反映了地面观测站在空间的位置和地球参考系在空间的指向。EOP 中的地极坐标(x,y)反映了地球瞬时自转轴的指向。现极移由 IERS 通过合适的天文测地观测和包括高频变化的模型来提供。在天球惯性参考系与地球参考系之间的转换中地球定向参数起着与岁差章动参数同样重要的作用。

图 3.8 是 IERS 描述的极移变化图，图中实线为 1900—2006 年极点的年平均位置，虚线为 2001—2006 年的地极变化轨迹。

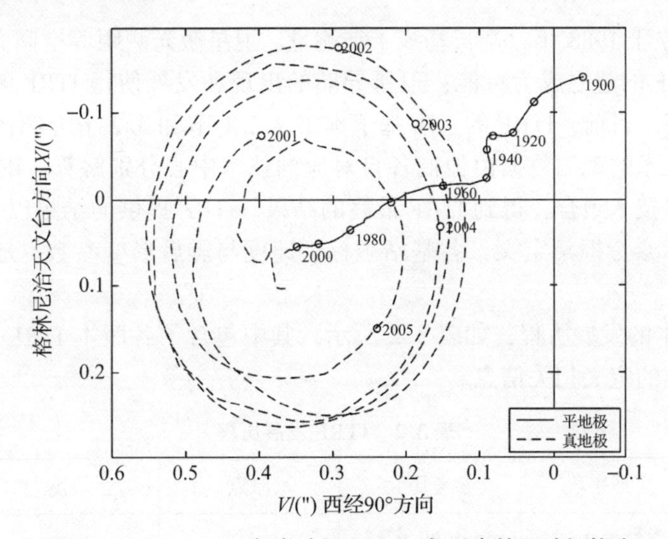

图 3.8　2001—2006 年真地极和 1900 年以来的平地极轨迹

以瞬时地极为 Z 轴指向的地球参考系，称为瞬时地球参考系。由于存在极移，瞬时地球参考系中的三个坐标轴在地球本体内的指向是在不断变化的，因此地面固定点的坐标也会不断发生变化。显然，瞬时地球坐标系不宜用来表示点的位置。虽然极移的数值不大，一般不超过 0.5″（相当于地面大约 15m），但在定位和导航中一般仍应顾及。在实际应用中，通常采用 IERS 公布的极移参数实现瞬时地球参考系向协议地球参考系的转换。

3.3.2　国际地球参考系

国际地球参考系（ITRS）是一种国际通用的协议地球参考系，目前全球大部分国家的大地坐标系的定义均与 ITRS 相同。

国际地球参考系的定义满足以下四个条件：

（1）其原点定义在整个地球（包括海洋和大气）的质量中心；

（2）其尺度定义为引力相对论意义下，局部地球框架内的尺度；

（3）其定向由国际时间局给出的在历元 1984.0 的地球自转参数确定；

（4）其定向随时间的演变遵循相对于地壳无整体旋转的约束条件。

为了使地球参考系具体化，在地面上选取一定的参考点（观测台站）组成一个物理框架，这组参考点应具有一定的数量和易观测性，以保证地面上任何点的位置和运动状态通过这些参考点能得到定量的描述。这个物理框架是由一定的物理模型、常数系统和数据处理的方法，通过观测确定的参考点的坐标和位移速度，组成一个协议地球参考框架（CTRF）。ITRF 就是 ITRS 的具体实现，也是一个 CTRF。

3.3.3 国际地球参考框架

3.3.3.1 发展历程

ITRF 是由国际地球自转与参考系统服务组织提供相关参数定义，由 IUGG、IAG 以及 IAU 共同建立，是目前精度最高、应用范围最广的地球参考框架，为其他地球参考框架提供高精度基准。

ITRF 最早建立于 1988 年，甚长基线干涉测量、卫星激光测距等空间大地测量技术的出现与发展使得 ITRF 的建立成为可能；卫星导航的出现和发展使得 ITRF 的坐标精度和全球分布密度逐步提高。目前，ITRF 的实现基于本书 2.2.1 节和 3.2 节介绍的 4 种空间观测技术实现。各观测技术的观测数据由他们各自对应的技术中心分别解算，IERS 将各技术中心的解算结果进行多技术组合，得到 ITRF 最终的结果。ITRF 提供的结果以 SINEX 格式输出，主要包括地球坐标参考框架定义，各基站坐标、速度与震后形变参数，地心和地球自转参数，等等。

ITRF 不同版本的发展历程，如表 3.2 所示，其中包含了各版本 ITRF 名称、实现手段、参考历元以及基准的定义相关信息。

表 3.2 ITRF 发展历程

框架名称	实现手段	参考历元	原点	尺度	定向
ITRF88	V/S/L	1988.0	S	S	BIH EOP
ITRF89	V/S/L	1988.0	S	S	BIH EOP
ITRF90	V/S/L	1988.0	S	S	BIH EOP
ITRF91	V/S/L/G	1988.0	S	S	BIH EOP
ITRF92	V/S/L/G	1988.0	S	S	BIH EOP
ITRF93	V/S/G	1993.0	S	S	IERS EOP
ITRF94	V/S/G	1993.0	SG	SG/V	ITRF92
ITRF96	V/S/G/D	1997.0	SG	SG/V	ITRF94
ITRF97	V/S/G/D	1997.0	SG	SG/V	ITRF96
ITRF2000	V/S/G/D	1997.0	S	S/V	ITRF97
ITRF2005	V/S/G/D	2000.0	S	V	ITRF2000

续表

框架名称	实现手段	参考历元	原点	尺度	定向
ITRF2008	V/S/G/D	2005.0	S	S/V	ITRF2005
ITRF2014	V/S/G/D	2010.0	S	S/V	ITRF2008
ITRF2020	V/S/G/D	2015.0	S	S/V	ITRF2014

注：V、S、L、G、D 分别表示不同空间大地测量技术甚长基线干涉测量、卫星激光测距、激光测月、卫星导航。

ITRF 的定向随时间的变化而变化，各版本 ITRF 所采用的定向随时间演变的历程见表 3.3。

表 3.3　各版本 ITRF 定向随时间演变发展历程

框架名称	定向随时间演变	框架名称	定向随时间演变
ITRF88	AM0 - 2	ITRF96	ITRF94
ITRF89	AM0 - 2	ITRF97	ITRF96
ITRF90	AM0 - 2	ITRF2000	NNR - NUVEL1A
ITRF91	NNR - NUVEL1	ITRF2005	ITRF2000
ITRF92	NNR - NUVEL1A	ITRF2008	ITRF2005
ITRF93	IERS EOP	ITRF2014	ITRF2008
ITRF94	NNR - NUVEL1A	ITRF2020	ITRF2014

自 1988 年成立后，IRES 陆续发布了 13 个版本，ITRF2020 是目前精度最高的参考框架，其原点、尺度及定向的定义与 ITRF2014 保持较好的一致性，但在数据输入、IGS 解、IDS 解等层面有了明显的改进，另外还新增了震后形变模型，可在时间序列堆栈之前对地震引起的非线性位移进行有效处理，从而得到震后测站的具体位置。

由于 ITRF 地心精度高，全球分布且权威性大，其他地心系都在向它靠拢。世界各国在建立本国大地坐标系时，都将 ITRF 站坐标强约束，使国家或地区坐标系接近或属于 ITRF 框架，如 WGS - 84 的历次改进、欧洲参考框架（EUREF）的更新融入 ITRF 等。此外，地区坐标系建立时，通常基于卫星导航技术，用到了 IGS 的精密星历和地球定向参数，而 IGS 精密星历的参考框架是属于 ITRF 的。

按定义，地心坐标系应该是唯一的，但由于实现方法和资料的不同，会产生各个地心坐标系。虽然地区性地心坐标系在建立时均采用 ITRF 站作为起始站，但这些站点的选择方案却大有不同。可以是将该地区内和其周围 ITRF 点给予强约束，如南美洲参考框架（SIRGAS）；也可以选择不同板块上部分稳定的 ITRF 点给予强约束，如 EUREF。起始点选择的不同，所建立的参考系也就有所不同，而且这些差异常常是系统性的。

3.3.3.2　建立与维持方法

建立和维持全球地球参考框架需要完成以下几步工作：

（1）给出地球参考系的理论定义和协议约定；

（2）建立地面观测台站，并进行空间大地测量；

（3）根据对协议地球参考系的约定，采用国际推荐的一组模型和常数，对观测数据进行数据处理，解算出各观测台站在某一历元的站坐标，即建立协议地球参考框架；

（4）对于影响地面台站稳定的各种形变因素进行分析处理，建立相应的时变模型，以维持协议地球参考框架的稳定。

第（1）步和第（2）步的基本原理前面章节已经详细介绍，本节重点介绍第（3）步和第（4）步内容。

1）建立

关于地球质心位置的确定，我们先假想地球是一刚体，通过卫星激光测距等卫星动力学方法确定了$n(n \geqslant 4)$个地面点至地球质心的距离，然后再采用卫星导航、甚长基线干涉测量等测量方法把这几个点之间的距离确定下来，于是通过几何约束条件即可确定地心的位置。然而，由于地球并非刚体，而是结构复杂的黏弹性体，因而这几个点是在不断变化的。这种变化不仅有规则变化，如固体潮的规则项，还有不规则变化，如各种难以预测的形变等，因而通过地面点测定地球质心的精确位置具有不确定性，这种不确定性可通过长期多次地重复观测而得到改善。不难理解，采用最小二乘法解算出的地心相对于地面的几个台站的位置精度不仅取决于测量精度，还与台站的个数和图形结构有关。

关于地球参考系坐标轴指向的确定，这与地球自转轴有关。首先说明，地球瞬时自转轴必定通过地球质心，因为如果不通过地心，则地球质心必定要绕瞬时自转轴转动，这与质点系动力学定律不符。由于极移运动，瞬时自转轴运动轨道构成了一个近似的圆锥面，以地球质心为其锥顶。取平均自转轴，即圆锥面的对称轴为Z轴，将X轴限定在格林尼治天文台的子午面内，再选定Y轴，使$O-XYZ$构成右手直角坐标系。这样就建立了地球质心参考系。实用中参考系的三轴指向由BIH/IERS提供的地球自转参数（ERP）确定。

对于国际地球参考框架的尺度确定，按定义应该是引力相对论意义下的局部地球框架的尺度。实用中是由各分析中心在数据处理采用的光速c，地球引力参数GM以及某种相对论改正模型来确定。由于数值和模型不同，各网的尺度也不同，目前各分析中心一般都是采用IERS的推荐值，所以各网的尺度差并不大。新的CTRF尺度一般选某个网的尺度，或多个网的尺度的加权平均。

利用卫星激光测距技术，可以独立地完成地球参考框架的建立和维持。对于不同的卫星激光测距网，由于在解算中采用的各种模型不一、台站个数不一和资料多少不一等因素，各网建立的参考框架间存在着一定的差异。

利用甚长基线干涉测量技术可以高精度地确定参考坐标系的定向和尺度，但其原点不定，因此往往用卫星激光测距技术确定某一台站的坐标作为起算点，如甚长基线干涉测量网采用美国Westford站为其起算点。同样，各甚长基线干涉测量网建立的参考系间也存在着一定的差异。

卫星导航等技术也可以按各自的技术特点建立地球参考框架。

对上述全球各个卫星激光测距网、甚长基线干涉测量网、卫星导航观测网和其他空间大地网的定位结果进行联合平差，就可建立国际地球参考框架。

联合平差的方程形式为

$$\begin{bmatrix} X \\ Y \\ Z \end{bmatrix}_{\text{obs}} = \begin{bmatrix} \delta X \\ \delta Y \\ \delta Z \end{bmatrix} + \begin{bmatrix} X \\ Y \\ Z \end{bmatrix}_{\text{CTRF}} + \begin{bmatrix} V_X \\ V_Y \\ V_Z \end{bmatrix} \tag{3.22}$$

式中：$[\delta X \quad \delta Y \quad \delta Z]^{\text{T}}$ 是测站的形变位移；$[X \quad Y \quad Z]_{\text{obs}}^{\text{T}}$ 是在观测技术 O（如卫星激光测距、甚长基线干涉测量或卫星导航等）对应的地球参考框架中确定的观测坐标 $[X^O \quad Y^O \quad Z^O]^{\text{T}}$ 通过平移（ΔX^O、ΔY^O、ΔZ^O）、旋转（ε_X^O、ε_Y^O、ε_Z^O）和尺度比 Δm^O 改正得到的测站坐标，即

$$\begin{bmatrix} X \\ Y \\ Z \end{bmatrix}_{\text{obs}} = \begin{bmatrix} \Delta X^O \\ \Delta Y^O \\ \Delta Z^O \end{bmatrix} + \boldsymbol{R}_Z(\varepsilon_Z^O)\boldsymbol{R}_Y(\varepsilon_Y^O)\boldsymbol{R}_X(\varepsilon_X^O)\begin{bmatrix} X^O \\ Y^O \\ Z^O \end{bmatrix} + \Delta m^O \begin{bmatrix} X^O \\ Y^O \\ Z^O \end{bmatrix} \tag{3.23}$$

式（3.22）和式（3.23）是用于实现 CTRF 的观测方程。式中未知参数是 $[X \quad Y \quad Z]_{\text{CTRF}}^{\text{T}}$ 和 $[\delta X \quad \delta Y \quad \delta Z]^{\text{T}}$，它们定义了 CTRF；$\Delta X^O$、$\Delta Y^O$、$\Delta Z^O$、$\varepsilon_X^O$、$\varepsilon_Y^O$、$\varepsilon_Z^O$ 和 Δm^O 则给出了 CTRF 与技术 O 对应的地球参考框架间的关系。

2）维持

地球参考框架的维持就是通过一定的技术和模型及时修正各种地球物理因素对框架站点位置的影响。ITRF 的维持，即其动态特征的保持，目前主要依靠实测速度场来体现。例如，中国地壳运动网络具有大量重复观测的数据，在基准站上实施永久性连续观测，在基本站和区域站上实施定时复测，这为中国大地坐标系的维持提供了现实可行性。

国际地球参考框架的维持一般表现为 2 种形式，一种是给出框架站点的位置信息与速度信息，另一种是直接给出框架站点的坐标时间序列。目前国际地球参考框架的维持采用的是线性速率模型，其模型公式为

$$\overline{\boldsymbol{S}_R}(t) = \overline{\boldsymbol{S}_0} + \boldsymbol{S}_v(t - t_0) \tag{3.24}$$

式中：$\overline{\boldsymbol{S}_R}(t)$ 表示在 t_0 时刻测站的位置；$\boldsymbol{S}_v$ 表示在 t 时刻下测站坐标的变化速度。

大量观测站点的时间序列结果表明，ITRF 的框架站点坐标位置除了随板块线性运动外，季节性的非线性运动也不能忽略，其在垂向上的周年振幅可达厘米级，采用长期参考框架、周参考框架以及瞬时参考框架相互结合的方式可真实地反映出框架站点的点位变化情况。

上述维持方式通过给出框架站点实时坐标信息，以分段的形式给出参考框架站点的点位线性变化情况，仅用线性速度无法完整地描述框架站点的运动特征。目前，采用测站坐标的时间序列非线性模型以实现 ITRF 的实时维持是研究趋势。通过不同技术中心给出的各框架站点的坐标时间序列结果，建立站点的预估运动模型，可以实现参考框架的动态维持，其关键点在于建立合适的非线性运动模型，采用精确可靠的位移模型能够有效提高 ITRF 的实现精度。

地球参考框架的高精度维持，需要对各种因素导致的框架点坐标非线性变化模型进行不断精化。实际上，目前仅有一小部分的非线性变化可用模型进行精确的修正，大部分非线性运动无法用模型进行修正，需要未来更精确的空间大地测量技术以及更长时间的数据积累。

3.3.3.3 不同框架的坐标转换

由于不同 ITRF 版本站点坐标是建立在各自的框架基准和参考历元之上，同一站点不同框架或时间对应的坐标也存在微小差异。

以 IGS 上海站（SHAO）为例，如表 3.4 所示，在 2000.0 历元下，ITRF97 和 ITRF2000 两个框架的上海站点坐标差异约 1.5cm，ITRF2000 与 ITRF2005 站点坐标相差约 0.5cm。

表 3.4 同一历元不同框架对站点坐标的影响

框架	X/m	Y/m	Z/m	ΔX/cm	ΔY/cm	ΔZ/cm	历元
ITRF97	-2831733.362	4675666.015	3275369.465	0.2	1.0	1.3	2000.0
ITRF2000	-2831733.360	4675666.005	3275369.481				2000.0
ITRF2000	-2831733.360	4675666.005	3275369.481	0.4	0.1	0.3	2000.0
ITRF2005	-2831733.356	4675666.004	3275369.484				2000.0

同一框架下不同历元差异为

$$\begin{bmatrix} \mathrm{d}X \\ \mathrm{d}Y \\ \mathrm{d}Z \end{bmatrix} = (t - t_0) \begin{bmatrix} V_X \\ V_Y \\ V_Z \end{bmatrix} \tag{3.25}$$

测站随时间运动引起的位置变化可采用简单归算方法：将测站所在 ITRF2000 框架下的速度场代入下式：

$$\begin{bmatrix} X_t \\ Y_t \\ Z_t \end{bmatrix} = \begin{bmatrix} X_{to} \\ Y_{to} \\ Z_{to} \end{bmatrix} + (t - t_0) \begin{bmatrix} V_X \\ V_Y \\ V_Z \end{bmatrix} \tag{3.26}$$

计算得上海站在 ITRF2000、2000.0 历元下的坐标为：$X_t = -2831733.3601$m，$Y_t = 4675666.0054$m，$Z_t = 3275369.4808$m。与 ITRF2000、1997.0 历元下坐标比较，坐标分量最大相差 9cm，即相同框架下不同历元下站点的坐标由于速度场的影响，与框架参考历元时间间隔越大，结果相差则越大。

为便于不同框架下坐标的转换，IERS 在其网站上发布了指定历元下不同参考框架间的转换系数（https：//itrf. ign. fr/trans_ para. php）。表 3.5 给出了 ITRF2014 与之前的 ITRF 框架的转换参数和转换模型。

表 3.5 ITRF2014 坐标到其他 ITRF 框架坐标的转换关系

参数	T_X/mm	T_Y/mm	T_Z/mm	D/PPb	R_X/001″	R_X/001″	R_X/001″	EPOCH
变化率	$\dot{T}_X$/(mm/a)	$\dot{T}_Y$/(mm/a)	$\dot{T}_Z$/(mm/a)	$\dot{D}$/(PPb/a)	$\dot{R}_X$/(0.001″/a)	$\dot{R}_Y$/(0.001″/a)	$\dot{R}_Z$/(0.001″/a)	
ITRF2008	1.6	1.9	2.4	-0.02	0.00	0.00	0.00	2010.0
变化率	0.0	0.0	-0.1	0.03	0.00	0.00	0.00	

续表

参数	T_X/mm	T_Y/mm	T_Z/mm	D/PPb	R_X/001″	R_X/001″	R_X/001″	EPOCH
ITRF2005	2.6	1.0	-2.3	0.92	0.00	0.00	0.00	2010.0
变化率	0.3	0.0	-0.1	0.03	0.00	0.00	0.00	
ITRF2000	0.7	1.2	-26.1	2.12	0.00	0.00	0.00	2010.0
变化率	0.1	0.1	-1.9	0.11	0.00	0.00	0.00	
ITRF97	7.4	-0.5	-62.8	3.80	0.00	0.00	0.26	2010.0
变化率	0.1	-0.5	-3.3	0.12	0.00	0.00	0.02	
ITRF96	7.4	-0.5	-62.8	3.80	0.00	0.00	0.26	2010.0
变化率	0.1	-0.5	-3.3	0.12	0.00	0.00	0.02	
ITRF94	7.4	-0.5	-62.8	3.80	0.00	0.00	0.26	2010.0
变化率	0.1	-0.5	-3.3	0.12	0.00	0.00	0.02	
ITRF93	-50.4	3.3	-60.2	4.29	-2.81	-3.38	0.40	2010.0
变化率	-2.8	-0.1	-2.5	0.12	-0.11	-0.19	0.07	
ITRF92	15.4	1.5	-70.8	3.09	0.00	0.00	0.26	2010.0
变化率	0.1	-0.5	-3.3	0.12	0.00	0.00	0.02	
ITRF91	27.4	15.5	-76.8	4.49	0.00	0.00	0.26	2010.0
变化率	0.1	-0.5	-3.3	0.12	0.00	0.00	0.02	
ITRF90	25.4	11.5	-92.8	4.79	0.00	0.00	0.26	2010.0
变化率	0.1	-0.5	-3.3	0.12	0.00	0.00	0.02	
ITRF89	30.4	35.5	-130.8	8.19	0.00	0.00	0.26	2010.0
变化率	0.1	-0.5	-3.3	0.12	0.00	0.00	0.02	
ITRF88	25.4	-0.5	-154.8	11.29	0.10	0.00	0.26	2010.0
变化率	0.1	-0.5	-3.3	0.12	0.00	0.00	0.02	

两个坐标框架之间的转化关系包括 14 个转换参数：3 个平移参数 T_X、T_Y、T_Z 及其变化率 $\dot{T}_X$、$\dot{T}_Y$、$\dot{T}_Z$；3 个旋转参数 R_X、R_Y、R_Z 及其变化率 $\dot{R}_X$、$\dot{R}_Y$、$\dot{R}_Z$ 和 1 个比例因子 D 及其变化率 $\dot{D}$。坐标框架间的转换公式为

$$\boldsymbol{X}_2 = \boldsymbol{X}_1 + \boldsymbol{T} + D\boldsymbol{X}_1 + \boldsymbol{R}\boldsymbol{X}_1 \tag{3.27}$$

$$\boldsymbol{T} = \begin{bmatrix} T_X \\ T_Y \\ T_Z \end{bmatrix}, \boldsymbol{R} = \begin{bmatrix} 0 & -R_Z & R_Y \\ R_Z & 0 & -R_Y \\ -R_Y & R_X & 0 \end{bmatrix} \tag{3.28}$$

式中：$\boldsymbol{X}_1$ 为现有坐标向量；$\boldsymbol{X}_2$ 为需转换的坐标向量。

平移、旋转和比例因子均为随时间变化的函数，对式（3.27）时间求导可得

$$\dot{\boldsymbol{X}}_2 = \dot{\boldsymbol{X}}_1 + \dot{\boldsymbol{T}} + \dot{D}\boldsymbol{X}_1 + D\dot{\boldsymbol{X}}_1 + \dot{\boldsymbol{R}}\boldsymbol{X}_1 + \boldsymbol{R}\dot{\boldsymbol{X}}_1 \tag{3.29}$$

在实际应用中，D 和 $\boldsymbol{R}$ 的量级一般在10^{-5}以下，坐标的变化速率 $\dot{\boldsymbol{X}}$ 小于 10cm/yr，100 年 $\dot{D}\boldsymbol{X}$ 和 $\dot{\boldsymbol{R}}\boldsymbol{X}$ 的量级小于 1mm，通常忽略其影响。式（3.29）可简化为

$$\dot{\boldsymbol{X}}_2 = \dot{\boldsymbol{X}}_1 + \dot{T} + \dot{D}\boldsymbol{X}_1 + \dot{R}\boldsymbol{X}_1 \tag{3.30}$$

上式可分为两部分：框架间定义不同引起的站坐标变化$(\dot{\boldsymbol{T}} + \dot{D}\boldsymbol{X}_1 + \dot{\boldsymbol{R}}\boldsymbol{X}_1) \times yr$ 和板块漂移引起的站点位移$\boldsymbol{X}_1 \cdot yr$，$yr$ 以年为单位。于是，上式整理可得

$$\begin{aligned}(\boldsymbol{X}_2)_t &= (\boldsymbol{X}_1 + \boldsymbol{T} + D\boldsymbol{X}_1 + \boldsymbol{R}\boldsymbol{X}_1)_{t0} + (\dot{\boldsymbol{X}}_1 + \dot{\boldsymbol{T}} + \dot{D}\boldsymbol{X}_1 + \dot{\boldsymbol{R}}\boldsymbol{X}_1) \times (t - t_0) \\ &= \boldsymbol{X}_1 + \dot{\boldsymbol{X}}_1 \times (t - t_0) + [\boldsymbol{T} + \dot{\boldsymbol{T}} \times (t - t_0)] + [\boldsymbol{D} + \dot{\boldsymbol{D}} \times (t - t_0)] \times \boldsymbol{X}_1 + \\ &\quad [\boldsymbol{R} + \dot{\boldsymbol{R}} \times (t - t_0)] \times \boldsymbol{X}_1\end{aligned} \tag{3.31}$$

式中：$[\boldsymbol{T} + \dot{\boldsymbol{T}} \times (t - t_0)]$、$[\boldsymbol{D} + \dot{\boldsymbol{D}} \times (t - t_0)]$、$[\boldsymbol{R} + \dot{\boldsymbol{R}} \times (t - t_0)]$三项是由于转换历元与框架的参考历元不一致引起的转换参数的变化，称为框架历元归算；$\dot{\boldsymbol{X}}_1 \times (t - t_0)$为由于板块运动引起的测站位移。因此，通常将不同 ITRF 框架间的转换划分为框架历元归算、板块运动改正、框架转换三个步骤。

下面以 ITRF2014 2020.358 历元坐标转换到 CGCS2000 大地坐标系（框架定义 ITRF97，参考历元 2000.0）为例进行分析介绍。

1）框架历元归算

ITRF 框架对应的转换关系是定义在具体历元上的，表 3.5 中所列的转换参数基于历元 2010.0。不同框架参数对应的历元不同，需要将各参数归算到同一历元下。若框架间无直接转换关系，可按间接转换方法转换。转换方法为：

首先，根据需转换的两个框架转换参数定义的参考历元及其转换参数变化速率，计算所需历元下的框架内转换关系，即参数转换。自表 3.5 可获得 2010.0 历元下，ITRF2014 至 ITRF97 的转换参数。将框架转换参数归算到 2000.0 历元，转换公式为

$$\begin{cases} T_X(t=2000.0) = T_X(t_0) + \dot{T}_X \times (2000.0 - t_0) \\ T_Y(t=2000.0) = T_Y(t_0) + \dot{T}_Y \times (2000.0 - t_0) \\ T_Z(t=2000.0) = T_Z(t_0) + \dot{T}_Z \times (2000.0 - t_0) \\ R_X(t=2000.0) = [R_X(t_0) + \dot{R}_X \times (2000.0 - t_0)] \times m_r \\ R_Y(t=2000.0) = [R_Y(t_0) + \dot{R}_Y \times (2000.0 - t_0)] \times m_r \\ R_Z(t=2000.0) = [R_Z(t_0) + \dot{R}_Z \times (2000.0 - t_0)] \times m_r \\ D(t=2000.0) = D(t_0) + \dot{D} \times (2000.0 - t_0) \end{cases} \tag{3.32}$$

式中：$m_r = 4.84813681 \times 10^{-9}$为毫角秒到弧度的转换因子。

2）板块运动改正

计算框架所对应历元到需转换历元期间，由于板块运动引起的坐标变化值。

首先必须知道站点随板块运动的速率值，然后根据速率值和观测历元 t_c 与需转换历元 t 的时间差，求出框架所对应历元下的坐标由于板块运动引起的坐标变化值，转换公式为

$$\begin{bmatrix} X \\ Y \\ Z \end{bmatrix}_{\mathrm{ITRF2014}} = \begin{bmatrix} X_t \\ Y_t \\ Z_t \end{bmatrix} = \begin{bmatrix} X_{t_c} \\ Y_{t_c} \\ Z_{t_c} \end{bmatrix} + (t - t_c) \begin{bmatrix} \dot{X}_s \\ \dot{Y}_s \\ \dot{Z}_s \end{bmatrix} \tag{3.33}$$

式中：t_c 为观测历元（即历元 2020.358）；t 为需转换历元（即历元 2000.0）；$(X_{t_c}, Y_{t_c}, Z_{t_c})$ 为观测历元 t_c 时的坐标；(X_t, Y_t, Z_t) 为历元 t 时的坐标；（$\dot{X}_S$，$\dot{Y}_S$，$\dot{Z}_S$）为站点速度值。

3）框架转换

根据式（3.32）中确定的框架间转换关系进行转换。

$$\begin{bmatrix} X \\ Y \\ Z \end{bmatrix}_{\mathrm{ITRF97}} = \begin{bmatrix} X \\ Y \\ Z \end{bmatrix}_{\mathrm{ITRF2014}} + \begin{bmatrix} T_X \\ T_Y \\ T_Z \end{bmatrix} + \begin{bmatrix} D & -R_Z & R_Y \\ R_Z & D & -R_X \\ -R_Y & R_X & D \end{bmatrix} \begin{bmatrix} X \\ Y \\ Z \end{bmatrix}_{\mathrm{ITRF2014}} \tag{3.34}$$

式中：$[X \quad Y \quad Z]^{\mathrm{T}}_{\mathrm{ITRF2014}}$ 为历元 2000.0 ITRF_{2014} 框架下坐标；$[X \quad Y \quad Z]^{\mathrm{T}}_{\mathrm{ITRF97}}$ 为 2000 国家大地坐标系下坐标；T_X、T_Y、T_Z、D、R_X、R_Y、R_Z 为式（3.32）获得 ITRF2014 至 ITRF97 在历元 2000.0 下的框架转换七参数。

3.3.3.4　ICRS 与 ITRS 间的转换

在航天器定轨和定位相关应用中，常涉及坐标原点位于地球质心的国际天球坐标系（ICRS）与国际地球坐标系（ITRS）间的坐标转换。例如，导航卫星的定轨工作一般总是在准惯性系 ICRS 中进行的，但用户最终需要知道的是自己在 ITRS 中的位置，因而需要将求得的卫星轨道从 ICRS 中转换至 ITRS。

ITRS 与 ICRS 之间有下列转换关系：

$$\begin{bmatrix} X \\ Y \\ Z \end{bmatrix}_{\mathrm{GCRS}} = \boldsymbol{PNRW} \begin{bmatrix} X \\ Y \\ Z \end{bmatrix}_{\mathrm{ITRS}} \tag{3.35}$$

$$\begin{bmatrix} X \\ Y \\ Z \end{bmatrix}_{\mathrm{ITRS}} = \boldsymbol{W}^{-1}\boldsymbol{R}^{-1}\boldsymbol{N}^{-1}\boldsymbol{P}^{-1} \begin{bmatrix} X \\ Y \\ Z \end{bmatrix}_{\mathrm{GCRS}} \tag{3.36}$$

式中：$\boldsymbol{P}$ 为岁差矩阵；$\boldsymbol{N}$ 为章动矩阵；$\boldsymbol{R}$ 为地球自转矩阵；$\boldsymbol{W}$ 为极移矩阵。

为了便于理解，我们分步进行解释：

1）ICRS 转换至观测时刻 t_i 的平天球坐标系

ICRS 是参考时刻 $t_0 = J2000.0$ 时的平天球坐标系，要把它转换为观测时刻 t_i 时的平天球坐标系，只要考虑 $t_0 - t_i$ 时间段内的岁差改正，即乘上 $\boldsymbol{P}^{-1}$ 矩阵即可。

2）t_i 时的平天球坐标系转换为同一时刻的真天球坐标系

要把观测时刻 t_i 时的平天球坐标系转换为真天球坐标系，只需顾及该时刻的章动，即只需乘上 $\boldsymbol{N}^{-1}$ 矩阵即可。

3）t_i 时的真天球坐标系转换为同一时刻的真地球坐标系

真天球坐标系 X 轴是指向该时刻的真春分点 Υ 的。而真地球坐标系的 X 轴是指向起始子午线与赤道的交点，两者之间的夹角称为格林尼治真恒星时 GAST。其计算公式如下：

$$\mathrm{GAST} = \frac{360°}{24^h}(\mathrm{UT1} + 6^h 41^m 50.54841^s + 8640184.812866^s T$$

$$+0.093104^s T^2 - 6.2^s \times 10^{-6} T^3) + \Delta\Psi\cos(\bar{\varepsilon} + \Delta\varepsilon) \tag{3.37}$$

式中：T 为离 $J2000.0$ 的儒略世纪数；$\bar{\varepsilon}$ 为仅顾及岁差时的黄赤交角，$\bar{\varepsilon} = 23°26'21.448'' - 46.815''T - 0.00059''T^2 + 0.001813''T^3$；$\Delta\Psi$ 为黄经章动；$\Delta\varepsilon$ 为交角章动；UT1 则可据观测时的 UTC 和（UTC－UT1）值求得。

把真天球坐标系绕 Z 轴旋转 GAST 角后就能转换到真地球坐标系，旋转矩阵为

$$\boldsymbol{R} = \begin{bmatrix} \cos\mathrm{GAST} & \sin\mathrm{GAST} & 0 \\ -\sin\mathrm{GAST} & \cos\mathrm{GAST} & 0 \\ 0 & 0 & 1 \end{bmatrix} \tag{3.38}$$

4）t_i 时的真地球坐标系转换为 ITRS

从图 3.9 可以看出，只需要将 t_i 时的真地球坐标系绕 y 轴旋转$(-X_P)$角后，然后再绕 x 轴旋转$(-Y_P)$角后就可以把真地球坐标系 $O-xyz$ 转换为坐标系 $O-XYZ$。

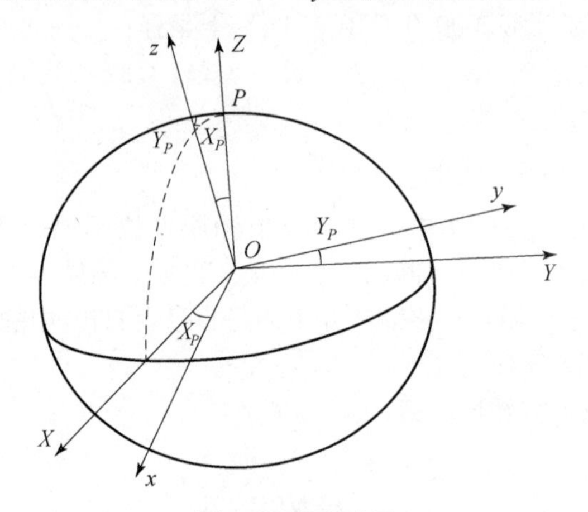

图 3.9 极移改正

$$\begin{bmatrix} X \\ Y \\ Z \end{bmatrix} = \boldsymbol{R}_x(-Y_P)\boldsymbol{R}_y(-X_P)\begin{bmatrix} x \\ y \\ z \end{bmatrix} = \begin{bmatrix} 1 & 0 & 0 \\ 0 & \cos Y_P & -\sin Y_P \\ 0 & \sin Y_P & \cos Y_P \end{bmatrix}\begin{bmatrix} \cos X_P & 0 & \sin X_P \\ 0 & 1 & 0 \\ -\sin X_P & 0 & \cos Y_P \end{bmatrix}\begin{bmatrix} x \\ y \\ z \end{bmatrix} \tag{3.39}$$

由于极移值 X_P 和 Y_P 都是小于 0.5″的微小值，所以 $\cos X_P = \cos Y_P = 1$，$\sin Y_P = Y_P \sin X_P = X_P$，于是有

$$\begin{bmatrix} X \\ Y \\ Z \end{bmatrix} = \begin{bmatrix} 1 & 0 & 0 \\ 0 & 1 & -Y_P \\ 0 & Y_P & 1 \end{bmatrix}\begin{bmatrix} 1 & 0 & X_P \\ 0 & 1 & 0 \\ -X_P & 0 & 1 \end{bmatrix}\begin{bmatrix} x \\ y \\ z \end{bmatrix} = \begin{bmatrix} 1 & 0 & X_P \\ 0 & 1 & -Y_P \\ -X_P & Y_P & 1 \end{bmatrix}\begin{bmatrix} x \\ y \\ z \end{bmatrix} = \boldsymbol{W}\begin{bmatrix} x \\ y \\ z \end{bmatrix} \tag{3.40}$$

上述计算公式足以满足常规应用的精度要求，更为精确的计算公式和其他计算方法可参阅相关参考文献。坐标转换时所需的程序和数据均可以从 IERS Convention 中心网站下载。

3.3.4 WGS－84 坐标系

世界大地坐标系（WGS）是美国国防部建立的全球地心坐标系，曾先后推出过 WGS－60、WGS－66、WGS－72 和 WGS－84 等不同版本。其中，WGS－84 于 1987 年取代 WGS－72 成为 GPS 广播星历所使用的坐标系，并随着 GPS 导航定位技术的普及推广而被世界各国所广泛使

用。航海导航和航空导航一般都采用 WGS84 坐标系统。

WGS－84 坐标系的定义是坐标原点为地球质心，其地心空间直角坐标系的 Z 轴指向 BIH1984.0 定义的协议地球极方向，X 轴指向 BIH1984.0 的零子午面和协议地球极赤道的交点，Y 轴与 Z 轴、X 轴垂直构成右手坐标系，全称为 1984 年世界大地坐标系统。

为了维持和提高 WGS－84 框架的精度，美国国防部先后对 WGS－84 进行了多次精化处理，如表 3.6 所示。

表 3.6　WGS84 的历次精化

版本号	启用时间	框架	历元	精度
WGS－84（初始）	1987.01.01	NAD83	1987.0	2m
WGS－84（G730）	1994.06.29	ITRF92	1994.0	10cm
WGS－84（G873）	1997.01.29	ITRF94	1997.0	5cm
WGS－84（G1150）	2002.01.20	ITRF2000	2001.0	<1cm
WGS－84（G1674）	2012.02.08	ITRF2008	2005.0	<1cm
WGS－84（G1762）	2013.10.16	ITRF2008	2005.0	<1cm
WGS－84（G2139）	2021.01.03	ITRF2014	2005.0	<1cm

不同的 WGS－84 版本体现在监测站坐标对应的 ITRF 框架和历元不同。WGS－84 监测站坐标每年定期施加一次板块运动改正，在实用的精度要求内，保证了 GPS 广播星历的历元为观测历元。

WGS－84 参考框架是由一组全球分布的监测站坐标系实现的，是建立在 ITRF 基础上的第二层次框架，精化的实质是将 WGS－84 参考框架纳入 ITRF 参考框架的过程。WGS－84 更新的方法是通过联合处理 GPS 监测站和 IGS 站的测量数据，解算 GPS 监测站的坐标来实现。在处理中对 IGS 站的 ITRF 坐标施以强约束。

WGS－84（G1150）与 ITRF2000 符合很好，已优于 1cm。基于 WGS－84（G873）参考框架计算的 GPS 卫星的精密星历与基于 ITRF94 的 IGS 精密星历的系统误差不超过 2cm。

3.4　中国的大地坐标系

中华人民共和国成立以来，随着我国经济社会的发展与大地测量技术的进步，我国大地坐标系经历了几次重要变化。建国初期，为满足国家经济建设和国防建设的急需，在天文大地网边布设、边平差的基础上建立了 1954 北京坐标系。20 世纪 80 年代，在全国天文大地网整体平差的基础上建成了 1980 西安大地坐标系。20 世纪末至 21 世纪初，在中国地壳运动观测网络、全国 GPS 一/二级网和全国 GPS A/B 级网等整体平差的基础上又建成了新一代国家大地坐标系——2000 国家大地坐标系。新一代大地坐标系的建成标志着我国大地坐标系向现代化目标迈进了重要一步。近年来，随着我国北斗卫星导航系统的建成和发展，我国建设了北斗卫星导航系统的空间基准——北斗坐标系。

3.4.1 1954 北京坐标系

在中华人民共和国成立初期，为建立我国天文大地网以满足经济和国防建设对测图和大地测量的迫切需要，鉴于当时的实际情况，我国自己没有进行椭球定位，而是将我国一等锁于 1953 年与苏联远东一等锁相连接。大地坐标是通过两国联测的呼玛、吉拉林基线网以及东宁基线网附近北朝阳堡、鲁明台按普兰尼斯-普拉尼维奇法，以角度为元素在高斯面上分三次平差传算坐标，利用当时我国东北地区部分一等三角锁进行局部平差确定的 1954 北京坐标系。因此，该坐标系是苏联 1942 普尔科沃坐标系的延伸，其原点在苏联列宁格勒普尔科沃天文台圆柱大厅中央。该坐标系采用克拉索夫斯基椭球作为参考椭球，其参考椭球元素为 $a=63785245\mathrm{m}$，$f=1/298.30$。

1954 北京坐标系统大地点高程采用正常高，以 1956 年黄海平均海水面为基准。1954 北京坐标系虽然是苏联 1942 普尔科沃坐标系的延伸，但也不能完全说就是该系统。因为高程异常是以苏联 1955 大地水准面重新平差的结果为起算值，按我国天文水准路线推算出来的。

我国天文大地网采取边布设、边平差的方式，最终获得了约 4 万个大地点坐标，从而构成了 1954 北京坐标系的基本参考框架。1954 北京坐标系基本参考框架建立之后，局部平差是按逐级控制原则实施。先分区平差一等锁系，分为东北、东部（苏联计算）以及后来接续平差的中部、西南、川西、西北、新疆和西藏等几个大网。然后以一等锁环为起算值，平差环内的二等三角锁网。平差时网区的连接部仅做近似处理，如有的仅取两区平均值。一等锁平差仍沿用普兰尼斯-普拉尼维奇方法，该法实际上是带有未知数的条件分区平差方法，在高斯平面上平差。二等网采用按角度间接平差，因为二等网太大，限于当时的计算条件，对某些一等锁环内的二等网也进行了分区平差，连接部仍做近似处理。

随着科学技术的发展，1954 北京坐标系越来越不适应现代国防及经济建设的需要，这主要表现在：

（1）采用的克拉索夫斯基椭球与现代椭球相比，长半轴大了 108m，扁率倒数大了 0.04。

（2）椭球定位定向有较大偏差，与我国大地水准面存在着自西向东明显的系统性倾斜，最大倾斜量达 65m；椭球短轴的定向也不明确。

（3）坐标系原点不在北京，而在苏联的普尔科沃，取名为“北京坐标系”名不符实。

（4）几何大地测量与物理大地测量采用的椭球也不统一，给实际使用带来不便。我国在处理重力数据时采用赫尔默特 1900—1909 年正常重力公式，与这个公式相应的赫尔默特扁球不是旋转椭球，与克拉索夫斯基是不一致的，这给实际工作带来了麻烦。

（5）定向不明确。椭球短轴的指向既不是国际上普遍采用的 CIO，也不是我国地极原点 JYD1968.0；大地起始子午面也不是 BIH 所定义的格林尼治平均天文台子午面，给坐标换算带来一些不便。

（6）由于采用了分区局部平差法，系统误差累积明显，导致大地网产生扭曲和变形，区与区之间产生裂隙。1954 北京坐标系与 1980 西安坐标系相比，由于前者未经整体平差，将其坐标转换至地心坐标时，其精度不如后者高。

另外，鉴于该坐标系是按局部平差逐步提供大地点成果的，因而不可避免地出现一些矛盾和不合理的地方。需要指出，1954 北京坐标系存在的一些问题是历史原因造成的，对于初建天文大地网的国家很难避免。

3.4.2　1980 西安坐标系

1954 北京坐标系存在椭球参数不够精确、参考椭球与我国大地水准面拟合不好等缺点。为了适应大地测量发展的需要，我国于 1978 年决定建立新的坐标系。新的大地原点设在我国中部的西安市附近的泾阳县永乐镇，简称西安原点，位于全国的中心地区，地质构造稳定，地形平坦。原点坐标为东经 108°55′、北纬 34°32′，海拔高度为 417.20m。相应的坐标系称为 1980 西安坐标系。1980 西安坐标系的建立是在 1954 北京坐标系的基础上完成的，采用新的大地基准，椭球参数采用 IUGG1975 年第 16 届大会推荐值，该坐标系采用的地球椭球基本参数包括几何参数和物理参数，共计 4 个，如表 3.7 所示。

表 3.7　1980 西安坐标系的基本参数

基本参数	数值
长半轴 a/m	6378140
扁率 f	1/298.257
地心引力常数 GM/(m^3/s^2)	3.986005×10^{14}
地球自转角速度 ω/(rad/s)	7.292115×10^{-5}

椭球在地球体中的定位是在椭球面与中国领域内大地水准面最佳拟合的条件下采用多点定位确定的，椭球定位和定向的条件是：

（1）椭球短轴平行于地球地轴（由地球质心指向 1968.0JYD 地极原点方向）。

（2）起始大地子午面平行于格林尼治平均天文子午面。

（3）椭球面同中国境内似大地水准面最为密合。

1980 西安坐标系大地点高程以青岛验潮站 1950—1956 年的验潮资料确定的黄海平均海水面为基准（即 1956 黄海高程系），后改为以青岛验潮站 1952—1979 年的验潮资料确定的黄海平均海水面为基准（即 1985 国家高程基准）。定位计算按多点定位的经典方法，取全国 922 个 1°×1°的网格点，利用了 1167 个天文点和约 15 万个Ⅰ/Ⅱ等重力点资料，在条件下求解定位参数 dx_0、dy_0、dz_0。椭球重新定位后与中国大陆区域大地水准面密合较好。

1980 西安坐标系是经我国天文大地网整体平差而建立的参心坐标系，相比于 1954 北京坐标系，其完全符合建立经典参心大地坐标系的原理；地球椭球的参数个数和数值大小更加合理、准确；坐标系轴的指向明确、合理椭球面与大地水准面密合得较好，全国广大地区多数在 15m 以内。

3.4.3　新 1954 北京坐标系

1980 西安坐标系在当时所具备的科学性、严密性和先进性是大家公认的。而 1954 北京坐标系提供的是局部平差成果，弊病很多，不宜再继续采用。但是，如将 1980 西安坐标系代替 1954 北京坐标系作为测图坐标系（特别是大于 1∶5 万比例尺地形图），则新旧坐标系的衔接存在较大工作量问题。因此，启用一个新的测图坐标系，既要考虑其科学性、严密性，又要考虑实用性、可行性、经济效益和社会效益；既要考虑三十多年来测绘历史和现状，又要考虑今后的发展。

新1954北京坐标系，又称1954北京坐标系（整体平差转换值），就是在这样的背景下产生的。这个坐标系提供的成果，是在1980西安坐标系的基础上，将GRS75椭球改换成原来的克拉索夫斯基椭球，通过在空间三个坐标轴上进行平移转换而得到的。因此，其坐标不但体现了整体平差成果的优越性，即其精度和1980西安坐标系坐标精度一样，克服了原1954北京坐标系局部平差的缺点；又由于椭球参数恢复为原1954北京坐标系的椭球参数，定位接近原1954北京坐标系，从而使其坐标值和原1954北京坐标系局部平差坐标值相差较小。据统计，对于投影平面坐标来说，两者坐标差值在全国约80%地区在5m以内，超过5m的主要集中在东北地区，其中大于10m的点仅在少数边沿地区，最大差值12.9m。纵坐标x差值在$-6.5\sim+7.8$m；横坐标y差值在$-12.9\sim+9.0$m。反映在1:5万地图上，绝大部分不超过0.1mm，这样新旧图拼接将不会产生明显裂隙。因此，新图既实现了使用精度高的整体平差成果作为控制基础，又不必做特殊处理就能和旧图互相拼接，具有明显的经济效益。特别是在军队系统，因为用图量、存图量最多的是1:5万以下比例尺地图，采用这种坐标系作为制图坐标系，对于地图更新、战时快速保障和方便广大指战员用图等方面，具有明显的优点。

1954北京坐标系、1980西安坐标系和新1954北京坐标系间的关系，可以形象地用图3.10表示。

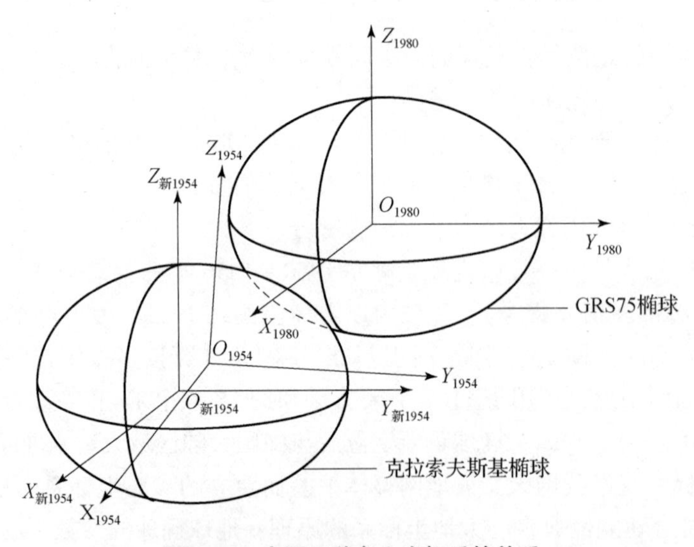

图3.10 中国三种参心坐标系的关系

图3.10中，$O_{1980}-X_{1980}Y_{1980}Z_{1980}$为1980西安坐标系对应的空间直角坐标系；$O_{新1954}-X_{新1954}Y_{新1954}Z_{新1954}$为新1954北京坐标系对应的空间直角坐标系；$O_{1954}-X_{1954}Y_{1954}Z_{1954}$为原1954北京坐标系对应的空间直角坐标系，$Z_{1954}$轴指向不明确，它不是指向平行于地球质心至JYD1968.0方向，它采用克拉索夫斯基椭球参数，为使图清晰，未绘出椭球大小。$O_{新1954}-X_{新1954}Y_{新1954}Z_{新1954}$和$O_{1980}-X_{1980}Y_{1980}Z_{1980}$标轴平行，它们的$Z$轴指向平行于地球质心至JYD1968.0方向，$X$轴位于大地起始子午面。

由图可见，新1954北京坐标系是将1980西安坐标系采用的IUGG 1975椭球参数换成克拉索夫斯基椭球参数后，在空间平移后的一种参心大地坐标系。

因此，对于两种空间直角坐标系的变换公式为

$$\begin{cases} X_{新1954} = X_{1980} - \Delta X_0 \\ Y_{新1954} = Y_{1980} - \Delta Y_0 \\ Z_{新1954} = Z_{1980} - \Delta Z_0 \end{cases} \tag{3.41}$$

对于两种参心大地坐标的变换公式为

$$\begin{cases} L_{新1954} = L_{1980} - \mathrm{d}L \\ B_{新1954} = B_{1980} - \mathrm{d}B \\ H_{新1954} = H_{1980} - \mathrm{d}H \end{cases} \tag{3.42}$$

式中：

$$\begin{bmatrix} \mathrm{d}L \\ \mathrm{d}B \\ \mathrm{d}H \end{bmatrix} = \begin{bmatrix} -\dfrac{\sin L}{(N+H)\cos B}\rho'' & -\dfrac{\cos L}{(N+H)\cos B}\rho'' & 0 \\ -\dfrac{\sin B\cos L}{M+H}\rho'' & -\dfrac{\sin B\sin L}{M+H}\rho'' & -\dfrac{\cos B}{M+H}\rho'' \\ \cos B\cos L & \cos B\sin L & \sin B \end{bmatrix}_{1980} \begin{bmatrix} \Delta X_0 \\ \Delta Y_0 \\ \Delta Z_0 \end{bmatrix} +$$

$$\begin{bmatrix} 0 & 0 \\ \dfrac{N}{(M+H)a}e^2\sin B\cos B\rho'' & \dfrac{M(2-e^2\sin^2 B)}{(M+H)(1-f)}\sin B\cos B\rho'' \\ -\dfrac{N}{a}(1-e^2\sin^2 B) & \dfrac{M}{1-f}\rho''(1-e^2\sin^2 B)\sin^2 B \end{bmatrix}_{1980} \begin{bmatrix} \Delta a \\ \Delta f \end{bmatrix} \tag{3.43}$$

应该指出，在依据“$\sum_{1}^{922}\zeta_{1980}^2 = 最小$”解得定位元素 ΔX_0、ΔY_0、ΔZ_0 时，并没有顾及 1980 西安坐标系和 1954 北京坐标系间轴向不一致带来的欧拉角。因此，所得 ΔX_0、ΔY_0、ΔZ_0 值，严格来说，不是上述两种大地坐标系参心 O_{1980} 和 O_{1954} 间三个直角坐标分量，为此，当将 ΔX_0、ΔY_0、ΔZ_0 值反号转换至新 1954 北京坐标系时，其参心位置是 $O_{新1954}$，而不是 O_{1954}。即新 1954 北京坐标系和 1954 北京坐标系两个参心不重合，虽然其差异是十分微小的。

1980 西安坐标系的大地原点在西安，以原点大地起算数据，整体平差了全国大地网。而新 1954 北京坐标系坐标是从 1980 西安坐标系坐标转换而来的，因此新 1954 北京坐标系大地原点仍是西安原点，但两种参心坐标系大地起算数据不同，其差异可以按式（3.43）计算，据计算两者大地经度相差 $-2.19''$，两者大地纬度相差 $0.39''$。

新 1954 北京坐标系的要点是：

（1）属参心大地坐标系。

（2）采用克拉索夫斯基椭球参数。

（3）多点定位。参考椭球中心虽和 1954 北京坐标系参心不相一致，但十分接近。

（4）定向明确。地球椭球的短轴平行于由地球质心指向 JYD1968.0 方向，大地起始子午面平行于中国定义的天文起始子午面，$\varepsilon_X = \varepsilon_Y = \varepsilon_Z = 0$。

（5）大地原点位于陕西省泾阳县永乐镇，但和 1980 西安坐标系的大地起算数据不同。

（6）提供的坐标是 1980 西安坐标系整体平差转换值。坐标精度和 1980 西安坐标系完全一样。

(7) 用它作为测图坐标系，对于1:5万以下比例尺测图，新旧图接边不会产生明显裂隙。

新1954北京坐标系的优点在于不但避免了原1954北京坐标系局部平差成果精度不高等矛盾，而且用它测制的新地形图和旧地形图相拼接，在一般情况下，对于1:5万以下比例尺地图，不产生明显的裂隙。但是，采用新1954北京坐标系对于1:2.5万、1:1万等大比例尺测图，在新旧地形图拼接时仍会产生裂隙；加之，从生产和科学发展需求来看，数字产品将代替模拟产品。因此，新1954北京坐标系在测图领域并未实际应用。

3.4.4 1978地心坐标系

1978地心坐标系是将1954北京坐标系通过地心一号（DX-1）坐标转换参数转换得到的地心坐标系。

DX-1共有三个参数，即平移参数（ΔX_0、ΔY_0、ΔZ_0）。DX-1转换参数是1978年11月在有关会议上确定建立的。鉴于当时卫星大地测量技术刚刚起步，无法直接测得地心坐标，DX-1是通过四种方法建立的。这四种方法是：

（1）天文重力法。

（2）全球天文大地水准面差距法。

（3）天文大地水准面与重力大地水准面差距之差法。

（4）用MX-702A等多普勒接收机测定子午卫星系统建立地心坐标。

各种方法均可独立获得平移参数，分别给这四种方法以不同的权值，取权中数得DX-1三个平移参数ΔX_0、ΔY_0、ΔZ_0。

ΔX_0、ΔY_0、ΔZ_0三个平移参数表示1954北京坐标系中心相对于地心坐标系中心的位移，即1954北京坐标系中心在地心坐标系中的三个坐标分量。利用这组参数得到的地心坐标系定名为1978地心坐标系。有了DX-1转换参数，可以将1954北京坐标系的大地空间直角坐标变换为1978地心坐标系的地心大地空间直角坐标：

$$\begin{bmatrix} X \\ Y \\ Z \end{bmatrix}_{1978} = \begin{bmatrix} X \\ Y \\ Z \end{bmatrix}_{1954} + \begin{bmatrix} \Delta X_0 \\ \Delta Y_0 \\ \Delta Z_0 \end{bmatrix}_{DX-1} \tag{3.44}$$

DX-1不包含旋转参数和尺度变化参数。它只是一个初步结果，以满足当时空间技术的急需。在建立过程中不可避免地存在不足，例如，在计算中使用的资料、数据既不广泛也不精确，处理方法还不够完善等。因此，应用DX-1转换参数所得的地心坐标，其相应坐标轴的指向没有明确的定义。据估计，1978地心坐标系的坐标分量中误差约为±10m。

3.4.5 1988地心坐标系

从1979年起，有关部门在开展空间大地测量方面又做了大量的工作。例如，1980年布设了全国37个点的多普勒网；1982年布设了卫星动力测地网，从而获得了全国范围稀疏的较高精度地心坐标。与此同时，全国天文大地网整体平差工作完成，确定了约五万点的精密大地坐标，采用天文重力水准法求得了较高精度的全国范围内的高程异常。在国际上，各种地心坐标系不断精化，出现了不少新的资料。凡此种种，为精化中国地心坐标转换参数创造了条件。

在多年准备的基础上，有关部门在 1987 年 5 月成立了 DX－2 数据综合处理领导小组。最后于 1988 年底完成了地心坐标转换参数 DX－2 的工作。

DX－2 转换参数是按三种方法建立地心坐标参数的综合结果。这三种方法是：

（1）用 MX－1502 多普勒接收机测定子午卫星系统得到的地心坐标（全国 37 点多普勒网）。

（2）卫星动力测地得到的地心坐标（全国 7 点）。

（3）全球天文大地水准面差距法（均以 1980 西安坐标系为准）。

DX－2 由七个转换参数组成。利用 DX－2 转换参数可以将 1980 西安坐标系坐标或新 1954 北京坐标系坐标，换算成地心坐标系坐标，所对应的坐标系定名为 1988 年地心坐标系。因此，地心二号有两套转换参数，即 $DX-2_{新1954}$ 和 $DX-2_{1980}$，所得地心坐标结果完全相同。

1988 地心坐标系的原点是地球的质心，Z 轴指向国际协议原点（$BIH_{1968.0}$），X 轴指向国际经度原点（$BIH_{1968.0}$），Y 轴和 Z 轴、X 轴构成右手坐标系。

当将 1980 西安坐标系或新 1954 北京坐标系的空间直角坐标换算为 1988 地心坐标系的空间直角坐标时，其计算公式为

$$\begin{cases} X_D = X(1+\Delta m) + Y \cdot \dfrac{\varepsilon''_Z}{\rho''} - Z \cdot \dfrac{\varepsilon''_X}{\rho''} + \Delta X_0 \\ Y_D = Y(1+\Delta m) + X \cdot \dfrac{\varepsilon''_Z}{\rho''} + Z \cdot \dfrac{\varepsilon''_X}{\rho''} + \Delta Y_0 \\ Z_D = Z(1+\Delta m) + X \cdot \dfrac{\varepsilon''_Y}{\rho''} + Z \cdot \dfrac{\varepsilon''_X}{\rho''} + \Delta Z_0 \end{cases} \tag{3.45}$$

式中：X_D、Y_D、Z_D 表示 1988 地心坐标系坐标；X、Y、Z 分别表示 1980 西安坐标系或新 1954 北京坐标系的坐标，对应转换参数是 $DX-2_{1980}$ 或 $DX-2_{新1954}$。

据统计，由 DX－2 所得地心坐标任一分量中误差优于 ±5m。

3.4.6　2000 国家大地坐标系

中华人民共和国成立以来，我国基于 1954 北京坐标系和 1980 西安坐标系测制了各种比例尺地形图，在国民经济、社会发展和科学研究中发挥了重要作用，限于当时的技术条件，当时大地坐标系基本上是依赖于传统技术手段实现的。

随着社会的进步，国民经济建设、国防建设、社会发展和科学研究等对国家大地坐标系提出了新的要求，迫切需要采用原点位于地球质量中心的坐标系统作为国家大地坐标系。采用地心坐标系，有利于采用现代空间技术对坐标系进行维护和快速更新，测定高精度大地控制点三维坐标，并提高测图工作效率。

经国务院批准，我国于 2008 年 7 月 1 日起启用 2000 国家大地坐标系（CGCS2000）。根据《国家测绘局启用 2000 国家大地坐标系公告》（2008 年第 2 号）和《关于印发启用 2000 国家坐标系实施方案的通知》（国测国字〔2008〕24 号），从 2008 年起我国用 8~10 年时间完成向 2000 国家大地坐标系的过渡和转换。按照全面推行使用 2000 国家大地坐标系的要求，自 2019 年 1 月 1 日起，全面停止向社会提供 1954 北京坐标系和 1980 西安坐标系基础测绘成果。

3.4.6.1 定义

CGCS2000 的原点为包括海洋和大气的整个地球的质量中心；Z 轴由原点指向历元 2000.0 的地球参考极的方向，该历元的指向由 BIH 给定的历元为 1984.0 的初始指向推算，定向的时间演化保证相对于地壳不产生残余的全球旋转，X 轴由原点指向格林尼治参考子午线与地球赤道面（历元 2000.0）的交点，Y 轴与 Z 轴、X 轴构成右手正交坐标系。采用广义相对论意义下的尺度。

CGCS2000 的参考椭球在物理上代表一个等位椭球（水准椭球），其椭球面是地球正常重力位的等位面，其椭球参数如表 3.8 所示。

表 3.8　CGCS2000 参考椭球参数

常数	数值
长半轴 a/m	6378137.0
扁率 f	1∶298.257222101
地心引力常数 GM/(m^3/s^2)	$3.986004.418 \times 10^8$
地球自转角速度 ω/(rad/s)	$7.292115.0 \times 10^{-11}$

值得指出，这里 a、f 采用的是 GRS80 值，GM、ω 采用的是 IERS 推荐值。

3.4.6.2 2000 国家大地坐标框架

2000 国家大地坐标系框架是在 2003 年完成的 2000 国家 GPS 大地控制网平差（简称三网平差）基础上建立起来的。所谓“三网”是指由原总参测绘局 GPS 一、二级网（简称一、二级网），国家测绘地理信息局 GPS A、B 级网（简称 A、B 级网），以及中国地震局等部门建设的 GPS 地壳运动监测网（简称地壳监测网，包括“攀登项目网”以及若干区域性的地壳形变监测网）和中国地壳运动观测网络组成，共约 2600 个点。平差后统称为 2000 国家 GPS 大地控制网，或简称为 GPS2000 网。

国家 GPS A、B 级网由国家测绘局于 1991—1997 年组织观测。A 级网由 30 个主点和 22 个副点组成，B 级网由 818 个点组成。A、B 级网平差中采用的坐标框架为 ITRF93，历元为 1996.365。平差后的点位地心坐标精度为 10^{-7} 量级。

全国 GPS 一、二级网由原总参测绘局于 1991—1997 年施测，其中一级网 44 个点，二级网 534 个点。一、二级网平差采用的坐标框架为 ITRF96，历元为 1997.0。平差后的点位地心坐标精度为 10^{-8} 量级。

1992 年，国家攀登计划开展了“现代地壳运动与地球动力学”研究项目，率先在全国布设了包含 22 站的“中国地壳运动 GPS 监测网”。与此同时，由国家地震局统一部署，在中国大陆一些重要的构造活动区域，地震研究所、第一地形变监测中心、第二地形变监测中心、山西省地震局、福建省地震局和新疆地震局等单位陆续布设了局域性 GPS 地壳运动观测网。

中国地壳运动观测网络工程（简称“网络工程”）由中国地震局、原总参测绘局、中国科学院、国家测绘局于 1998—2002 年共同布测，包括基准网、基本网和区域网。该观测网络包括27个连续观测的GPS基准站，56个年度复测的GPS基本站和1000个不定期复测的GPS区域站。其中，基准站和基本站较为均匀地分布于中国大陆，主要监测一级构造块体之间的相对运动。而区域站的70%密集分布于一系列主要断裂带和地震重点监视区，直接监测断裂运动和构造变形，服务于地震监测预测和地球科学研究。其余的30%相对均匀地分布在中国大陆，站距为250~350km，主要服务于军事测绘保障和基础测绘需要。网络工程平差中采用的坐标框架为ITRF96，历元为1998.680。平差后的点位地心坐标精度总体优于10^{-8}量级。

CGCS2000框架最高层次为连续运行GPS网。我国维持CGCS2000主要依靠连续运行GPS观测站，它们是GPS2000网的骨架，三网平差时仅有34个国家级卫星导航定位连续运行基准站（CORS），而其中只有25个站观测数据参与了2000国家GPS大地控制网平差，其坐标精度为毫米级，速度精度为1mm/a。

2000国家GPS大地控制网在国际IGS站以及中国地壳运动观测网络CORS网点的控制下，经联合平差获得了在2000国家大地坐标系下的坐标，其三维地心坐标精度约为3cm。

2000国家大地坐标系是我国新一代地心坐标系，但受我国当时的卫星轨道误差的影响和GPS网观测条件及观测仪器的限制，所建立的2000国家大地坐标框架存在以下问题：

（1）2000国家大地坐标框架虽然满足国民经济建设和国防建设急需，但该坐标框架的密度仍然不够，尤其是西部困难地区，不仅控制点少，而且观测精度也相对较差，很难满足国民经济建设和西部开发的需要。

（2）2000国家大地坐标框架广度不够。广大海洋和岛礁几乎没有控制，很难满足航海安全、海洋开发和国防建设的需要。

（3）2000国家大地坐标框架总体精度仍然偏低。尚不能提供点位的三维变化信息，显然不能满足减灾防灾和地球动力学研究的需要。

（4）点位归算十分困难。我国2000国家大地坐标框架采用的是ITRF97框架、2000.0历元，这给目前广泛采用的卫星导航精确定位（ITRF当前框架和当前历元）带来不便。若要进行转换，必须有高分辨率的速度场资料，以便实施已知点从2000.0至当前历元的点位归算。因此，2000国家大地坐标框架仍应该实时进行更新，尤其是历元的更新。

近年来，我国国家级及地方都在建设CORS网，2000国家大地坐标框架随着GNSS测站分布密度的加大、观测手段的提高、站坐标精度的提高，得到了逐渐更新和完善。

3.4.6.3 CGCS2000和WGS-84坐标系的比较

在定义上，CGCS2000与WGS-84是一致的，即关于坐标系原点、尺度、定向及定向演变的定义都是相同的。两个坐标系使用的参考椭球也非常相近，具体地说，在4个椭球常数a、f、GM、ω中唯有扁率f有微小差异，如表3.9所示。最初WGS-84也采用GRS80椭球，后几经微小改进，导致WGS84椭球的扁率相对GRS80产生了微小的差异。

表 3.9 CGCS2000 椭球、WGS－84 椭球及 GRS80 基本参数对比

常数	CGCS2000	GRS80	WGS84
长半轴 a/m	6378137	6378137	6378137
地心引力常数 GM/(m^3/s^2)	$3.986004418 \times 10^{14}$	3.986005×10^{14}	$3.986004418 \times 10^{14}$
动力形状因子 J	—	1.08263×10^{-3}	—
地球自转角速度 ω/(rad/s)	7.292115×10^{-5}	7.292115×10^{-5}	7.292115×10^{-5}
扁率 f	1/298.257222101	—	1/298.257223563

CGCS2000 和 WGS－84 的实现方法不同。CGCS2000 是通过 2000 国家 GPS 大地控制网的 ITRF97 坐标和速度实现的，实现精度为 3cm；WGS－84 的 26 个监测站与现代 ITRF 符合优于 1cm。CGCS2000 与 WGS－84 符合度在 5cm 以内。需要指出的是，5cm 的符合度是指 CGCS2000 与 WGS－84 参考框架之间的差异，而不是用户坐标之间的差异，而且不是通过联测 WGS－84 监测站和 CGCS2000 框架点直接得到的，是通过与 ITRF 的间接比较得到的理论差异。

CGCS2000 是国家坐标系，是 2000.0 历元的瞬时坐标，主要用于各种生产活动，强调统一性、规范性、自洽性、稳定性。WGS－84 是卫星导航坐标系，是观测历元的动态坐标，用于导航，强调实时性、动态性。

两种坐标系用途不同，特点不同，但都统一于 ITRS，都对准 ITRF 框架。可通过历元归算、框架转换互相转换。

3.4.7 北斗坐标系

北斗二号卫星导航系统的空间基准采用 CGCS2000。但北斗系统监测站的坐标实际上是由 2007—2009 年的监测站 GPS 观测数据计算所得，不是严格意义上的 CGCS2000 坐标系。随着北斗卫星导航系统全球化的推进，迫切需要采用属于自己的独立空间基准，CGCS2000 作为北斗系统使用坐标系的局限性逐渐显露，其参考框架无法较好地满足北斗全球导航系统的需求。

2017 年 12 月，中国卫星导航系统管理办公室发布的《北斗卫星导航系统空间信号接口控制文件公开服务信号 B2a（1.0 版）》正式规定，北斗导航系统采用专用坐标系——北斗坐标系。2021 年 3 月 9 日，《北斗卫星导航系统坐标系》国家标准发布。2021 年 10 月 1 日，《北斗卫星导航系统坐标系》开始实施。

3.4.7.1 定义

北斗坐标系（BeiDou coordinate system，BDCS）是北斗卫星导航系统的空间基准，通过参考历元的地面监测站坐标和速度实现。北斗坐标系通过重新实现使参考框架最现时化和精度最佳化。坐标系的每次实现，对应产生一个新的参考框架。随着时间的推移，北斗坐标系将出现多个参考框架。不同参考框架的标识是 BDCS（W×××），括号内符号 W×××表示该参考框架开始执行的北斗时（BDT）第×××周的 0 秒。例如，BDCS（W465）、BDCS（W1002）分别标示从 BDT 时第 465 周 0 秒开始执行的参考框架和从 BDT 时第 1002 周 0 秒

开始执行的参考框架。

北斗坐标系的原点、尺度与定向的定义如下。

原点：包括海洋和大气的整个地球的质量中心。

尺度：长度单位是 m。这一尺度同地心局部框架的地心坐标时一致。

定向：在 1984.0 时初始定向与 BIH 的定向一致。

定向时间演变：定向随时间的演变使得整个地球的水平构造运动无整体旋转。

北斗坐标系为右手直角坐标系，如图 3.11 中所示。原点为地球质量中心，Z 轴指向 IERS 参考极方向，X 轴为 IERS 参考子午面与通过原点且同 Z 轴正交的赤道面的交线，Y 轴完成右手直角坐标系。

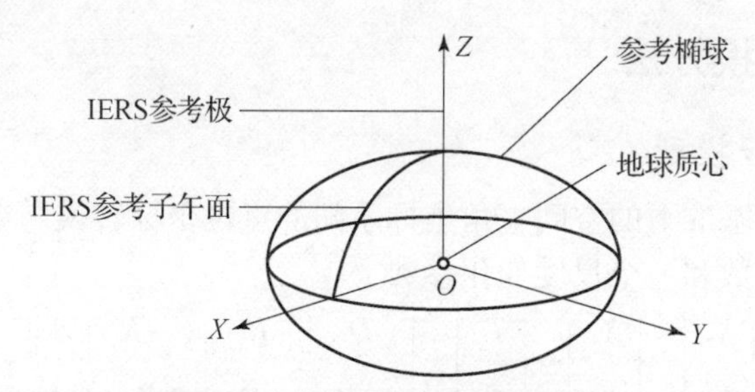

图 3.11　北斗坐标系的参考椭球

北斗坐标系采用 CGCS2000 参考椭球，即 CGCS2000 坐标系的参考椭球，该参考椭球的定义基本几何参数，如表 3.8 中所示。

3.4.7.2　初始实现

北斗坐标系的建立遵循 IERS 相关定义，使其具有 IERS 的理论基础作为支撑，同时也促进了北斗系统与其他 GNSS 系统的结合，便于北斗卫星导航系统的全球化推广。北斗坐标系初次实现的参考历元为 2010.0，起始坐标和速度使用的是基于 ITRF2014 参考框架的 8 个监测站的坐标和速度，通过这 8 个监测站的数据与 62 个 IGS 站和 27 个陆态网络基准站联合解算得到其他站点的坐标和速度。实现北斗坐标系的数据处理分 3 个步骤：

（1）联合处理由全球 IGS 站、国内陆态网络基准站和北斗地面监测站组成的全球 GNSS 网数据得到监测站坐标的单日松弛解。

（2）采用最小约束法将北斗监测站坐标单日解体现的框架，对准 ITRF2014 框架。

（3）将经框架对准的监测站坐标序列进行线性回归拟合，得到历元 2010.0 的监测站坐标和速度，最终实现北斗坐标系。

3.4.7.3　北斗坐标系的维持

虽然北斗坐标系的初始实现已完成，但是在未来更新与维持中，更新周期的确定、参与解算站点的选取以及使陆态网络基准站在北斗坐标系更新中发挥作用，这些都是需要考虑的问题。

北斗参考系的初始实现主要依靠陆态网络一期的 27 个基准站和 62 个国际 IGS 站，北斗监测站的境外站点有限，或建成年限短，或数据质量一般，因此有必要加快监测站的境外布设工作，并进行长期连续观测，这无疑有利于提高北斗坐标系实现的精度和稳定性。

3.5 坐标转换

坐标转换是指利用计算得到的转换参数，将空间点坐标从某一个参考基准转换到另一个参考基准，可划分为动态转换和静态转换两类。不同 ITRF 框架的坐标转换涉及历元、框架、速度场等信息，因此称为动态转换。静态转换是指空间点不同静态坐标系下坐标的转换，如 1954 北京坐标系向 1980 西安坐标系、1980 西安坐标系向 2000 国家大地坐标系的坐标转换。本节主要介绍《大地测量控制点坐标转换技术规程》规定的各种坐标系控制点坐标转换到 2000 国家大地坐标系转换模型。

3.5.1 坐标转换方法

3.5.1.1 布尔莎模型

用于不同地球椭球基准下的空间直角坐标系间的点位坐标转换。涉及七个参数，即三个平移参数、三个旋转参数和一个尺度变化参数。

$$\begin{bmatrix} X_2 \\ Y_2 \\ Z_2 \end{bmatrix} = \begin{bmatrix} X_1 \\ Y_1 \\ Z_1 \end{bmatrix} + \begin{bmatrix} T_x \\ T_y \\ T_z \end{bmatrix} + \begin{bmatrix} D & R_z & -R_y \\ -R_z & D & R_x \\ R_y & -R_x & D \end{bmatrix} \begin{bmatrix} X_1 \\ Y_1 \\ Z_1 \end{bmatrix} \tag{3.46}$$

式中：X_1、Y_1、Z_1 为原坐标系坐标；X_2、Y_2、Z_2 为目标坐标系坐标；T_x、T_y、T_z、D、R_x、R_y、R_z 为七参数。

3.5.1.2 三维七参数转换模型

用于不同地球椭球基准下大地坐标系间的点位坐标转换，涉及三个平移参数、三个旋转参数和一个尺度变化参数，同时需顾及两种大地坐标系所对应的两个地球椭球长半轴和扁率差。

$$\begin{bmatrix} \Delta L \\ \Delta B \\ \Delta H \end{bmatrix} = \begin{bmatrix} -\dfrac{\sin L}{(N+H)\cos B}\rho'' & \dfrac{\cos L}{(N+H)\cos B}\rho'' & 0 \\ -\dfrac{\sin B\cos L}{(M+H)}\rho'' & -\dfrac{\sin B\sin L}{(M+H)}\rho'' & \dfrac{\cos B}{(M+H)}\rho'' \\ \cos B\cos L & \sin B\sin L & \sin B \end{bmatrix} \begin{bmatrix} T_x \\ T_y \\ T_z \end{bmatrix} +$$
$$\begin{bmatrix} \dfrac{N(1-e^2)+H}{N+H}\tan B\cos L & \dfrac{N(1-e^2)+H}{N+H}\tan B\sin L & -1 \\ -\dfrac{(N+H)-Ne^2\sin^2 B}{M+H}\sin L & \dfrac{(N+H)-Ne^2\sin^2 B}{M+H}\cos L & 0 \\ -Ne^2\sin B\cos B\sin L/\rho'' & Ne^2\sin B\cos B\cos L/\rho'' & 0 \end{bmatrix} \begin{bmatrix} R_x \\ R_y \\ R_z \end{bmatrix} +$$
$$\begin{bmatrix} 0 \\ -\dfrac{N}{M}e^2\sin B\cos B\rho'' \\ (N+H)-Ne^2\sin^2 B \end{bmatrix} \cdot D + \begin{bmatrix} 0 & 0 \\ \dfrac{N}{Ma}e^2\sin B\cos B\rho'' & \dfrac{(2-e^2\sin^2 B)}{1-f}\sin B\cos B\rho'' \\ -\dfrac{N}{a}(1-e^2\sin^2 B) & \dfrac{M}{1-a}(1-e^2\sin^2 B)\sin^2 B \end{bmatrix} \begin{bmatrix} \Delta a \\ \Delta f \end{bmatrix} \tag{3.47}$$

式中：e^2 为第一偏心率的平方，无量纲 $e^2=2f-f^2$；M 为地球椭球子午圈曲率半径，m，$M=a(1-e^2)/(1-e^2\sin^2B)^{3/2}$；$N$ 为地球椭球卯酉圈曲率半径，m；$N=a/(1-e^2\sin^2B)^{1/2}$；B、L、H 为点位纬度、经度、大地高，经纬度单位为 rad，大地高单位为 m；ΔB、ΔL、ΔH 为点位在两个坐标系下纬度差、经度差、大地高差。经纬度差值单位为（″），大地高差值单位为 m；ρ 为角度与弧度间转换量，（″），$\rho=180\times3600/\pi$；a、Δa 为椭球长半轴和长半轴差，单位为 m；f、Δf 为椭球扁率和扁率差，无量纲；T_x、T_y、T_z 为平移参数，单位为 m；R_x、R_y、R_z 为旋转参数，单位为（″）；D 为尺度参数，无量纲。

3.5.1.3　二维七参数转换模型

用于不同地球椭球基准下大地坐标系间的点位坐标转换，涉及三个平移参数、三个旋转参数和一个尺度变化参数。

$$
\begin{bmatrix}\Delta L\\ \Delta B\end{bmatrix}=\begin{bmatrix}-\dfrac{\sin L}{N\cos B}\rho'' & \dfrac{\cos L}{N\cos B}\rho'' & 0\\ -\dfrac{\sin B\cos L}{M}\rho'' & -\dfrac{\sin B\sin L}{M}\rho'' & \dfrac{\cos B}{M}\rho''\end{bmatrix}\begin{bmatrix}T_x\\ T_y\\ T_z\end{bmatrix}+
$$

$$
\begin{bmatrix}\tan B\cos L & \tan B\sin L & -1\\ -\sin L & \cos L & 0\end{bmatrix}\begin{bmatrix}R_x\\ R_y\\ R_z\end{bmatrix}+\begin{bmatrix}0\\ -\dfrac{N}{M}e^2\sin B\cos B\rho''\end{bmatrix}D+
$$

$$
\begin{bmatrix}0 & 0\\ \dfrac{N}{Ma}e^2\sin B\cos B\rho'' & \dfrac{(2-e^2\sin^2B)}{1-f}\sin B\cos B\rho''\end{bmatrix}\begin{bmatrix}\Delta a\\ \Delta f\end{bmatrix}\tag{3.48}
$$

式中：e^2 为第一偏心率的平方，无量纲；M、N 为子午圈和卯酉圈的曲率半径，单位为 m；B、L、ΔB、ΔL 为点位纬度、经度，及其在两个坐标系下的纬度差、经度差。经纬度单位为弧度，其差值，单位为（″）；ρ 为角度与弧度间转换量，单位为（″），$\rho=180\times3600/\pi$；a、Δa 为椭球长半轴和长半轴差，单位为 m；f、Δf 为椭球扁率和扁率差，无量纲；T_x，T_y，T_z 为平移参数，单位为 m；R_x，R_y，R_z 为旋转参数，单位为（″）；D 为尺度参数，无量纲。

3.5.1.4　三维四参数转换模型

用于局部区域内、不同地球椭球基准下大地坐标系间的坐标转换，涉及三个平移参数和一个旋转参数。

三维四参数转换模型实质上是采用 T_x、T_y、T_z 3 个坐标平移量和 1 个控制网水平定向旋转量 α 作为参数。α 是以区域中心 P_0 点法线为旋转轴的控制网水平定向旋转量，顾及 1954 北京坐标系或 1980 西安坐标系平面坐标由于起始定向与 2000 国家大地坐标系的差异引起的坐标变化。

$$
\begin{bmatrix}X_G\\ Y_G\\ Z_G\end{bmatrix}=\begin{bmatrix}X_C\\ Y_C\\ Z_C\end{bmatrix}+\begin{bmatrix}T_x\\ T_y\\ T_z\end{bmatrix}+\begin{bmatrix}Z_C\cos B_0\sin L_0-Y_C\sin B_0\\ -Z_C\cos B_0\cos L_0+X_C\sin B_0\\ Y_C\cos B_0\cos L_0-X_C\cos B_0\sin L_0\end{bmatrix}\alpha\tag{3.49}
$$

式中：X_G、Y_G、Z_G 为 2000 国家大地坐标系下的坐标，单位为 m；B_0、L_0 为区域中心 P_0 点

的大地经、纬度，单位为 rad；X_C、Y_C、Z_C 为大地坐标系（1954 北京坐标系或 1980 西安坐标系）坐标，单位为 m；T_x、T_y、T_z 为坐标平移量，单位为 m；α 为旋转参数，单位为 rad。

3.5.1.5 二维四参数转换模型

用于局部区域内、不同高斯投影平面坐标转换，涉及两个平移参数，一个旋转参数和一个尺度参数。对于三维坐标，需将坐标通过高斯投影变换得到平面坐标，再计算转换参数。

$$\begin{bmatrix} x_2 \\ y_2 \end{bmatrix} = \begin{bmatrix} \Delta x \\ \Delta y \end{bmatrix} + (1+m)\begin{bmatrix} \cos\alpha & -\sin\alpha \\ \sin\alpha & \cos\alpha \end{bmatrix}\begin{bmatrix} x_1 \\ y_1 \end{bmatrix} \tag{3.50}$$

式中：x_1、y_1 为原坐标系下平面直角坐标，单位为 m；x_2、y_2 为 2000 国家大地坐标系下的平面直角坐标，单位为 m；Δx、Δy 为平移参数，单位为 m；α 为旋转参数，单位为 rad；m 为尺度参数，无量纲。

3.5.1.6 多项式拟合模型

不同范围的坐标转换均可用多项式拟合，有椭球面和平面两种形式。椭球面上多项式拟合模型适用于全国或大范围的拟合；平面拟合多用于相对独立的平面坐标系统转换。

椭球面上拟合公式：

$$\begin{aligned} \mathrm{d}B &= a_0 + a_1 B + a_2 L + a_3 BL + a_4 B^2 + a_5 L^2 \\ \mathrm{d}L &= b_0 + b_1 L + b_2 B + b_3 BL + b_4 L^2 + b_5 B^2 \end{aligned} \tag{3.51}$$

式中：B、L 为纬度、经度，单位为 rad；a_i、b_i 为多项式拟合系数，通过最小二乘求解。

平面拟合公式：

$$\begin{aligned} x_2 &= x_1 + \Delta x \\ y_2 &= y_1 + \Delta y \end{aligned} \tag{3.52}$$

式中：x_1、y_1 为原平面直角坐标；x_2、y_2 为目标平面直角坐标；Δx、Δy 为坐标转换改正量，用下式计算：

$$\Delta x \text{ 或 } \Delta y = a_0 + a_1 x + a_2 y + a_3 x^2 + a_4 xy + a_5 y^2 + a_6 x^3 + a_7 x^2 y + a_8 xy^2 + a_9 y^3 + \cdots \tag{3.53}$$

式中：a_i 为系数，通过最小二乘求解。

表 3.10 给出了《大地测量控制点坐标转换技术规程》中要求的其他坐标系控制点坐标向 2000 国家大地坐标系转换时坐标转换模型的选取要求。

表 3.10 控制点转换到 2000 国家大地坐标系的坐标转换模型选取

控制点		转换模型	适用区域范围
所属坐标系	坐标类型		
1980 西安坐标系	大地坐标	三维七参数	椭球面 3°及以上的省级及全国范围
		二维七参数	
		椭球面多项式拟合	
	空间直角坐标	布尔莎	全国及省级范围
		三维四参数	2°以内局部区域
	平面坐标	二维四参数	局部区域

续表

控制点		转换模型	适用区域范围
所属坐标系	坐标类型		
1954 北京坐标系	大地坐标	三维七参数	椭球面 3°及以上的省级及全国范围
		二维七参数	
		椭球面多项式拟合	
	空间直角坐标	布尔莎	全国及省级范围
		三维四参数	2°以内局部区域
	平面坐标	二维四参数	局部区域
相对独立的平面坐标系	平面坐标	二维四参数	局部区域
		平面多项式拟合	局部区域

3.5.2　转换参数求取

转换参数的求取是基于公共点的两个坐标系坐标，构建误差方程，利用最小二乘法进行平差求解。

选用具有原坐标系坐标和 2000 国家大地坐标系坐标的控制点作为重合点。重合点选取的基本原则为等级高、精度高、分布均匀、覆盖整个转换区域、局部变形小。

转换参数计算按以下步骤进行：

（1）按转换区域选取适当的转换模型。

（2）按重合点选取原则选择重合点。

（3）将重合点代入转换模型，利用最小二乘法计算转换参数。

（4）用得到的转换参数计算重合点坐标残差。

（5）剔除残差大于 3 倍点位中误差的重合点。

（6）重复上述（2）~（4）的计算过程，直至重合点坐标残差均小于 3 倍点位中误差。

（7）最终用于计算转换参数的重合点数量与转换区域大小有关，但不得少于 6 个。

（8）根据最终确定的重合点，利用最小二乘法计算转换参数。

3.6　大地控制网

大地控制网是指在广大范围内，测量大地控制点间的相对几何量所构成的网。相对几何量是指坐标差、高差、距离、角度等；大地控制点是以一定精度测定其位置为其他测绘工作提供依据的固定点。大地控制网按测量方法不同分为高程大地控制网、水平大地控制网和空间大地控制网三类。

3.6.1 高程大地控制网

高程大地控制网是大地控制网的一部分，是在一个国家或一个地区范围内，测定一系列统一而精确的地面点的高程所构成的网。高程控制网主要用水准测量方法建立。一般采用从整体到局部，逐级建立控制的原则，按次序与精度分为一、二、三、四等水准测量。

国家高程大地控制网作为国家基础地理信息数据，为国家经济建设、国防建设和地形图测制提供地面点高程，为地壳垂直运动、防灾减灾、环境控制、平均海水面倾斜及其变化和大地水准面形状等地球科学研究提供精确的高程数据。

高程大地控制网将在高程基准章节进一步详细介绍，此处不再赘述。

3.6.2 水平大地控制网

水平大地控制网是按一定要求在地面选定一系列点，通过测量角度、距离或坐标差的方法求定点的平面坐标而构成的网状图形，又称平面大地控制网。水平大地控制网确定了平面坐标的基准和实现方法。

经典大地测量时期，水平大地控制网以大地原点的大地经纬度、大地高和到另一点的大地方位角为起算数据，用三角测量和导线测量方法推算得到全部网点的平面坐标。中国国家天文大地网提供使用的国家水平控制网含三角点、导线点共 154348 个构成 1954 北京坐标系、1980 西安坐标系两套系统。

建立水平大地控制网的传统大地测量方法主要有以下三种。

（1）三角测量法：控制网构成三角形网状，观测方向需通视。三角网的观测量是网中的全部（或大部分）方向值。

（2）导线测量法：选定相邻点相互通视的一系列控制点构成导线，直接测定导线的各边边长及相邻导线边之间的角度，已知一个点的坐标和一条边的方位角就可以推算出所有其他控制点的坐标。

（3）三边测量及边角同测法：三边测量的观测量是所有三角形的边长；边角同测法是观测部分边长、部分方向。

现代大地测量时代，水平大地控制网一般由卫星导航技术施测，直接得到水平控制网中点的三维坐标通过转换可求得大地坐标和高斯平面坐标。

3.6.3 空间大地控制网

空间大地控制网是由甚长基线干涉测量、卫星导航、卫星激光测距等空间大地测量技术精确测定三维坐标的大地点构成的网。甚长基线干涉测量、卫星激光测距等空间大地测量技术由于其设备昂贵、布设测站要求较高等原因，难以实现区域内大量建站。相对而言，卫星导航定位技术具有测量方便、快捷、建站方便等特点，因而利用卫星导航定位技术建立空间大地控制网是当前构建三维空间基准的主要手段，简称卫星大地控制网。

3.7　GNSS 连续运行基准站网系统

3.7.1　概述

3.7.1.1　定义

GNSS 连续运行基准站（GNSS CORS）网系统是在一定地域内建立若干个固定的连续运行的 GNSS 基准站，并通过数据通信网络将这些基准站的观测数据传送至一个或多个数据处理和监测中心，以集中进行数据处理和监控，然后通过通信网络，以这些数据处理过的卫星导航信息为基础，根据用户需求，提供时空信息为核心的网络化综合服务的系统。GNSS CORS 系统是以连续运行基准站网为核心，通信网络为骨干，以用户需求为服务目标、以用户接收点为终端的集成系统。

GNSS CORS 是当前区域空间基准控制的主要手段和最高等级，具有全自动、全天候、实时导航与定位功能，又具有精度高、覆盖范围广、一网多用等显著特点和优势。目前，各省（自治区、直辖市）陆续都已建立各自的 GNSS CORS。省级（部门）GNSS CORS 可以起到加密国家级 GNSS CORS 的作用，是对我国 CGCS2000 框架的重要补充。

3.7.1.2　构成

基准站网系统一般由以下几个部分构成：

（1）基准站网。由若干个分布合理的 GNSS 基准站组成。基准站是由 GNSS 接收机（含天线）、计算机、气象设备、通信设备及电源设备、观测墩等构成的观测系统。它长期连续跟踪观测卫星信号，通过数据通信网络定时、实时或按数据中心的要求将观测数据传输到数据中心。

（2）数据传输系统。基准站的 GNSS 数据通过有线或无线网络传输至数据处理和监控中心。

（3）数据处理和监控中心。接收基准站的数据，进行数据处理和监控，形成用户数据。

（4）面向用户的数据发播系统。这一系统包含了多种手段：因特网，主要用于需要精密定位、精密定时、电离层延迟参数、对流层延迟参数等用户的数据发送；UHF/VHF 电台和 FM 电台的副载波，在用户密度高的地区，这类电台可发送局域 GNSS 差分导航数据、局域实时动态定位（RTK）数据、GNSS 气象数据等，在与全国联网的条件成熟后，也可发射广域 GNSS 差分导航数据；用户通过移动电话（如 GSM、CDMA）获取 GNSS 网络 RTK 增强信息和 GNSS 气象预报等数据。

3.7.1.3　分类

综合基准站之间的距离、分布范围及实现功能，基准站网大致可以分为全球网、国家网、区域网和工程网 4 类网。

全球网是指在全球布站，面向全球服务。如 IGS 跟踪站网。

国家网是指在一个国家全国范围内布站，面向一个国家服务。如美国的连续运行基准站网系统、加拿大的主动控制网系统（CACS）、德国卫星定位服务（SAPOS）系统，中国北斗地基增强系统。

区域网指在一定范围的区域内布站，面向区域或行业服务。其可分为3类：一是国家与国家之间的网，如欧洲永久GNSS观测网（EPN）；二是省市级网，如广东省连续运行基准站网系统；三是行业网，是指一定的区域内为某个行业服务，如中国地壳运动观测网络。

工程网是指在工程所在的范围内布站，面向工程建设或运行服务。如修建大坝或桥梁建立的连续运行GNSS基准站网。

当然，也可按照功能来划分，基准站网可分为坐标参考框架网、地壳运动监测网、水汽监测网、电离层监测网、大坝（桥梁）施工或变形监测网等。

3.7.1.4 功能与应用

基准站网能将GNSS定位精度提高到分米、厘米甚至毫米级，是提供国家、区域、全球高精度时空基准的重要基础设施。美国称GPS及其基准站网为国家关键基础设施。基准站网还是导航与位置服务、精密卫星定轨、地质灾害监测等工程和科学应用的重要支撑。

从产品来讲，基准站网及其系统可以实现数据的网内共享，具有全天候、全自动、实时导航定位功能。目前所涉及的产品主要包括基准站地心坐标及速度、地球自转参数、跟踪站观测数据、精密星历、卫星钟差、气象参数、电离层模型、基准站坐标时间序列等。

从应用来讲，基准站网不仅可满足覆盖区域内地面、空中和水上交通工具的导航、调度、自动识别和安全监控等功能，还可以服务于高精度中短期天气状况的数值预报、变形监测等领域。同时，其也是建立并维护坐标参考框架的基础设施，能够满足测绘、基准建设等需求。此外，基准站网还可实现纳秒级的授时，可广泛应用于通信系统和电力系统的时间同步。

从服务方式和范围来讲，基准站网及其系统的服务方式从以前的快速、事后发展到实时精度从厘米级、分米级发展到毫米级，服务范围从大地测量和地球物理拓展到气象、地震、规划建设、交通导航等领域。

3.7.2 国内外典型GNSS CORS系统

3.7.2.1 国外典型GNSS CORS系统

目前，IAG建立的IGS连续运行基准站网是全球分布最广泛、空间规模最大的GNSS基准站网。20世纪90年代初，IAG成立IGS，并且开始在全球建立GNSS连续运行基准站网。其最初的目标是为大地测量和地球物理研究提供产品，主要任务包括：建立精确的全球参考框架，确定精密地球自转参数与GNSS轨道，为区域地球动力学研究提供支持等。起初在全球建立了60~70个核心站，于1994年1月正式运行。在过去的30余年里，IGS的研究与应用取得了很大进展。截至2020年年底，全球跟踪站的数量共507个，其中308个多模GNSS观测站，259个观测站能够提供实时数据流。此外，IGS开始着手建立能够跟踪和接收所有可用GNSS卫星信号（包括GPS、GLONASS、Galileo、北斗、QZSS、NavIC等卫星导航系统）的基准站网，用以分析多系统特性，促进多系统精密融合数据处理技术的发展。经过多年的建设，已形成了一个由近200个基准站构成的覆盖全球的多系统GNSS连续运行基准站网。

美国是全球最早建立 GNSS 连续运行基准站网的国家，其国家 GNSS CORS 由 NGS 负责管理。NGS 向全美和全球用户提供国家 GNSS 基准站坐标和 GNSS 卫星观测站数据。目前，已拥有 200 多个不同机构合作加入的 GNSS 基准站网络，其基准站站点数量超过 2000 个，且这个数量还在持续更新中。GPS 用户可使用 CORS 系统提供的数据提高其定位精度，在美国国家空间参考系统下，基准站网处理后坐标的精度可达厘米级甚至亚厘米级。

欧洲永久 GNSS 观测网（EPN）是建立与维持 EUREF 的关键基础设施，与 IGS 有紧密的联系和合作，是 IGS 在欧洲区域的加密，30% 的 EPN 站点也是 IGS 的站点。EPN 始建于 1995 年，目前站点总数超过 330 个，覆盖整个欧洲大陆。在 EPN 的网站上，能够获取所有站点的每天观测数据（采样间隔 30s），97% 站点额外快速上传每小时观测数据，55% 站点用户能够获得实时数据。EPN 包括以下几个部分：跟踪站、运行中心、区域数据中心、区域分析中心、合成中心和中心局等。83 家欧洲机构一起运维 EPN 系统，包括空间科学的科研机构、大学、测绘机构以及少数企业，其中测绘机构负责超过 2/3 的站点运维。EPN 所形成的产品有测站高精度坐标和速度场、测站时间序列以及对流层大气延迟参数等。

SAPOS 是德国国家测量主管部门联合德国测量、运输、建筑和国防等多个部门建立的一个长期连续运行的差分 GNSS 定位和导航服务系统。由大约 300 个永久性 GNSS 基准站组成，平均站间距约为 40km。SAPOS 作为德国国家空间数据基础设施的重要组成部分，为用户提供多种误差改正数据，实现厘米级水平的导航和定位。

日本国家地理院建设的 GNSS 地球观测网络，称为 GEONET。日本地质灾害多发，因而对地质灾害进行监测和分析十分重要。到目前为止，GEONET 已经建成约 1400 个遍布全日本的 GNSS 永久跟踪基准站，平均密度约 20km，是世界上密度最高的 GNSS CORS 系统。GEONET 的主要应用是：地震监测和预报、控制测量、工程控制和监测、测图和地理信息系统更新、气象监测和天气预报。

3.7.2.2　国内主要 GNSS CORS 系统

1）国家测绘地理信息局卫星导航连续运行基准站系统

1992 年，国家测绘地理信息局在武汉建立了国内第一个 GPS 连续跟踪站，即现在的 IGS 武汉站（WUHN），用于全球大地参考框架定义以及 GPS 卫星轨道确定。此后，又分别在北京（1995）、拉萨（1995）、乌鲁木齐（1995）、咸阳（1997）、西宁（1998）、海口（1998）和哈尔滨（1999）等地建设了 8 个 GPS 连续跟踪站。主要目的是建立国家大地基准控制，为我国坐标参考框架建设提供参考依据，并服务于国际 GPS 动力学研究。经过近十年的观测，其中拉萨、乌鲁木齐、武汉和上海等站作为国际核心站，参与了 ITRF 建设，在国际上具有一定影响力。上海、乌鲁木齐、长春等站还配备有甚长基线干涉测量、卫星激光测距等多种空间大地测量手段，用于地球科学研究，已成为国际上具有多种观测手段的科学台站。国家测绘地理信息局卫星导航连续运行基准站在国内占据了重要地位，分别在高精度 GPS A、B 级网建设，国家 2000 GPS 大地控制网建设，省、市区域大地基准建设以及 GPS 广域差分试验及服务等项目中发挥了不可替代的作用。

2）中国大陆构造环境监测网络

中国大陆构造环境监测网络（简称陆态网络）以 GNSS 观测为主，辅以甚长基线干涉测量、卫星激光测距等空间技术，并结合精密重力和水准测量等多种技术手段，建成了由 260 个连续观测和 2000 个不定期观测站点构成的、覆盖中国大陆的高精度、高时空分辨率和自主研发数据处理系统的观测网络。

陆态网络主要用于监测中国大陆地壳运动、重力场形态及变化、大气圈对流层水汽含量变化及电离层离子浓度的变化，为研究地壳运动的时－空变化规律、构造变形的三维精细特征、现代大地测量基准系统的建立和维持、汛期暴雨的大尺度水汽输送模型等科学问题提供基础资料和产品。

3）北斗地基增强系统

北斗地基增强系统是北斗卫星导航系统的重要组成部分，是国家重大的信息基础设施，用于提供北斗卫星导航系统增强定位精度和完好性的服务。北斗地基增强系统由地面北斗基准站系统、通信网络系统、数据综合处理系统、数据播发系统等组成。

北斗地基增强系统于 2014 年 9 月启动研制建设，由中国卫星导航系统管理办公室会同交通运输部、国土资源部、教育部、国家测绘地理信息局、中国气象局、中国地震局、中国科学院等部门，按照“统一规划、统一标准、共建共享”的原则实施。系统建设分两个阶段实施，一期为 2014 年到 2016 年年底，主要完成框架网基准站、区域加强密度网基准站、国家数据综合处理系统，以及国土资源、交通运输、中国科学院、地震、气象、测绘地理信息 6 个行业数据处理中心等建设任务，建成基本系统，在全国范围提供基本服务；二期为 2017 年至 2019 年年底，主要完成区域加强密度网基准站补充建设，进一步提升系统服务性能和运行连续性、稳定性、可靠性，具备全面服务能力。

目前，已经形成由超过 2500 个地基增强站组成的全球规模最大、密度最高、自主可控和全国产化的北斗地基增强系统“全国一张网”，具备在全国范围内，提供实时米级、分米级、厘米级，后处理毫米级高精度定位基本服务能力。系统能力达到国外同类系统技术水平。

3.8 GNSS 控制测量

利用卫星导航定位技术建立与维持高精度大地控制网，相比传统方法来讲，既经济又简单，已成为建立空间基准的最常用手段。卫星大地控制网建立的过程称为 GNSS 控制测量，其控制点叫 GNSS 控制点。基本原理为：按照一定的观测模式和技术规定，将 GNSS 接收机安置在 GNSS 控制点上，通过载波相对定位技术，测得控制点间的精确相对位置，如果知道一个点的坐标，便可方便获得另一点的坐标。

GNSS 大地控制网测量实施的工作程序的主要步骤：技术设计、踏勘造点、测前准备、外业观测、数据处理、验收总结。

3.8.1 技术设计

GNSS 控制网的技术设计是制定切实可行的技术方案，保证测量成果符合技术标准和满足任务要求，并获得最佳的社会效益和经济效益。GNSS 测量控制网的技术设计是指导

GNSS 控制网测量的技术依据，因此，每个测量项目作业前都应做技术设计。

3.8.1.1　资料收集与踏勘

在技术设计之前，收集与整理测区已有的测绘资料。主要包括：各类图件（地形图、交通图、规划图等）；测区及周边地区可利用的已知点成果资料；有关的技术规范、规程等。

资料收集完成后，还要实地踏勘了解情况，为技术设计书的编写提供依据。包括已知点的分布情况、实际交通状况、水系分布情况、居民点分布情况等，对点位分布有特殊要求的，还需重点勘查。

3.8.1.2　精度设计

2024 年制定的国家标准《全球导航卫星系统（GNSS）测量规范》（GB/T 18314—2024）（以下简称《规范》）将 GPS 测量按精度分为 A、B、C、D、E 五个等级，规定了不同级 GPS 网的点间距离和坐标分量精度指标。其中 A 级 GNSS 大地控制网由卫星导航定位基准站构成，其坐标年变化率中误差、相对精度和地心坐标各分量年平均中误差应不低于表 3.11 的要求。B、C、D 和 E 级 GNSS 控制网的点位中误差、相邻点基地分量中误差精度和相邻点间平均距离应不低于表 3.12 的要求。

表 3.11　A 级网的精度要求

级别	坐标年变化率中误差/(mm/a)		相对精度	地心坐标各分量年平均中误差/mm
	水平分量	垂直分量		
A	2	3	1×10^{-8}	0.5

表 3.12　B、C、D、E 级网的精度要求及相邻点间距离要求

级别	点位中误差		相邻点基线分量中误差		相邻点间平均距离/km
	水平分量/mm	垂直分量/mm	水平分量/mm	垂直分量/mm	
B	5	10	5	10	50
C	10	15	10	20	15
D	15	30	20	40	5
E	15	30	20	40	2

需要说明的两点：

（1）用于建立国家二等大地控制网和三、四等大地控制网的 GNSS 测量，在满足 B、C 和 D 的精度要求的基础上，其相对精度还应分别不低于 1×10^{-7}、1×10^{-6}和 1×10^{-5}。

（2）各级 GNSS 网点相邻点的 GNSS 测量大地高差的精度，应不低于规定的各级相邻点基线垂直分量的要求。

各等级网的用途为：

（1）用于建立国家一等大地控制网，进行全球性的地球动力学研究、地壳形变测量和精密定轨等的 GNSS 测量，应满足 A 级 GNSS 测量的精度要求。

(2) 用于建立国家二等大地控制网，建立地方或城市坐标基准框架、区域性的地球动力学研究、地壳形变测量、局部形变监测和各种精密工程测量等的 GNSS 测量，应满足 B 级 GNSS 测量的精度要求。

(3) 用于建立三等大地控制网，以及建立区域、城市以及工程测量的基本控制网等的 GNSS 测量，应满足 C 级 GNSS 测量的精度要求。

(4) D、E 级 GNSS 测量用于建立四等大地控制网和中（小）城市、城镇以及测图、地籍、土地信息、房产、物探、勘测、建筑施工等的控制测量等，该类测量工作可利用卫星导航定位基准站网的网络 RTK 方法进行作业，并满足 GB/T 39616 中对应精度等级的测量要求。

测量工作中，应在充分理解测量任务目的、精度要求以及经费的基础上，根据上述各等级适用范围，确定本 GNSS 控制网的测量等级。随着经济及科技的发展，GNSS 测量应用范围越来越广，一些特殊工程测量精度也越来越高，《规范》对各种工程的 GNSS 控制网都做出明确的等级规定是很困难的。在这种特殊工程下，技术人员可根据《规范》，针对具体测量任务，就高选择 GNSS 网等级。各级 GNSS 测量均以 2 倍中误差作为极限误差。

3.8.1.3 基准设计

GNSS 控制网的基准设计是实施 GNSS 测量的基础性工作，它通过 GNSS 测量可以获得地面点间的 GNSS 基线向量，属于 WGS－84 或 ITRF 的三维坐标。在实际工程应用中，我们需要的是国家坐标系（1954 北京坐标系、1980 西安坐标系、2000 中国大地坐标系）或地方独立坐标系的坐标。为此，在 GNSS 网的技术设计中，必须说明 GNSS 网的成果所采用的坐标系统和起算数据，即明确 GNSS 网所采用的基准。通常将这项工作称为 GNSS 网的基准设计。

GNSS 网的基准包括位置基准、方位基准和尺度基准。GNSS 网的位置基准，通常都是由给定的起算坐标确定。方位基准可以通过给定的起算方位角值确定，也可以由 GNSS 基线向量的方位作为方位基准。尺度基准可以由地面的电磁波测距边确定，或由两个以上的起算点之间的距离确定，也可以由 GNSS 基线向量的距离确定。因此，GNSS 网的基准设计，实质上主要是指确定网的位置基准问题。

3.8.1.4 网形设计

在进行 GNSS 网形设计时，既不能脱离实际的应用需求，盲目追求不必要的高精度和高可靠性，也不能为追求高效率和低成本，而放弃对质量的要求。对于 GNSS 网，由于点间不需通视，而且 GNSS 网对于基线间的夹角也不做任何要求，这给 GNSS 网的网形带来很大的方便与灵活性。

同步环中各基线是由同步观测数据解算得到的，理论上，同步环的闭合差应为零。因此，即使测量中有点位架设误差、观测中有观测误差，同步环也不一定能发现，可见同步环不具备检核观测误差的条件，即 GNSS 网中各闭合环不能由同步环构成。

由于异步环是由不同时段观测数据解算得的基线构成，它们之间不能相互表达，当在某个时段某一站观测数据有问题或仪器架设误差较大时，异步环闭合差一般会较大，由此可以检核观测误差。因此，GNSS 控制网各闭合环均必须是异步环。

异步环的边数越多、环内误差相互抵消的可能越大，这样不利于真实体现基线误差；降低了网的可靠性，因此《规范》对各级 GNSS 网异步环的边数做了规定，如表 3. 13 所示。

表 3. 13　B、C、D、E 级 GNSS 网异步环的边数

级别	B	C	D	E
异步环的边数/条	6	6	8	10

完成 GNSS 控制网设计后，应根据测量等级，对该网点位精度进行估算，对该网的可靠性分析，不断优化，在保证精度、可靠性的前提下，实现最佳的工作效率和经济效益。

3. 8. 1. 5　观测设计

观测设计也即同步图形的扩展方式，用于调度计划的制定。同步图形扩展是指 GNSS 网以同步图形的形式连接扩展，并构成具有一定数量独立环的布设形式。首先多台接收机在不同测站上进行同步观测，在完成某个时段的同步观测后，又迁移到其他的测站上再进行同步观测，每次同步观测都可以形成一个同步图形。在测量过程中，不同的同步图形间一般有若干个公共点相连。根据连接形式不同，可分为点连式、边连式、网连式、混连式等。

1）点连式

点连式是指只通过一个公共点将相邻的同步图形连接在一起，实际操作中通常保持连接点的 GNSS 接收机不动，其他接收机迁到下一个同步图形点。点连式的布网方案的优点是：作业效率高，图形扩展迅速，但不能形成重复基线。

2）边连式

边连式是通过一条边将相邻的同步图形连接在一起，实际操作中通常保持连接边上的两台 GNSS 接收机不动，其他接收机迁到下一个同步图形点。与点连式相比，边连式观测作业方式可以形成较多的重复基线，具有较好的检核条件，但作业效率相对较低。

3）网连式

网连式是相邻的同步图形间有 3 个以上的公共点，相邻图形间有一定的重叠。显然这种扩展方式需要有 4 台以上的接收机。采用这种形式所测设的 GNSS 网具有很强的检核条件，但作业效率很低，一般仅适用于精度要求较高的控制网。

4）混连式

在实际作业中，有时会根据具体情况，灵活混合使用以上几种同步图形扩展方式，称为混连式。

为了提高网的精度和可靠性，各等级控制网设计后每站观测时段数应满足《规范》中的技术规定，如表 3. 14 所示。

表 3. 14　GNSS 大地控制网测量时段要求

等级	B	C	D	E
观测时段数	≥3	≥2	≥1.6	≥1.6

3.8.1.6 技术设计书编写

完成上述设计后，应编写技术设计书，形成书面材料。设计书的内容主要包括以下内容。

（1）任务概述：包括项目来源、目的、任务量、时间要求、测区范围和行政隶属等情况。

（2）测区自然地理情况：根据需要说明与设计方案或作业有关的测区自然地理概况，内容可包括测区地理特征、居民地、交通、气候情况和困难类别等。

（3）已有资料情况：说明已有资料的数量、形式、施测年代、采用的坐标系统、高程系统，资料的主要质量情况和评价、利用的可能性和利用方案等。

（4）引用文件：说明专业技术设计书编写中所引用的标准、规范和其他技术文件，文件一经引用，便构成专业技术设计书内容的一部分。

（5）主要技术指标：说明项目成果的坐标系、高程基准、投影方法、精度或技术等级以及其他主要技术指标。

（6）选点与埋标：GNSS 点布设的基本要求，点位标志的类型、规格，埋设要求，点的编号等。

（7）布网方案：控制网等级、网形以及精度估算和可靠性分析等。

（8）仪器设备：规定 GNSS 接收机的类型、数量、精度指标以及对仪器校准和检定的要求，规定测量和计算所需的专业应用软件和其他配置。

（9）GNSS 控制网的观测：观测的基本程序与观测的基本要求，包括观测纲要、时间、时段等；外业观测时的具体操作规程，包括仪器参数的设置（如采样率、截止高度角等）、对中精度、整平精度、天线高的量测方法及精度要求等。

（10）观测数据处理：包括数据的下载、基线解算的软件、方法，对基线解算的要求、外业观测的成果检核，如同步环、异步环、重复基线的闭合差的限差要求，三维无约束平差、约束平差、坐标转换等数据处理软件与方法。

（11）补测与重测：规定重测、补测的条件、要求和方法。

（12）其他要求：拟定所需的交通工具、主要物资及其供应方式、通信联络方式，人员的配备。

（13）验收与上交资料：项目完成后需要提交的成果及其资料内容和要求。

技术设计书一般需进行内部验证、委托评审、报任务委托单位审批等过程。技术设计书一经批准，不得随意更改。

3.8.2 踏勘选点

外业实地选点工作的任务是将图上设计点位根据一定的技术要求在实地确定下来。由于 GNSS 测量不需要点间通视，而且网的结构也较灵活，因此实地选点工作较常规测量要简便得多。

3.8.2.1 选点

选点人员在实地选点前，应收集有关布网任务与测区的资料，包括测区 1:5 万或更大比例尺地形图，已有各类控制点、卫星定位连续运行基准站的资料等。选点人员应充分了解和研究测区情况，特别是交通、通信、供电、气象、地质及大地点等情况。

各级 GNSS 控制点点位的基本要求如下：

（1）应便于安置接收设备和操作，视野开阔，视场内障碍物的高度角不宜超过 15°。

（2）远离大功率无线电发射源（如电视台、电台、微波站等），其距离不小于 200m；远离高压输电线和微波无线电信号传送通道，其距离不应小于 50m。

（3）附近不应有强烈反射卫星信号的物件（如大型建筑物等）。

（4）交通方便，并有利于其他测量手段扩展和联测。

（5）地面基础稳定，易于标石的长期保存。

（6）充分利用符合要求的已有控制点。

（7）选站时应尽可能使测站附近的局部环境（地形、地貌、植被等）与周围的大环境保持一致，以减少气象元素的代表性误差。

（8）A 级 GNSS 控制点点位还应符合 GNSS 基准站建设的有关规定。

非基岩的 A、B 级控制点的附近宜埋设辅助点，并测定其与该点的距离和高差，精度应优于 ±5mm。

3.8.2.2　埋石

各级 GNSS 控制点均应埋设固定的标石或标志。控制点标石类型分为天线墩、基本标石和普通标石。A 级点标石与相关设施的技术要求按 GNSS 基准站建设的有关规定执行。B 级点应埋设天线墩，C、D、E 级点在满足标石稳定、易于长期保存的前提下，可根据具体情况选用。各种类型的标石应设有中心标志。各种天线墩应安置强制对中装置，强制对中装置的对中误差不应大于 0.5mm。

标石应用混凝土灌制。在有条件的地区，也可用整块花岗石、青石等坚硬石料凿制，但其规格应不小于同类标石的规定。埋设天线墩、基岩标石、基本标石时，应现场浇灌混凝土。普通标石可预先制作，然后运往各点埋设。埋设标石，须使各层标志中心严格在同一铅垂线上，其偏差不应大于 2mm。

3.8.3　测前准备

3.8.3.1　仪器的选择与检校

用于 GNSS 控制网测量的 GNSS 接收机必须选择测量型接收机。由于 GNSS 控制网测量采用的是载波相对定位技术，为了有效控制电离层误差，对选用的单频或双频接收机也有相应的规定。同时，为了提高作业效率，《规范》对各级 GNSS 网的同步观测接收机数也做了相应的要求。

对于选定的接收机在参加作业之前，首先应对其性能与可靠性进行检验，合格后才可使用。

《规范》规定：

（1）新购置的 GNSS 接收机，以及当接收机天线受到强烈撞击，或更新接收机部件后，或更新接收机天线与接收机匹配关系后的接收机，应按规定进行全面检验后使用。

（2）不同类型的接收机参加共同作业时，应在已知基线上进行比对测试，超过相应等级限差时不得使用。

（3）天线或基座的圆水准器、光学对中器、天线高量尺，在作业期间至少 1 个月检校一次。

3.8.3.2 调度安排

根据测区地形和交通状况、GNSS 仪器数量、控制网测量等级、作业车数量、有利观测时间等因素进行综合考虑，编制观测调度表。在作业过程中可以根据具体情况做必要调整。

有利观测时间是指根据卫星星历、测区概略位置、兼顾测站周围障碍物情况进行卫星可见性预报确定（GDOP≤6）。

3.8.4 外业观测

3.8.4.1 观测条件基本要求

GNSS 测量与常规测量一样，在外业观测过程中必须满足《规范》的技术要求，如表 3.15 所示。

表 3.15 GNSS 控制点测量条件要求

项目	级别			
	B	C	D	E
卫星截止高度角/（°）	10	15	15	15
同时观测有效卫星数	≥4	≥4	≥4	≥4
有效观测卫星总数	≥20	≥6	≥4	≥4
观测时段数	≥3	≥2	≥1.6	≥1.6
时段长度	≥23h	≥4h	≥60min	≥40min
采样间隔/s	30	10～30	5～15	5～15

注：

1. 计算有效观测卫星总数时，应将各时段的有效观测卫星数扣除其间的重复卫星数。
2. 观测时段长度，应为开始记录数据到结束记录的时间段。
3. 观测时段数≥1.6，指每站观测一个时段，至少 60% 测站再观测一个时段。
4. 采用基于卫星定位连续运行基准站点观测模式时，可连续观测，但观测时间应不低于表中规定的各时段观测时间的和。

3.8.4.2 观测作业

观测者应熟悉 GNSS 接收机性能、硬件连接、软件操作等，作业前须进行专门培训，考核合格方可上岗操作。

外业观测的作业流程：

1）天线安置

根据点位情况选择脚架安置、天线墩安置、觇标投影安置、偏心安置；对中整平、量取天线高、天线定向（C 级以上）。

2）数据采集

连接天线与接收机，检查各机参数设置是否一致；开机搜索卫星，输入或记录测站点号和天线高，等待开测；按测量键同步数据采集，查看有关信息。

3）手簿记录

接收机在启动前与作业过程中，观测员应随时逐项填写测量手簿中的记录项目。注意：参照常规测量手簿要求规范化记录，对于天线高、气象读数等原始记录不应连环涂改。

4）收机迁站

达到预定时间，按停止键，数据存盘，退出关机。收机清点，装箱迁站（需连续时段观测时，不用收机）。对于自动化程度高的接收机，操作将更加简便。

外业观测要求：

（1）观测组应严格执行调度命令，实施同步观测；

（2）仪器使用应严格遵守操作规程，不得违规作业；

（3）每一作业环节应精益求精，不得遗漏；

（4）作业中保护仪器，避开雷电天气；

（5）确保电量充足与数据安全，避免无效观测。

3.8.4.3　外业成果记录

所有外业观测数据和测站信息都应妥善记录。GNSS 测量的外业成果包括两部分：由接收机完成的观测记录与由人工完成的手簿记录。

1）观测记录

由接收机自动完成，并记录在存储介质上。主要包括原始观测数据、对应观测值的 GNSS 时间、测站和接收机信息等。

2）手簿记录

由观测者在测量过程中随时逐项填写在测量手簿上。主要包括：观测时间、点位名称和概论位置信息、设备编号、天线高、可见卫星数、信噪比，以及测量过程中发生的其他事项。

3.8.5　数据处理

3.8.5.1　数据准备

GNSS 测量的数据准备主要包括粗加工和预处理两个阶段。

1）GNSS 测量数据的粗加工

GNSS 测量数据的粗加工包括数据传输和分流两项内容。

（1）数据传输是指采用专用数据传输线连接 GNSS 接收机和计算机接口或采用计算机数据记录卡直接复制到计算机。

（2）数据分流是指生成各种数据文件，如观测值文件、星历参数文件、电离层参数和 UTC 参数文件、测站信息文件。

2）GNSS 测量数据的预处理

数据预处理所采用的模型和方法，直接关系最终成果的质量，也是提高作业效率和成果精度的重要环节。数据预处理大致包括四项内容。

（1）卫星轨道方程的标准化：采用多项式拟合计算方法，提供观测时段内的连续轨道。

（2）卫星钟差改正数的标准化：采用多项式拟合计算方法，提供观测时段内待测卫星连续、唯一且平滑的钟差改正多项式。

（3）初始整周模糊度的预估和周跳的探测与修复：确定整周模糊度的初值以作为基线解算时整周模糊度的近似值；对于各种原因引起的接收机计数器发生的整周跳变，必须提前进行探测与修复。一般要求纠正 ±0.5 周以上的周跳。

（4）观测值文件的标准化：对观测值文件的记录格式、类型、采样密度、数据单位等进行标准化处理，为后续数据处理提供方便。

3.8.5.2 基线向量平差解算

（1）利用预处理后的“净化”观测值进行线性组合，得到双差观测值；

（2）采用双差分数学模型，对组合观测值列立误差方程式，平差解算后获取基线向量的三维坐标差$(\Delta x,\Delta y,\Delta z)$及其精度信息。一般选用 GNSS 接收机的随机软件进行。

3.8.5.3 GNSS 网与地面网联合处理

（1）以全网基线向量作为观测值，通过约束平差或联合平差，合理分配各种闭合差，确定各控制点坐标，并进行精度评定。

（2）将 GNSS 地心坐标系成果转换为国家或地方坐标系成果。

3.8.5.4 观测成果的检核

外业观测成果的检核，是在利用基线处理软件解算外业观测数据之后进行各种检核，发现不合格的数据需根据情况及时进行重测或补测。

观测结果检核的内容主要包括：

1）单基线质量检核

同一时段观测值的数据剔除率≤10%；固定解质量因子 Ratio≥2；基线平差后单位权中误差≈10mm。

2）同步环闭合差

由于模型误差和基线解算软件的内在缺陷而使同步观测环存在闭合差。《规范》要求：B、C、D、E 级 GNSS 网同步环闭合差应满足：

$$
\begin{aligned}
W_X &= \sum_{i=1}^{n} \Delta X_i \leqslant \frac{1}{5}\sqrt{n}\sigma \\
W_Y &= \sum_{i=1}^{n} \Delta Y_i \leqslant \frac{1}{5}\sqrt{n}\sigma \\
W_Z &= \sum_{i=1}^{n} \Delta Z_i \leqslant \frac{1}{5}\sqrt{n}\sigma \\
W &= \sqrt{W_X^2 + W_Y^2 + W_Z^2} \leqslant \frac{1}{5}\sqrt{3n}\sigma
\end{aligned}
\tag{3.54}
$$

式中：n 为闭合环边数；σ 为基线测量中误差，mm；W_X、W_Y、W_Z 为坐标分量闭合差；$W=\sqrt{W_X^2+W_Y^2+W_Z^2}$为同步环坐标闭合差。

需要指出的是，同步环闭合差小不能说明观测质量高，同步环闭合差大说明观测质量有问题。

3）复测基线长度差

GNSS B 级网基线外业预处理和 C、D、E 级网基线处理，任意两条重复基线长度之差 d_s 应满足：$d_s \leqslant 2\sqrt{2}\sigma$。

4）独立环闭合差及附合路线闭合差

B、C、D、E 级 GNSS 网外业基线处理结果，其独立环闭合差及附合路线闭合差 W_s 和各坐标分量闭合差（W_X, W_Y, W_Z）应满足：

$$\begin{aligned} W_X &\leqslant 3\sqrt{n}\sigma \\ W_Y &\leqslant 3\sqrt{n}\sigma \\ W_Z &\leqslant 3\sqrt{n}\sigma \\ W_S &\leqslant 3\sqrt{3n}\sigma \end{aligned} \tag{3.55}$$

式中：n 为闭合环边数；σ 为基线测量中误差，mm；W_X、W_Y、W_Z 为坐标分量闭合差；$W_S = \sqrt{W_X^2 + W_Y^2 + W_Z^2}$为独立闭合环或附合路线坐标闭合差。

重测或补测的注意事项：

（1）未按施测方案要求，观测数据又不满足基本技术规定的，应及时补测。

（2）舍弃超限基线后，导致独立环基线边数超出规定要求的，必须补测超限基线所在的同步图形。

（3）点位不满足选点要求导致成果不满足检核要求的，可以重新选点重测或者舍弃该点。

（4）需补测或重测的时段或基线，应尽量安排一起同步观测。

3.8.6　验收总结

3.8.6.1　技术总结

GNSS 控制测量的技术设计、数据采集和数据处理结束后，应及时编写技术总结。可以是 GNSS 测量单项进行技术总结或纳入整个项目中作为分项进行技术总结。

其内容要点如下：

（1）项目名称、任务来源、施测目的、施测单位、作业时间及作业人员情况。

（2）测区范围与位置、自然地理条件、气候特点、交通及电信、电源情况。

（3）测区内已有测量资料情况及检核、采用情况。

（4）坐标系统与起算数据的选定，作业的依据及施测的精度要求。

（5）GNSS 接收机的类型、数量及相应的技术参数，仪器检验情况等。

（6）选点和埋石情况，观测环境评价及与原有测量标志的重合情况。

（7）观测实施情况，观测时段选择，补测与重测情况以及作业中发生与存在的问题说明。

（8）观测数据质量分析与野外检核计算情况。

(9) 数据处理的内容、方法及所用软件情况、平差计算和精度分析。

(10) 成果自检与评价、经验与建议。

(11) 成果中尚存问题和需要说明的其他问题。

(12) 必要的附表和附图。

3.8.6.2 成果验收

送交验收的成果包括观测记录的存储介质及其备份、纸质成果资料。总体要求：内容与数量齐全、完整无损，各项注记、整饰应符合要求。验收重点包括以下方面：

(1) 实施方案是否符合规定和技术设计要求。

(2) 补测、重测和数据剔除是否合理。

(3) 数据处理的软件是否符合要求，处理的项目是否齐全，起算数据是否正确。

(4) 各项技术指标是否达到要求。

(5) 验收完成后，应写出成果验收报告。在验收报告中对成果的质量做出评定。

3.8.6.3 资料存档

GNSS 测量任务完成后，各项技术资料均应仔细加以整理，并经验收后上交存档，以提供给用户使用。上交资料的内容一般应包括：

(1) 测量任务书与技术设计。

(2) GNSS 网展点图。

(3) GNSS 控制点的点之记、测站环视图。

(4) 卫星可见性图、预报表及观测计划。

(5) 原始数据、外业观测手簿及其他记录。

(6) GNSS 接收机及气象仪器等检验资料。

(7) 外业观测数据的质量评价和外业检核资料。

(8) 数据处理资料和成果表。

(9) 技术总结和成果验收报告。

(10) 质量检测报告。

习　题

1. 请简述参心坐标系的建立过程。

2. 请概括地心和参心坐标系的基本特性。

3. 请简述卫星导航系统由哪几部分构成，其基本功能是什么。

4. 请简述卫星激光测距技术的主要优缺点。

5. 请简述地球参考框架建立的基本过程。

6. 已知空间点 ITRF2014 框架，2020.5 历元的坐标 $(x,y,z)_{\mathrm{ITRF2014}}^{202.5}$ 和速度 $(v_x,v_y,v_z)_{\mathrm{ITRF2014}}^{202.5}$，请将其坐标转换到 CGCS2000 坐标系下。(要求：先转框架再转历元)

7. 请简述国际地球坐标系向国际天球坐标转换的基本过程。

8. 为什么 CGCS2000 不适合长期作为北斗的空间基准？
9. 请简述 CGCS2000 与北斗坐标系的主要差异。
10. 大地控制网主要有哪几类？
11. 构建水平控制网的常用技术有哪些？
12. 请简述 CORS 系统的定义和构成。
13. GNSS 大地控制网建设的主要程序有哪些？
14. GNSS 控制网如何分类，分别对应哪些应用？

第4章　重力基准

为了使全国重力测量有统一的起算依据，就必须建立国家重力基准，这是开展全国重力测量工作的基础，也是国家经济建设、国防建设和科学研究的基础建设。

4.1　地球重力场

4.1.1　地球重力位

4.1.1.1　引力与引力位

根据万有引力定律，空间任意两个质点 m 和 m' 间都具有相互作用的吸引力 $\boldsymbol{F}$，并产生引力场，如图4.1所示；引力的方向在两点的连线上，引力的大小与质量的乘积成正比，且与距离的平方成反比，用公式表示为

$$\boldsymbol{F} = -\frac{Gmm'}{r^2}\frac{\boldsymbol{r}}{r} \tag{4.1}$$

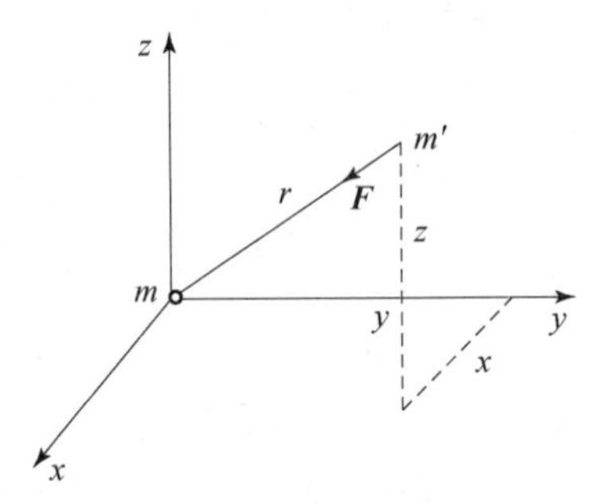

图4.1　两点间的引力示意图

式中：G 为比例系数，称为引力常量，通过实验的方法求得，其值为 $6.67428\times10^{-11}\mathrm{m}^3\cdot\mathrm{kg}^{-1}\cdot\mathrm{s}^{-2}$；$\boldsymbol{r}$ 的方向取吸引点指向被吸引点。

若研究 m' 所在位置受到的引力，引力指向 m 点，引力的方向与距离的方向相反，故用负号表示；另，取 m' 质量为一个单位，即 $m'=1$。于是：

$$\boldsymbol{F} = -\frac{Gm}{r^2}\frac{\boldsymbol{r}}{r} \tag{4.2}$$

地球可视为由无穷多个连续质点组成的质体，按照积分的概念，地球对单位质点的引力的大小为

$$\boldsymbol{F} = -G\int_{(M)}\frac{1}{r^2}\frac{\boldsymbol{r}}{r}\mathrm{d}m \tag{4.3}$$

式中：$\mathrm{d}m$ 是地球的单元质量；$\boldsymbol{r}$ 为 $\mathrm{d}m$ 至被吸引点的距离，在积分过程中是个变量，积分区域为整个地球质量 M，引力方向指向球心。

力是向量，不便于直接研究。为研究方便，引进一个（纯）标量函数，称为位函数，简称位。即若存在一个函数对各坐标轴的偏导数（梯度）等于力在相应坐标轴上的分量，则称为力的位函数。显然，只要已知了位函数就可以已知力了，因此可以用研究力的位函数来代替力的研究。引力的位函数称为引力位。

在引力场中，单位质量质点所具有的能量称为此点的引力位，它的数值等于单位质量的质点从无穷远处移到此点时引力所做的功。它是一阶导数为引力的标量函数。

假定点位坐标(x,y,z)为变量的数量函数 V，它对三个坐标轴的偏导数分别等于引力 $\boldsymbol{F}$ 在这三个方向上的分量的值 F_x、F_y、F_z，即

$$\begin{cases}\dfrac{\partial V}{\partial x}=F_x\\ \dfrac{\partial V}{\partial y}=F_y\\ \dfrac{\partial V}{\partial z}=F_z\end{cases} \tag{4.4}$$

质体对外部点的引力位公式可以从质点引力位公式导出，所以我们先讨论质点引力位公式。

如图 4－1 所示，m 为吸引点质量，它的坐标为$(0,0,0)$，m'为被吸引点，它的坐标为(x,y,z)，它们之间的距离为

$$r=\sqrt{x^2+y^2+z^2} \tag{4.5}$$

取一数量函数：

$$V_{(x,y,z)}=\frac{Gm}{r} \tag{4.6}$$

可知：

$$\begin{cases}\dfrac{\partial V}{\partial x}=Gm\dfrac{\partial}{\partial x}\left(\dfrac{1}{r}\right)=-\dfrac{Gm}{r^2}\dfrac{x}{r}\\ \dfrac{\partial V}{\partial y}=Gm\dfrac{\partial}{\partial y}\left(\dfrac{1}{r}\right)=-\dfrac{Gm}{r^2}\dfrac{y}{r}\\ \dfrac{\partial V}{\partial z}=Gm\dfrac{\partial}{\partial z}\left(\dfrac{1}{r}\right)=-\dfrac{Gm}{r^2}\dfrac{z}{r}\end{cases} \tag{4.7}$$

将上式的结果与式（4.2）比较可知，式（4.7）中各式的数值与引力 F 在三个坐标轴上的分力大小相等，即式（4.6）的数量函数为质点引力位函数。

力的位函数对任意方向的导数等于力在该方向的分力数值。式（4.6）在 r 方向的偏导数为万有引力的大小，如下式所示：

$$\frac{\partial V}{\partial r}=-\frac{Gm}{r^2} \tag{4.8}$$

为了进一步弄清引力位的物理意义，如图 4.2 所示单位质点 m'从 B_1 点（距离 r_1）移至 B_2 点（距离 r_2），则引力所做的功为

$$A=\int_{B_1}^{B_2}-\frac{Gm}{r^2}\mathrm{d}r=\left.\frac{Gm}{r}\right|_{B_1}^{B_2}=\frac{Gm}{r_2}-\frac{Gm}{r_1} \tag{4.9}$$

式中：$\mathrm{d}r$ 为力的方向上的位移。上式表明，两点的位差就是力将单位质点从一点移至另一点所做的功，即位的增量等于力所做的功。如果在 B_1 处的位值为 0，则从上式可以得出结论：空间一点的位等于力将单位质点从位为零的地方移至该点所做的功。

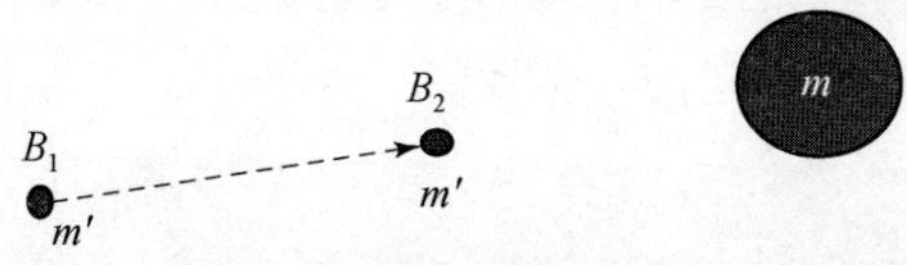

图 4.2　引力位的物理意义

对于有很多个点质量组成的质点系，则它的引力位是各个质量 m_1、m_2、…、m_n 的引力位的总和，如图 4.3 所示，即

$$V = \frac{Gm_1}{r_1} + \frac{Gm_2}{r_2} + \cdots + \frac{Gm_n}{r_n} = G\sum_{i=1}^{n}\frac{m_i}{r_i} \tag{4.10}$$

质体内部的质点是连续分布的，故只需将式（4.10）的求和变成积分，就得到质体引力位公式：

$$V = G\int_{(M)}\frac{\mathrm{d}m}{r} \tag{4.11}$$

式中：$\mathrm{d}m$ 为单元质量，它的坐标为(ξ,η,ζ)，在积分过程中是个变量；$r=\sqrt{(x-\xi)^2+(y-\eta)^2+(z-\zeta)^2}$ 为 $\mathrm{d}m$ 至被吸引点的距离；积分区域为整个质体。

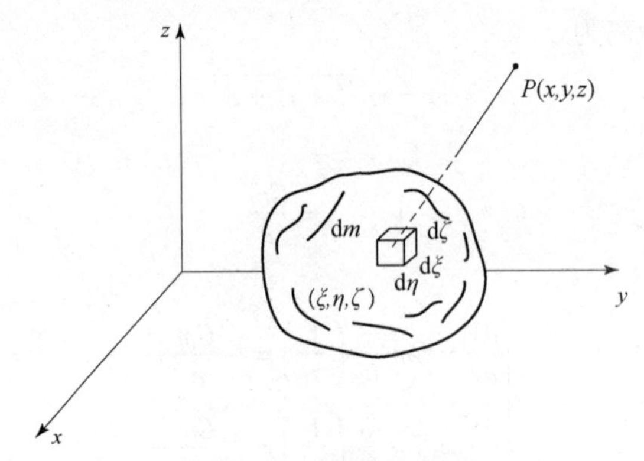

图 4.3　质体的引力位

4.1.1.2　离心力与离心力位

由于地球绕其自转轴旋转，地球上的每一个质点都产生离心力。设地球的旋转角速度 ω 是常数，并且绕地球的一个不变的旋转轴旋转；那么地球上每一个单位质点产生一个垂直于旋转轴且指向外方向的离心力。如图 4.4 所示，单位质点的离心力大小为

$$P = \omega^2\rho \tag{4.12}$$

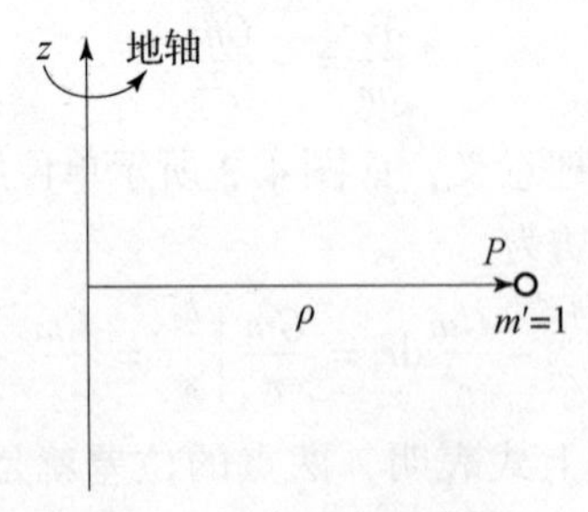

图 4.4　离心力示意图

设旋转轴重合于直角坐标系的 z 轴，则对于坐标为(x,y,z)的点有：$\rho=\sqrt{x^2+y^2}$；则，式（4.12）可表示为：$P=\omega^2\sqrt{x^2+y^2}$。

显然其位函数为

$$Q = \frac{\omega^2}{2}(x^2+y^2) \tag{4.13}$$

离心力位具有以下性质：

（1）离心力位在全空间是连续的。

（2）离心力位在空间中任一点不调和，即 $\Delta Q = 2\omega^2 \neq 0$，$\Delta$ 是拉普拉斯算子。

（3）离心力位不是正则函数，即$\lim\limits_{r\to\infty} Q = \infty$。

（4）在地球表面上，两极处的离心力位为零，即为最小值；在赤道处离心力位达到最大值。

4.1.1.3　重力与重力位

重力是引力与离心力的合力。由地球体的质量产生的引力与地球的旋转产生的离心力之和称为地球的重力，一般简称为重力，如图 4.5 所示。

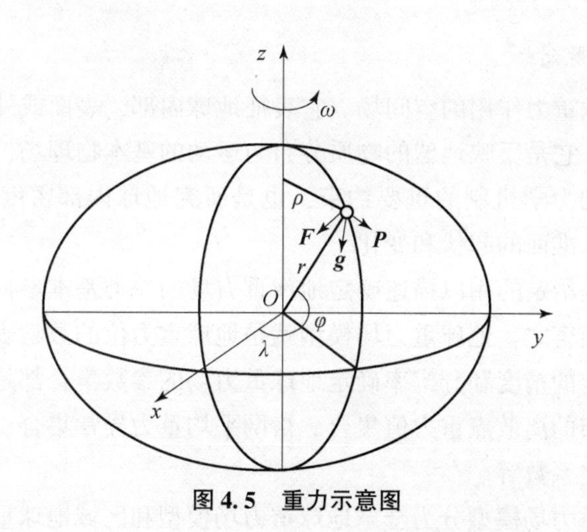

图 4.5　重力示意图

重力可表示为

$$\boldsymbol{g} = \boldsymbol{F} + \boldsymbol{P} \tag{4.14}$$

由于重力等于引力与离心力之和，则重力位 W 等于引力位 V 与离心力位 Q 之和，即

$$W = V + Q = G\int_{(m)} \frac{\mathrm{d}m}{r} + \frac{\omega^2}{2}(x^2 + y^2) \tag{4.15}$$

关于重力位有以下几点说明：

（1）重力位在全空间是连续函数，但它既不是正则函数又不是调和函数。事实上，

在地球外部：$\Delta W = 2\omega^2$；且当 $r\to\infty$ 时，$W\to\infty$。

在地球内部：$\Delta W = -4\pi G\delta + 2\omega^2$（可通过直接求导得到）。

（2）重力 $g = \nabla(W)$，其大小定义为

$$g = -\frac{\partial W}{\partial n} \tag{4.16}$$

这里 n 指向地球外部，即引力总指向地球内部。当远离地球时，重力 g 中离心力逐渐占主导地位，重力的方向可能指向远处。

（3）由牛顿第二定律：$\boldsymbol{F} = m\boldsymbol{a}$ 或 $\boldsymbol{F} = m\boldsymbol{g}$；这里 $\boldsymbol{a}$ 或 $\boldsymbol{g}$ 是重力加速度。当质量为单位质量，即 $m = 1$ 时，$\boldsymbol{F} = \boldsymbol{g}$。或者说，在被讨论点为单位质量时，重力与重力加速度是“相等”的。因此，在大地测量学中，总是将重力和重力加速度这两个概念通用，并且重力的符号就用重力加速度的符号 g，重力的单位也用重力加速度的单位，即在 CGS 单位制中，重力的单位为“厘米每二次方秒”，即 $\mathrm{cm/s^2}$；类似地，重力位的单位是 $\mathrm{cm^2/s^2}$。在重力学和大地测

量学中，常常用到的单位是伽（Gal）（$1\text{Gal}=1\text{cm/s}^2=10^3\text{mGal}=10^6\mu\text{Gal}$），它是为纪念科学家伽利略而确定的。

在地球表面上，重力值为 978～983Gal。重力位 $W\approx6.26\times10\text{cm}^2/\text{s}^2$，离心力位 $Q\approx1.1\times10\text{cm}^2/\text{s}^2$。赤道上离心力的最大值与重力 g_e 的最大值之比为

$$m_1=\frac{\text{赤道上的离心力}}{\text{赤道上的重力}}=\frac{\omega a^2}{g_e}\approx\frac{1}{300} \tag{4.17}$$

4.1.2 地球重力场模型

4.1.2.1 基本概念

地球重力场是地球重力作用的空间场。它表征地球内部、表面或外部各点所受地球重力作用空间的物理属性。它是反映地球的物质分布与运动的基本物理场，是地球物理学中研究地球内部物理状态及动力学机制的重要约束，也是研究地球内部密度分布与结构的重要手段，同时决定着大地水准面的起伏和变化。

地球重力场模型是给定的用以描述确定地球重力场的一类基本参数集合，是真实地球重力场的近似表达。简而言之，地球重力场模型就是地球重力位的数学表达式。从一般意义上说，任何一类能以一定的精度和分辨率确定地球重力场的参数集合都是一种重力场模型。例如，具有一定密度分布的离散点重力值集合、格网平均重力异常集合、任何一种与地球重力场同构的数学多项式之系数等。

在应用上，地球重力场模型分为全球地球重力场模型和区域地球重力场模型两种。全球重力场模型是以球谐展开形式表示的大地测量边值问题在全球尺度下的解析解，用于描述地球重力场的整体结构；区域重力场模型是以全球重力场模型为基础，辅以相关的高分辨率区域重力场参量，以某种数学解析方法或离散逼近方法确定高精度、高分辨率的区域重力场及其派生量，适宜描述区域重力场的精细结构。

地球重力场模型的作用可简单归纳为以下几点：

（1）卫星大地测量定位的精度取决于卫星定轨的精度，而全球重力场模型是精密定轨的基础。

（2）通过地球重力场模型及对地球外部重力场的分析，可为地球物理学和地质学提供地球内部结构和状态的信息。

（3）地球重力场模型可精确确定地球的扁率。

（4）各国的区域性坐标系与全球坐标系的精确转换，需要区域性大地水准面资料，而大地水准面属于地球重力场的一个等位面。

（5）大地测量观测是在地球重力场内进行的，数据的处理和归算要知道地球重力场。

（6）人造卫星、洲际导弹轨道的摄动与地球外部重力场密切相关。

（7）重力勘探是重力学原理在勘探地下资源方面的应用，根据局部重力场变化规律可以反推矿藏位置和范围。

4.1.2.2 模型球谐函数展开

重力场模型建立的基本思路是利用重力观测数据，计算重力位函数模型化系数，获得地

球重力场的基本参数集合，即重力场模型。当前重力场模型通常用球谐函数的级数形式表示。由式（4.15）可知，重力位 W 是引力位 V 和离心力位 Q 之和，可知地球重力场模型构建和核心工作为获得引力位函数的模型化基本参数集合。

质体对外部点的引力位函数为调和函数或球谐函数，满足拉普拉斯方程，即

$$\frac{\partial^2 V}{\partial x^2}+\frac{\partial^2 V}{\partial y^2}+\frac{\partial^2 V}{\partial z^2}=0 \tag{4.18}$$

在如图 4.6 所示的球坐标系中，P 点的直角坐标(x,y,z)与球面坐标(ρ,θ,λ)间的关系为

$$\begin{cases} x=\rho\sin\theta\cos\lambda \\ y=\rho\sin\theta\sin\lambda \\ z=\rho\cos\theta \end{cases} \tag{4.19}$$

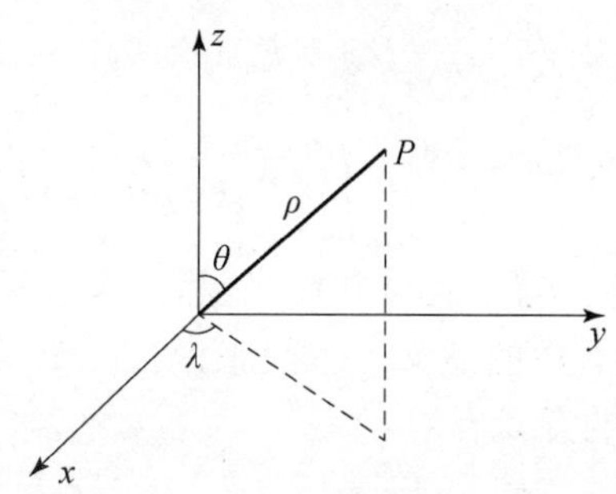

图 4.6　点位的球面坐标与直角坐标

将式（4.18）转化为球坐标系中的拉普拉斯方程（略去推导），有

$$\rho^2\frac{\partial^2 V}{\partial \rho^2}+2\rho\frac{\partial V}{\partial \rho}+\frac{\partial^2 V}{\partial \theta^2}+\cot\theta\frac{\partial V}{\partial \theta}+\frac{1}{\sin^2\theta}\frac{\partial^2 V}{\partial \lambda^2}=0 \tag{4.20}$$

解以上微分方程（略去推导），可得球坐标系下引力位函数的级数展开式：

$$V(\rho,\theta,\lambda)=\sum_{n=0}^{\infty}\frac{1}{\rho^{n+1}}\sum_{k=0}^{n}(a_{nk}\cos k\lambda+b_{nk}\sin k\lambda)P_{nk}(\cos\theta) \tag{4.21}$$

式（4.21）表示地球对外部点的引力位可以用无穷级数来描述。式中，(ρ,θ,λ)为地球外部点的球坐标；a_{nk}、b_{nk}为常系数，称为地球引力位系数，可通过地球空间的观测值解算确定，可以说研究引力位实际上就是研究引力位系数；$P_{nk}(\cos\theta)$称为伴随勒让德多项式，n 称为阶，k 称为次。伴随勒让德多项式的形式为

$$\begin{cases} P_0(\cos\theta)=1 \\ P_1(\cos\theta)=\cos\theta \\ P_{11}(\cos\theta)=\sin\theta \\ P_2(\cos\theta)=\dfrac{3}{4}\cos2\theta+\dfrac{1}{4} \\ P_{21}(\cos\theta)=3\cos\theta\sin\theta \\ P_{22}(\cos\theta)=-\dfrac{3}{2}\cos2\theta+\dfrac{3}{2} \end{cases} \tag{4.22}$$

式中：将 $P_{n0}(\cos\theta)$简写为 $P_n(\cos\theta)$，$P_n(\cos\theta)$称为勒让德多项式。

利用以下递推公式可以从 $P_n(\cos\theta)=1$、$P_1(\cos\theta)=\cos\theta$ 开始推求得到高阶次的结果：

$$\begin{cases}(n-k+1)P_{n+1,k}(\cos\theta)=(2n+1)\cos\theta P_{nk}(\cos\theta)-(n+k)P_{n-1,k}(\cos\theta)\\ P_{nn}(\cos\theta)=(1-\cos^2\theta)^{\frac{1}{2}}(2n-1)P_{n-1,n-1}(\cos\theta)\end{cases}\tag{4.23}$$

由于式（4.21）中$P_{nk}(\cos\theta)\cos k\lambda$和$P_{nk}(\cos\theta)\sin k\lambda$都是$\theta$、$\lambda$、$n$和$k$有关的周期函数，随着$n$和$k$的不同，显示出引力位的各种球面周期变化。低级项（$n$较小时）表征引力位的长波变化，高阶项表征引力位较短波的变化。叠加起来就可描述地球引力位的变化细节。要显示出全部细节，n应取至无穷大，但实际上只能确定有限阶次的位系数，故只能近似地表示引力位。

式（4.21）中常系数a_{nk}、b_{nk}与地球的质量分布和形状等因素有关，可以推导得

$$\begin{cases}a_{n0}=G\int\limits_{(M)}\rho_1^nP_n(\cos\theta_1)\mathrm{d}m\\ a_{nk}=2\dfrac{(n-k)!}{(n+k)!}G\int\limits_{(M)}\rho_1^nP_{nk}(\cos\theta_1)\cos k\lambda_1\mathrm{d}m\\ b_{nk}=2\dfrac{(n-k)!}{(n+k)!}G\int\limits_{(M)}\rho_1^nP_{nk}(\cos\theta_1)\sin k\lambda_1\mathrm{d}m\end{cases}\tag{4.24}$$

式中：$(\rho_1,\theta_1,\lambda_1)$是d$m$的坐标位置（图4.7）。显然，通过式（4.24）可进一步分析地球引力位球谐函数展开式中各阶系数的意义。一般来说，一个无穷级数总是前几项起主要作用，下面讨论几个低阶项系数的意义。

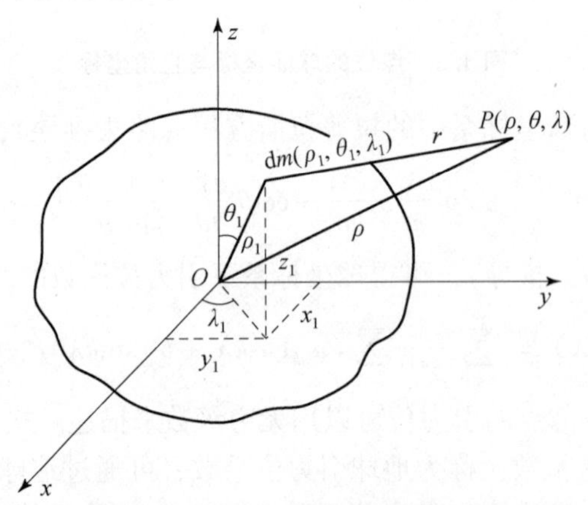

图4.7　积分区域为整个地球

零阶项只有一个系数，即a_{00}。因为$\rho_1^0=1$，$P_0(\cos\theta)=1$，由式（4.24）得$a_{00}=GM$。式中，M是地球的总质量，即相当于一个球心在坐标原点、质量与地球质量相同的均质球体产生的引力位。

一阶项有三个系数，即a_{10}、a_{11}和b_{11}。因为$P_1(\cos\theta_1)=\cos\theta_1$，$P_{11}(\cos\theta_1)=\sin\theta_1$，由式（4.24）并顾及球坐标与直角坐标的关系式，得

$$\begin{cases} a_{10} = G\int_{(M)} \rho_1 \cos\theta_1 \mathrm{d}m = G\int_{(M)} z_1 \mathrm{d}m \\ a_{11} = G\int_{(M)} \rho_1 \sin\theta_1 \cos\lambda_1 \mathrm{d}m = G\int_{(M)} x_1 \mathrm{d}m \\ b_{11} = G\int_{(M)} \rho_1 \sin\theta_1 \sin\lambda_1 \mathrm{d}m = G\int_{(M)} y_1 \mathrm{d}m \end{cases} \tag{4.25}$$

设(x_0, y_0, z_0)为地球质量中心的直角坐标，根据物理学知识，有

$$\frac{\int_{(M)} x_1 \mathrm{d}m}{M} = x_0, \frac{\int_{(M)} y_1 \mathrm{d}m}{M} = y_0, \frac{\int_{(M)} z_1 \mathrm{d}m}{M} = z_0 \tag{4.26}$$

因而一阶项的三个系数为

$$a_{10} = GMz_0, a_{11} = GMx_0, b_{11} = GMy_0 \tag{4.27}$$

可见，一阶项与地球质心的坐标有关，如果坐标系的原点能放在地球质心，则这一项的数值为 0。

二阶项共有 5 个系数，即 a_{20}、a_{21}、a_{22}、b_{21}、b_{22}，由式（4.24）积分后得

$$a_{20} = G \cdot \left(\frac{A+B}{2} - C\right), a_{22} = G \cdot \left(\frac{B-A}{4}\right) \tag{4.28}$$

式中：A、B、C 分别表示地球相对于 x、y、z 轴的转动惯量，即

$$A = \int_{(M)} (y_1^2 + z_1^2) \mathrm{d}m, B = \int_{(M)} (x_1^2 + z_1^2) \mathrm{d}m, C = \int_{(M)} (x_1^2 + y_1^2) \mathrm{d}m \tag{4.29}$$

另外三个系数为

$$a_{21} = G\int_{(M)} z_1 x_1 \mathrm{d}m, b_{21} = G\int_{(M)} y_1 z_1 \mathrm{d}m, b_{22} = \frac{1}{2}G\int_{(M)} x_1 y_1 \mathrm{d}m \tag{4.30}$$

以上三个积分，分别是相对坐标轴 y、x、z 的乘积惯量。于是，二阶项与地球对坐标轴的转动惯量和乘积惯量有关。

总而言之，地球引力位的零阶项与地球的总质量相关，地球引力位的一阶项与地球的质心坐标相关，地球引力位的二阶项与地球的惯性积（矩）相关。三阶以上系数的情况比较复杂，这里不再讨论。

将以上所得的 9 个系数的表示代入式（4.21），并将坐标系原点放在地球质心，坐标轴重合于地球的主惯性轴，由此使得一阶项系数全为 0，二阶项中的 a_{21}、b_{21} 和 b_{22} 也为 0，于是，地球引力位的展开式为

$$\begin{aligned} V_{(\rho,\theta,\lambda)} = & \frac{GM}{\rho} + \frac{G}{\rho^3}\left[\left(\frac{A+B}{2} - C\right)\left(\frac{3}{2}\cos^2\theta - \frac{1}{2}\right) + \frac{3(B-A)}{4}\cos 2\lambda \sin^2\theta\right] + \\ & \sum_{n=3}^{\infty} \frac{1}{\rho^{n+1}} \sum_{k=0}^{n} (a_{nk}\cos k\lambda + b_{nk}\sin k\lambda) P_{nk}(\cos\theta) \end{aligned} \tag{4.31}$$

实用中，往往将地球引力位的球函数级数式写成如下形式：

$$V_{(\rho,\theta,\lambda)} = \frac{GM}{\rho}\left[1 - \sum_{n=2}^{\infty}\left(\frac{a}{\rho}\right)^n J_n P_n(\cos\theta) + \sum_{n=2}^{\infty}\sum_{k=1}^{n}\left(\frac{a}{\rho}\right)^n (\bar{J}_{nk}\cos k\lambda + \bar{S}_{nk}\sin k\lambda)\bar{P}_{nk}(\cos\theta)\right] \tag{4.32}$$

式中：a 为所采用的地球椭球的长半轴。$\bar{P}_{nk}(\cos\theta)$为完全正常化的伴随勒让德多项式，与

伴随勒让德多项式之间差一个常数因子：

$$\bar{P}_{nk}(\cos\theta)=\sqrt{2(2n+1)\frac{(n-k)!}{(n+k)!}}P_{nk}(\cos\theta)\quad(k>0)\tag{4.33}$$

因伴随勒让德多项式在阶次相差较大时数值相差较大，如 $P_{21}(\cos58°)=1.3482$，$P_{88}(\cos58°)=542279$，用递推公式计算时高阶次的值会产生较大的积累误差，而 $\bar{P}_{21}(\cos58°)=1.7405$，$\bar{P}_{88}(\cos58°)=0.6913$。$J_n$、$\bar{J}_{nk}$、$\bar{S}_{nk}$为展开式中的系数，将式（4.21）与式（4.32）比较，可得

$$\begin{aligned}J_n&=-\frac{a_{n0}}{GMa^n}\\ \bar{J}_{nk}&=\frac{a_{nk}}{GMa^n}\cdot\sqrt{\frac{(n+k)!}{2(2n+1)(n-k)!}}\\ \bar{S}_{nk}&=\frac{b_{nk}}{GMa^n}\cdot\sqrt{\frac{(n+k)!}{2(2n+1)(n-k)!}}\end{aligned}\tag{4.34}$$

采用这组系数，则它们随 n 和 k 的变化的差异较小，这在使用上很方便。式（4.28）中与经度无关的系数称为带谐系数，与经度有关的系数称为田谐系数。

由于重力位 W 是引力位 V 和离心力位 Q 的和，因此将式（4.31）加上离心力位式（4.13)，即得地球重力位的数学表达式，称为地球重力场模型。

$$\begin{aligned}W_{(x,y,z)}&=V_{(x,y,z)}+Q_{(x,y,z)}=G\int_{(M)}\frac{\mathrm{d}m}{r}+\frac{\omega^2}{2}(x^2+y^2)\\&=\frac{GM}{\rho}\left[1-\sum_{n=2}^{\infty}\left(\frac{a}{\rho}\right)^nJ_nP_n(\cos\theta)+\sum_{n=2}^{\infty}\sum_{k=1}^{n}\left(\frac{a}{\rho}\right)^n(\bar{J}_{nk}\cos k\lambda+\bar{S}_{nk}\sin k\lambda)\bar{P}_{nk}(\cos\theta)\right]+\\&\quad\frac{\omega^2}{2}(x^2+y^2)\end{aligned}\tag{4.35}$$

地球重力场模型的精度主要取决于构建模型输入数据的精度，现代重力测量精度一般可达到 ±10 ~ ±20mGal，但输入数据通常取等间隔格网的平均值，其精度取决于观测点的密度和分布。此外还取决于地面观测值归算到大地水准面或其他选定的边界面时由于归算模型参数不准产生的精度损失，还有构建模型所作的某些理论假设与客观实际不符所产生的影响，例如将边界面作球近似假设，假设大地水准面外无质量等。全球重力场模型的精度大致为分米级水平，正在向厘米级精度的目标努力，这不仅需要获取新的重力数据源，还需要模型构建理论的精化和发展。随着新一代卫星重力探测计划的实施及陆地和海洋重力资料的进一步完善，地球重力场模型的精度和分辨率将更高。

4.1.2.3 国内外主要重力场模型

目前地球重力场模型已经发展到 2159 阶次。2008 年美国 NGS 发布的超高阶地球重力场模型 EGM2008 和 2014 年德国地学研究中心与法国空间大地测量组联合发布的 EIGEN 系列模型是目前普遍采用的超高阶重力场模型。

我国在地球重力场反演研究方面已取得了一系列成果，如中国科学院测量与地球物理研究所的 IGG 系列和 WHIGG－GEGM01S/02S/03S 系列模型、武汉大学的 WDM 系列模型、西安测绘研究所的 DQM 系列模型及同济大学的 Tongji 系列模型等。

4.1.3 正常重力

4.1.3.1 正常椭球

地球表面形状的复杂性和地球内部构造的复杂性导致地球重力场十分复杂。根据斯托克斯定理，地球内部构造的复杂性对地球表面和外部的重力场不产生影响。因此，在研究地球形状及其外部重力场时，地球内部构造的影响可不予考虑。但是地球表面形状的复杂性将直接影响地球重力场的变化。为了确定地球重力场，必须首先讨论地球表面形状的问题。为方便起见，不妨将地球划分为规则和不规则两部分：其中规则部分代表地球的主要量，或者作为地球的近似；而不规则部分（称为扰动部分）的作用相对规则部分而言是一个小量。规则部分与地球或大地水准面较为接近，而理想的大地水准面是一个椭球，因此选择旋转椭球作为地球规则形状是恰当的。这个用于规则化表示地球重力场的旋转椭球称为正常椭球。

所谓正常椭球，就是满足一定要求的一个假想的形状和质量分布很规则的旋转椭球体(地球椭球)，它是大地水准面的规则形状，用以代表地球的理想形体。由正常椭球产生的重力场称为正常重力场，相应的重力、重力位和水准面分别称为正常重力、正常重力位和正常水准面。由于正常椭球是人为选定的，可以使正常椭球面上的正常重力位等于常数，其值与大地水准面上的重力位 W_0 一致。

正常重力场是实际地球重力场的近似，为了使两者差别较小，按以下要求选择正常椭球：

（1）正常椭球的旋转轴与实际地球的自转轴重合，且两者的旋转角速度相等。

（2）正常椭球的中心重合于地球质心，坐标轴重合于地球的主惯性轴。

（3）正常椭球的总质量与实际地球的质量相等。

（4）正常椭球表面与大地水准面的偏差的平方和为最小。

正常椭球由以下四个基本参数确定：椭球的长半轴 a、扁率 f、椭球的总质量 M 和椭球绕其短轴旋转的角速度 ω。前两个参数确定了椭球的几何形状，后两个参数确定了椭球的物理特征。

4.1.3.2 正常重力场模型

由于正常椭球的规则性，在式（4.21）中，正常椭球的引力位显然与 λ 无关，而只是 ρ 和 θ 的函数；且其引力位对称于赤道，取对称于赤道的 θ 和 $180°-\theta$ 两点的余弦，符号相反，因而引力位的球谐函数展开式中只有偶阶带谐项。于是，由式（4.31）可得正常椭球对外部点的引力位为

$$V_{(\rho,\theta)} = \frac{GM}{\rho}\left[1 - \sum_{n=1}^{\infty} J_{2n}\left(\frac{a}{\rho}\right)^{2n} P_{2n}(\cos\theta)\right] \tag{4.36}$$

由于 J_{2n} 是与正常椭球参数有关的常系数，因此式（4.36）可完全确定。

按照位和力的关系，正常重力可通过对正常重力位求导而得到。略去推导过程，得到正常椭球面上正常重力值的简化公式为

$$\gamma_0 = \gamma_a(1+\beta\sin^2 B - \beta_1\sin^2 2B) \tag{4.37}$$

式中：γ_a 为赤道处的重力值；B 为计算点的大地纬度；系数 β、β_1 及赤道重力 γ_a 分别为

$$\begin{cases}\gamma_a = \dfrac{GM}{ab}\left(1 - \dfrac{3}{2}m - \dfrac{3}{7}mf - \dfrac{125}{294}mf^2\right) \\ \beta = -f + \dfrac{5}{2}m - \dfrac{17}{14}mf + \dfrac{15}{4}m^2 \\ \beta_1 = -\dfrac{1}{8}f^2 + \dfrac{5}{8}mf\end{cases} \tag{4.38}$$

式中：$m = \dfrac{\omega^2 a^2 b}{GM}$；$b$ 为椭球的短半轴。

对于 CGCS2000 椭球面的正常重力 γ_0，当要求误差小于 0.1mGal 时，式（4.37）为（单位：m/s^2）：$\gamma_0 = 9.7803253349(1 + 0.00530244\sin^2 B - 0.00000582\sin^2 2B)$。

精确公式为：

$$\gamma_0 = \gamma_a(1 + 0.005279042982\sin^2 B + 0.000023271800\sin^4 B) + 0.000000126218\sin^6 B + 0.000000000730\sin^8 B + 0.000000000004\sin^{10} B \tag{4.39}$$

该式的误差为 0.001μGal。

对于 CGCS2000 椭球外部任意点的正常重力 γ，可采用如下级数式计算：

$$\begin{aligned}\gamma = \gamma_0 &- (3.08338788871 \times 10^{-6} + 4.429743963 \times 10^{-9}\cos^2 B - 1.9964614 \times 10^{-11}\cos^4 B)H + \\ &(7.2442777999 \times 10^{-13} + 2.116062 \times 10^{-15}\cos^2 B - 3.34306 \times 10^{-17}\cos^4 B - \\ &1.908 \times 10^{-19}\cos^6 B - 4.86 \times 10^{-22}\cos^8 B)H^2 - (1.51124922 \times 10^{-19} + \\ &1.148624 \times 10^{-21}\cos^2 B + 1.4975 \times 10^{-23}\cos^4 B + \\ &1.66 \times 10^{-25}\cos^6 B)H^3 + (2.95239 \times 10^{-26} + \\ &4.167 \times 10^{-28}\cos^2 B)H^4\end{aligned} \tag{4.40}$$

式中：γ_0 以 m/s^2 为单位；H 以 m 为单位。用该式计算正常重力的误差，当 H 达到 20km 时，小于 0.1μGal；当 H 达到 70km 时，小于 1μGal。略去该式中重力随高度二次以上的变化项，且忽略与大地纬度 B 有关的小量，得

$$\gamma = \gamma_0 - 3.083 \times 10^{-6}H \tag{4.41}$$

该式是以 m/s^2 为单位的，如化为 mGal 为单位，则得

$$\gamma = \gamma_0 - 0.3083H \tag{4.42}$$

式（4.42）是高出正常椭球面 H 处的正常重力值 γ 的近似式。由此可见，点的高度提高 1m，则重力值约减小 0.3mGal。

对应于真实地球和正常椭球的两种重力场，必然有两种重力值，即实际重力值 g 和正常重力值 γ，g 和 γ 的差值，即 $g - \gamma$，称为重力异常。

4.1.4 扰动位

引入正常椭球后，对于空间任意点都存在着两个重力位值：真实的地球重力位 W 和正常重力位 U。这两者之间当然是有差别的，这个差值称为扰动位，即

$$T = W - U \tag{4.43}$$

或者：

$$W = U + T \tag{4.44}$$

就是说，地球重力位等于正常重力位加上扰动位。

由式（4.15）可得

$$T = V_E - V_N + Q_E - Q_N \tag{4.45}$$

式中：下标 E 表示该量属于实际地球；下标 N 表示该量属于正常椭球。

由于选择正常椭球时已使其旋转轴与实际地球的旋转轴重合，且角速度相等，因此 $Q_E = Q_N$，于是

$$T = V_E - V_N \tag{4.46}$$

由式（4.46）知，扰动位的展开式可以由地球引力位和正常引力位的两个展开式相减得到。地球引力位式（4.21）是在坐标原点位于地球质心，坐标轴与地球的三个主惯性轴重合的条件下得到的；正常引力位式（4.36）则在坐标原点位于椭球中心，一个坐标轴与正常椭球的旋转轴重合时才成立。由于选择正常椭球时，已使其中心重合于地球质心、坐标轴重合于地球的主惯性轴、正常椭球与地球两者的旋转轴重合、正常椭球的总质量与地球总质量相等，于是扰动位为

$$T = \frac{GM}{\rho}\sum_{n=2}^{\infty}\left(\frac{a}{\rho}\right)^{n}\sum_{k=0}^{n}(a'_{nk}\cos k\lambda + b_{nk}\sin k\lambda)P_{nk}(\cos\theta) \tag{4.47}$$

式中：a'_{nk}为地球引力位展开式的系数与正常引力位相应系数之差。

4.2 重力测量技术

重力测量指的是测定某点的重力加速度值。重力是矢量，其方向可用天文测量方法确定。测定重力值大小可利用与重力有关的物理现象，例如在重力作用下的自由落体运动、摆的摆动、弹簧的伸缩振动等。

重力测量的目的是通过在天体表面上或附近处所进行的重力和重力梯度测量，来测定作为位置和时间函数的地球重力场和其他天体的重力场。

按测量方式，重力测量可分为绝对重力测量和相对重力测量。绝对重力测量用仪器直接测定地面上某点的绝对重力值。相对重力测量用仪器测定地面上两点之间的重力差值。

按测量原理，重力测量可分为动力法和静力法。动力法，观测物体的运动状态以测定重力，可应用于绝对重力测量或相对重力测量。静力法，观测物体受力平衡，量测物体平衡位置受重力变化而产生的位移来测定两点的重力差，该方法只能用于相对重力测量。

按观测领域或载体，重力测量可分为地面重力测量、地下（包括坑道及井中）重力测量、海洋重力测量、航空重力测量、卫星重力测量。

最早关于地球重力的测量要追溯到 1590 年意大利物理学家伽利略的比萨斜塔实验，当时得出重力加速度的数值为 $9.8\mathrm{m/s^2}$。1792 年，法国科学家用线摆较精确地测量了重力，这是后来重力测量的主要方法。

4.2.1 重力测量基本方法

4.2.1.1 绝对重力测量

绝对重力测量以测量距离和时间两个基本量作为基础，分为自由落体和振摆两种方法测

定绝对重力。需要指出的是，在重力测量中，通常将物体的质量看作单位质量，因此重力与重力加速度的数值相等，重力测量其实就是测定重力加速度。

1）自由落体测定重力

自由落体运动方程为

$$h = h_0 + v_0 t + \frac{1}{2}gt^2 \tag{4.48}$$

式中：h 为自由落体的下落距离；t 为下落时间；h_0 为自由落体的起始高度；v_0 为自由落体的下落初始速度；g 为重力加速度。

从式（4.48）可看出，如果在不同时刻测出自由落体的下落时间 t_i 及其相应的距离 h_i，就可以解出绝对重力值 g。因为在式（4.48）中有三个未知数(h_0、v_0、g)，故必须在 3 个位置测定 3 组 h_i 和 t_i 值，组成方程式，解出重力值 g，其最后的计算式为

$$g = \frac{2}{T_2 - T_1}\left(\frac{H_2}{T_2} - \frac{H_1}{T_1}\right) \tag{4.49}$$

式中：$H_1 = h_2 - h_1$ 和 $H_2 = h_3 - h_2$ 分别为第一位置至第二和第三位置的距离；$T_1 = t_2 - t_1$ 和 $T_2 = t_3 - t_2$ 分别为落体由第一位置运动至第二和第三位置所用的时间。由此可见，利用下落法测定重力需要测定两个时间段(T_1 和 T_2)内物体下落的距离 H_1 和 H_2。该方法又称自由落体运动三位置法。

下面估算一下这种方法测定重力的精度和对 h 和 t 的精度要求，在式（4.48）中，令 $h_0 = 0$ 和 $v_0 = 0$，并取对数微分：

$$\frac{\mathrm{d}h}{h} = \frac{\mathrm{d}g}{g} + \frac{2\mathrm{d}t}{t} \tag{4.50}$$

应用误差传播定律得

$$\left(\frac{m_g}{g}\right)^2 = \left(\frac{m_h}{h}\right)^2 + \left(\frac{2m_t}{t}\right)^2 \tag{4.51}$$

若要求重力测定的精度 $\frac{m_g}{g} \approx 10^{-6}$，则可按等影响原则，得

$$\begin{aligned} m_h &\approx \pm 0.71 \times 10^{-6} h \\ m_t &\approx \pm 3.5 \times 10^{-7} t \end{aligned} \tag{4.52}$$

如果物体下落距离 $h \approx 1\mathrm{m}$，下落时间 $t \approx 0.4\mathrm{s}$，则长度量测误差不超过 $1\mu\mathrm{m}$，时间测量误差不超过 $3.5 \times 10^{-7}\mathrm{s}$。

现代绝对重力仪器大多是利用自由落体的原理来测量重力的。绝对重力测量的仪器主要是激光干涉绝对重力仪和原子干涉绝对重力仪两类。国际上激光干涉绝对重力仪的合成标准不确定度最优可达到 1.8μGal，原子干涉绝对重力仪的合成标准不确定度最优可达到 4.5μGal。与原子干涉绝对重力仪相比，激光干涉绝对重力仪起步时间早，发展更为成熟，以 FG5/FG5X 为代表的商用产品已成为相关行业主要使用的仪器，在历次绝对重力仪国际比对中也占据绝对主导地位。与激光干涉绝对重力仪相比，原子干涉绝对重力仪无机械磨损、测量效率和灵敏度高，具有非常好的发展前景。中国科学院、中国计量院、清华大学、华中科技大学等科研院所和高校陆续研制了我国自主研制的绝对重力仪。中国计量院作为主导实验室主办的 2017 年全球绝对重力仪关键比对（CCM. G－K2. 2017）中，中国计量院自主研

制的 NIM－AAG1 型冷原子干涉绝对重力仪测量结果的国际等效度为－2.4μGal，合成标准不确定度为4.6μGal；中国计量院自主研制的 NIM－3A 型光学干涉绝对重力仪测量结果的国际等效度为0.4μGal，合成标准不确定度为3.0μGal。

2）振摆测定重力

如图4.8所示，由物理学知，当一个摆角 α 足够小时，振摆的摆动周期 T，改化摆长 l 和重力加速度 g 有如下关系：

$$T=\pi\sqrt{\frac{l}{g}} \tag{4.53}$$

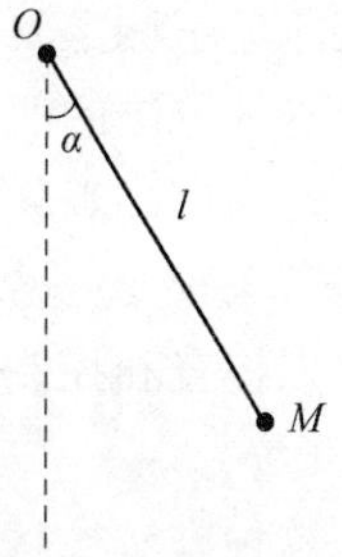

图 4.8　振摆示意图

可知，通过测定 l 和 T，可求得重力值 g。

对式（4.53）先取对数，后微分可得

$$\frac{\mathrm{d}T}{T}=\frac{1}{2}\frac{\mathrm{d}l}{l}-\frac{1}{2}\frac{\mathrm{d}g}{g} \tag{4.54}$$

根据误差传播定律，上式可变为

$$\left(\frac{m_g}{g}\right)^2=\left(\frac{2m_T}{T}\right)^2+\left(\frac{m_l}{l}\right)^2 \tag{4.55}$$

式中：m_g、m_T、m_l 分别为重力、周期和改化摆长的中误差。

假定 m_T 和 m_l 对 m_g 的影响相等，并要求重力的测定精度为 1mGal，即$\frac{m_g}{g}\approx 10^{-6}$，在此情况下，周期的允许观测误差为：$m_T\approx\pm\frac{1}{2\sqrt{2}}10^{-6}T=\pm 3.5\times 10^{-7}T$。

改化摆长运行观测误差应为：$m_l\approx\pm\frac{1}{\sqrt{2}}10^{-6}l=\pm 0.71\times 10^{-6}l$。

这就是说，如果要求重力测量达到1mGal的精度，则当振摆周期为1s时，周期观测误差不得超过 3.5×10^{-7}s；当改化摆长为1m时，它的测量误差不超过1μm。

由以上的分析可知，要求量测周期和摆长的精度是很高的。由于精确测定摆长有很多困难，1811年，德国天文学家约翰·勃伦伯格（J. Bohnenberger）提出可倒摆的原理后，不同学者制造出了可倒摆仪器来进行绝对重力测量。但由于这种仪器操作复杂，精度也难以进一步提高，故现在很少采用这种方法。

4.2.1.2　相对重力测量

用比较两地重力的差值，由重力基准点推求其他点重力的方法，称为相对重力测量。进行相对重力测量可采用动力法和静力法两种。

1）摆仪（动力法）测定相对重力

1881年发明了用来测定两点间重力差的相对摆仪。在这种仪器里安装了一个摆长能够保持不变的摆，在两个点上分别测定摆的摆动周期 T_1 和 T_2，或它们的周期差 $\Delta T=T_2-T_1$。设两点观测期间的摆长不变，则可从式（4.53）中消去摆长 l，得

$$g_2=g_1\frac{T_1^2}{T_2^2} \tag{4.56}$$

或

$$\Delta g=g_2-g_1=-\lambda(T_2-T_1)+\mu(T_2-T_1)^2 \tag{4.57}$$

式中：

$$\lambda = \frac{2g_1}{T_1}, \mu = \frac{3g_1}{T_1^2} \tag{4.58}$$

由此可见，只要观测了两点的周期，并已知起始点的重力值，就可算出两点的重力差。这就避免了测定改化摆长的工作，而精确测定摆的摆动周期是比较容易的。

这种方法的前提是在两点间的改化摆长不变。为了判断振摆在运输过程中是否发生变化，也为提高观测结果的精度，一般摆仪上都安装了几个摆，同时进行观测，观测各摆的周期差有无改变；另外在联测时，从起始点开始测得一个或几个点后，再回到原起始点重复观测，以检查和控制观测期间改化摆长的变化情况。我们把这样的一组测量称为一个测线(或测程)。

这种方法虽然比绝对重力测量要简便一些，但这种仪器还是比较笨重，测量精度受环境影响大，故现在已不采用。

2）重力仪测定相对重力

采用静力法的相对重力测量的仪器，通常简称为重力仪。

重力仪的基本原理大致是相同的，它是利用物质的弹性或电磁效应测出由于重力的变化而引起的物理量的变化。如我们所熟悉的弹簧秤可以说是最简单的重力仪。因此，重力仪的中心部分或传感部分，大多是用弹簧或弹性扭丝制成。

弹簧重力仪的构造原理基本上是相同的。按位移方式的不同可分为两类：一类是平移式系统（图4.9)，另一类是旋转式系统（图4.10)。

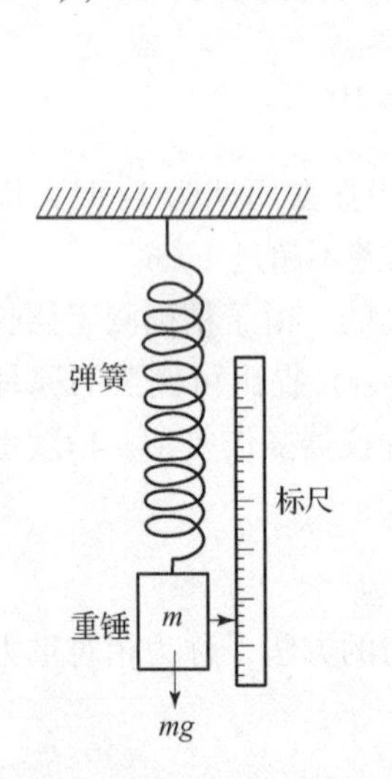

图4.9　平移式重力仪原理图

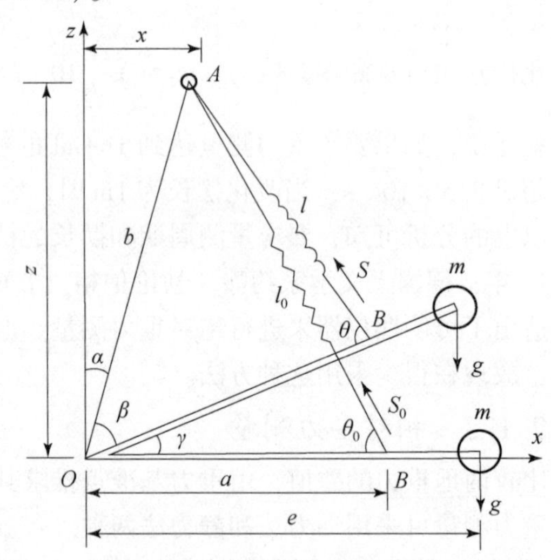

图4.10　旋转式重力仪原理图

平移式系统原理较为简单，可以理解为一垂直式弹簧下挂一个重物，弹簧上端固定，当弹簧受到不同重力作用时，弹簧的长度会产生变化，测量此变化就可求得重力的变化。如图4.9所示，平衡方程式为

$$mg_1 = k(l_1 - l_0) \tag{4.59}$$

式中：k 为弹簧的弹性系数；l_0 为弹簧在无重力（块）作用下的长度；l_1 为弹簧在重力 g_1 作用下的长度。若重力改变为 g_2，则平衡方程式形式不变，容易得到重力的变化量与弹簧

长度变化量的关系为

$$\Delta g = g_2 - g_1 = k(l_2 - l_1)/m = c\Delta l \tag{4.60}$$

只要 k 与 m 为常数，两点的重力差与弹簧的位移成正比；换句话说，若已知 A 点的重力值 g_1 与弹簧长度 l_1，当利用同一弹簧测得 B 点的弹簧长度时，就可方便地求得 B 点的重力值 g_2。

图 4.11 为简化的旋转式弹性相对重力仪中的灵敏系统。图中，1 为带重荷 m 的摆杆，亦称为平衡体，它与摆杆 3 骨节为一体，可绕旋转轴 O 转动，2 称为主弹簧，一端固定，一端与摆杆 3 的另一端相连。这样，平衡体 m 在重力矩和弹力矩的作用下可在某一位置达到平衡。

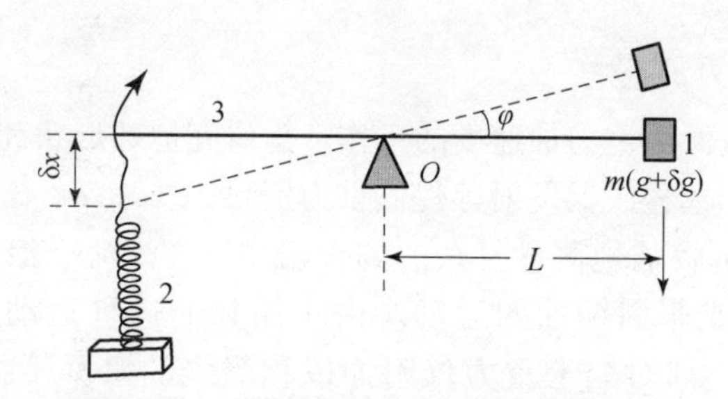

图 4.11　旋转式弹簧重力仪灵敏度系统

设 $\boldsymbol{M}_g$ 为平衡体 m 所受的重力矩，它是重力 g 和平衡体偏离 φ 角的函数；$\boldsymbol{M}_r$ 为平衡体受到的弹力矩，它是 φ 角的函数。当平衡体静止时，合力矩 $\boldsymbol{M}_0$ 为零，因此：

$$\boldsymbol{M}_0 = \boldsymbol{M}_g(g,\varphi) + \boldsymbol{M}_r(\varphi) = 0 \tag{4.61}$$

式（4.61）称为相对重为仪的基本平衡方程式。

LCR 系列相对重力仪采用金属零长度弹簧传感器。LCR－G 型重力仪测量范围 7000mGal，零漂率为每月 0.1mGal，读数重复性为 1μGal，测量精度为 4μGal。其后续的贝尔雷斯（Burris）重力仪采用了单轴陶瓷倾斜传感器的电子水准自动平衡系统，数据分辨率小于 1μGal，在 50mGal 范围内可重复性精度为 5～7μGal，50mGal 范围外的可重复性精度为 15μGal。

4.2.2　传统重力测量方法

根据测量地点所处的空间位置的不同，传统的重力测量可以分为地面重力测量、地下（包括坑道及井中）重力测量、海洋重力测量和航空重力测量。

4.2.2.1　地面重力测量

在陆地上进行的重力测量称为地面重力测量。它是重力测量应用范围最广、用途最多的一种重力测量形式。地面重力测量按功能可分为绝对重力测量和相对重力测量两种，对应的测量仪器分别称为绝对重力仪和相对重力仪。绝对重力仪一般基于自由落体原理，直接测量重力加速度 g 值，主要方法有激光干涉法和原子干涉法。相对重力仪用于测量两点间的重力差值，主要方法有平衡零长弹簧形变法和平衡悬浮超导球在超导体产生磁场中的移动法。地面重力测量技术尽管能够获取地球重力场的高频信息，但受地形等客观因素制约，不仅效率低下，而且只能局限于陆地上的部分地区。

4.2.2.2 地下重力测量

地下重力测量是指在钻井、竖井中垂直进行，以及在矿区的不同平巷中水平或垂直进行的重力测量。在钻井或竖井中的重力测量是研究重力垂直分量随深度的变化，该变化是由地下密度不均匀体的垂向及横向位置的变化所引起的。对于一口井而言，重力垂直分量的变化主要是由仪器与地下密度不均匀体之间垂直距离的变化，以及密度不均匀体与围岩之间的密度差所引起的，因此井中重力测量可以提供垂向的密度变化。坑道中的重力测量若只在一个坑道中进行，则其原理与地面重力测量相类似，可以提供坑道附近横向密度变化的资料。若在多层坑道中进行重力测量时，则可提供不同深度处密度变化的资料。

4.2.2.3 海洋重力测量

海洋重力测量是测量海区重力加速度的工作。为研究地球形状和地球内部构造、勘探海洋矿产资源、保障航天和远程武器发射等提供重力资料。

海上重力测量技术远较陆地测量复杂。调查船在风、海流、浪涌和潮汐的作用下，随海洋表面水体作周期性或非周期性的运动。由于船只的这种运动所发生的纵倾和横摇，以及航速和航向的偏差，都对船上重力仪附加以相当强的水平干扰加速度和垂直干扰加速度，使得海上重力测量从原理、仪器直至观测方法都表现出一定的特殊性。此外，船向东航行时，船速增大了作用在重力仪上的地球自转向心加速度，而向西航行时，船速减小这种向心加速度。这种导致重力视变化的作用称厄缶（厄特沃什）效应。这个效应的大小与航向、航速和船只所处的地理纬度有关。克服和消除上述各项干扰效应始终是提高观测精度的关键。

海洋重力测量的主要仪器有海洋摆仪和海洋重力仪两大类。海洋摆仪是根据单摆原理设计的，借助光学照相系统观测摆动周期的变化。它的缺点是结构复杂、笨重低效、抗震性差、资料整理冗繁，因而逐步被重力仪所取代。船上重力仪是海洋重力测量的主要设备，在船只行进中连续测定重力加速度相对变化。海洋重力仪按工作条件的差别分为海底重力仪、水中重力仪和船上重力仪。船上重力仪以弹性系统结构划分，有力平衡型（又分直立型和旋转型）和振弦型。海洋重力仪的结构原理是通过弹簧的伸缩量、水平摆杆的偏角、振弦的频率变化等测定重力的相对变化，同陆上重力仪相似。

4.2.2.4 航空重力测量

航空重力测量是以飞机为载体，综合应用重力仪（或加速度计）、惯性导航系统（INS）、卫星导航系统和测高、测姿设备测定近地空中重力加速度的重力测量技术。它不受地面交通条件的限制，工作效率较高。航空重力测量的原理、方法和仪器与海洋重力测量基本相同，但飞机上仪器所受的干扰加速度比船上要大几倍到几十倍，而且周期很长。空中的导航定位、航高、航速等测量要求也高，厄缶效应改正误差很大；为减弱厄缶效应改正误差，航空重力仪要附加更强的阻尼，易造成重力异常的畸变，且成本较高。航空重力测量一般用于地面重力测量难以覆盖的地区，可获得中波重力信息，是重力发展的一个很重要的方向。

4.2.3 卫星重力测量

卫星重力测量是利用人造卫星对地球的重力场进行测量。地球重力场在地球外部空间任意一点产生的引力位可以用球谐级数的展开式来表示，因此，给定球谐展开的系数就能确定出地球重力场。卫星重力测量的本质是将在轨运行的卫星作为地球重力场探测的传感器，通过测量其轨道的摄动变化、卫星与卫星之间的距离及其变化、卫星观测轨道处的重力梯度等，并根据引力位公式建立这些观测值与球谐系数间的函数关系，从而解算出对应的球谐系数，确定出地球重力场。基于卫星观测资料确定地球重力场均可称为卫星重力测量，主要的观测手段为卫星地面站跟踪、卫星跟踪卫星（SST）以及卫星重力梯度（SGG）测量等，其地球重力场反演的精度和分辨率主要取决于卫星跟踪方式及各类观测值的测量精度、卫星轨道高度以及数据覆盖率等因素。

4.2.3.1　卫星地面站跟踪法

卫星地面站跟踪测量重力是卫星重力测量最早采用的测量方式，采用光学摄影观测、多普勒观测或激光观测等技术手段测定地球重力场对卫星轨道的摄动，以此推算地球重力场。

卫星地面站跟踪技术具有一定的固有缺陷，主要是因为地面站数量有限且分布不均，不能获得全球覆盖的连续性观测数据；观测信号通过大气层往返，大气延迟误差难以控制；卫星轨道过高影响引力位系数的阶数和精度。通过采用不同轨道倾角和较低轨道的卫星观测数据可改善观测数据的覆盖率，并提高反演地球重力场模型的分辨率，OSU、SE 以及 GEM 等系列地球重力场模型均使用了多源卫星地面跟踪数据。卫星激光测距技术在确定地球重力场的 J_2 阶位系数时发挥着重要作用。

4.2.3.2　卫星跟踪卫星法

卫星跟踪卫星技术是利用高轨或低轨卫星跟踪另一低轨卫星由于地球重力场引起的卫星轨道摄动，再由卫星轨道摄动反演地球重力场模型，包括高轨卫星跟踪低轨卫星模式（SST - HL）和低轨卫星跟踪低轨卫星模式（SST - LL）。

1）SST - HL 重力测量

利用近地卫星测量全球重力场的一种模式。高轨卫星通常选择高轨地球静止轨道卫星或中高轨导航卫星，轨道高度在约 3 万或者约 2.2 万 km；低轨卫星选择 200 ~ 500km 的近地卫星。高轨卫星与低轨卫星建立星间链路，通过微波链路高精度测量高轨卫星与低轨卫星间的距离和距离变化率。高轨卫星由于轨道高度高，受不规则重力场影响小，其轨道更容易被精密确定。由高轨卫星精密轨道和星间链路测量值则可高精度连续确定近地卫星的轨道。近地卫星连续轨道数据中蕴含了丰富的重力场信息，基于连续轨道观测量与地球重力场的数学力学关系，高精度反演全球静态和时变重力场。20 世纪 60 年代，高轨卫星通常选择地球同步卫星，而现在则更多使用中高轨导航卫星，只要在低轨卫星上安装导航接收机，则可以 10Hz 或更高的采样率实现高低卫星间的距离和距离变率测量。低轨卫星通常运行在近圆轨道，采用自由漂移轨道，其载荷主要包括 GNSS 接收机、精密加速度计、星敏感器、激光反射器等。GNSS 接收机用于连续观测卫星星座发射的伪距和载波信号，实现精密星间距离及其变化率测量，下传数据到地面后实现精密轨道测量。精密加速度计安置于卫星质心，用于测量卫星受到的大气阻力、太阳光压等所有非保守力的合力，实现非保守力的测定与分离。星敏感器固联于加速度计，获取卫星姿态数据，用于将加速度计数据由星体坐标系转换到惯性坐标系。激光反射器用于反射地面激光跟踪站主动发射的激光信号，辅助地面完成星地距离的精密测量，其观测数据用于联合定轨、长波长重力场确定和低轨卫星轨道检校。高低卫星跟踪卫星重力测量受到高低卫星间距离和星间距离变化率观测精度的限制，对波长小于400km的重力信号不敏感，因此在现有技术条件下高低卫星跟踪卫星测量模式仅能用于快速获取全球长波重力场信息。

德国的CHAMP卫星采用上述SST-HL跟踪模式，由德国地学研究中心提出并负责研制，是世界上第一颗重力测量卫星，于2000年7月15日在俄罗斯发射。CHAMP卫星设计寿命5年，通过四次轨道提升实际运行10年，绕地球飞行58277周，为地球科学研究提供了大量重力观测数据。CHAMP卫星采用稳定的梯形结构以保证内部空间的平稳，卫星搭载有用于精确定轨的BlackJack型双频GPS接收机系统，精度约为10cm；测定卫星所受非保守力的STAR加速度计，精度约为$1\times10^{-9}m/s^2$，测定卫星与地面激光测距站之间的距离以验证GPS观测数据的激光反射镜，精度为1~2cm；提供高精度卫星姿态参考的恒星敏感器，精度约为4″。CHAMP采用SST-HL模式，空间分辨率为1000km时大地水准面差距约为1cm，重力异常为0.02mGal，极大改善了长波重力场模型的精度。

2）SST-LL重力测量

SST-LL是以运行在同一近圆轨道的两颗编队卫星为平台，搭载GNSS接收机、高精度K波段星间测距仪、精密加速度计、星敏感器等载荷，连续测量两颗卫星的精密轨道、相互间的距离及距离变化率、质心处的非保守力，数据累积到一定量时，基于上述观测量与地球重力场的数学力学关系，高精度反演全球静态和时变重力场的先进卫星重力测量系统。低低卫星跟踪卫星重力测量系统主要用于快速获取全球中长波重力场数据、反演高精度地球重力场模型、测定全球时变重力场，快速提供境内外大地水准面高、统一全球高程基准，为精确测绘、高程转换、精密定轨等应用提供服务。

重力恢复与气候实验（GRACE）卫星任务由美国国家航空航天局（NASA）和德国宇航中心（DLR）合作研发，是国际上首次采用SST-LL的重力卫星任务。GRACE由GRACE-A和GRACE-B双星组成，在485km的轨道高度上相距220km，其设计寿命为5年，实际运行时间长达15年，为地球重力场模型反演做出了不可磨灭的贡献。卫星搭载有测定星间距离/速率的高精度星间微波测距系统，精度为10μm/s；用于精确定轨的BlackJack型双频GPS接收器系统，精度约为5cm；用于提供GRACE卫星所受非保守力数据的SuperSTAR加速度计，精度为$3\times10^{-10}m/s^2$；提供高精度卫星姿态参考的恒星敏感器，精度约为2″。GRACE采用ST-HL/LL模式，通过高轨GPS卫星跟踪低轨GRACE双星以及GRACE双星前后相互跟踪来联合确定地球重力场，空间分辨率为275km时大地水准面精度为1cm，重力异常精度为0.02mGal，相比CHAMP具有显著提高。GRACE任务的科学目标：①以前所未有的精度和分辨率获得地球重力场模型及其时间变化；②利用GPS无线电掩星技术获得全球的大气垂直温度和湿度剖面图；③为研究海洋洋流、冰盖和冰川质量变化以及大陆水和雪的存储变化等提供高精度时变重力场模型。

GRACE Follow-On（GRACE-FO）卫星由NASA和德国地学研究中心共同发起研制，卫星于2018年5月22日发射，其任务主要是保持GRACE的数据连续性，最大限度地减少GRACE之后的数据缺失。GRACE-FO卫星搭载实验性质的激光测距干涉仪，测量精度相比上一代的星间微波测距系统提高约20倍，其他科学载荷与GRACE卫星并无太大差别。

GRACE－FO任务的科学目标：①继续GRACE开展高分辨率地球重力场模型反演任务，预计寿命为5年；②验证激光测距干涉仪在改进SST－LL测量性能方面的有效性；③继续进行GPS无线电掩星测量，以便为气候提供服务（如大气垂直温度/湿度剖面图）。一般认为，当前GRACE－FO任务只是为了避免地球重力观测数据出现较长时间断层而进行，而非真正意义上的下一代重力测量卫星。国际上预计的下一代GRACE Follow－On卫星轨道高度为250km，星间距离50km，同时搭载非保守力补偿系统和激光干涉测距仪，反演地球重力场精度相比GRACE计划有较大提升。

4.2.3.3 卫星重力梯度测量法

卫星重力梯度（SGG）测量技术是通过低轨卫星上搭载的重力梯度仪直接测定卫星轨道处的重力梯度张量或部分梯度张量，用以确定地球重力场。其中，星载重力梯度仪是SGG测量技术最关键的核心载荷，其设计的基本思想是通过固定基线上的差分加速度计来测定3个互相垂直方向的重力梯度张量的各个分量。

ESA的重力场和海洋环流探测（GOCE）卫星，是世界上首颗采用重力梯度测量模式的卫星。GOCE卫星设计寿命20个月，实际在260km轨道高度上飞行4年8个月，为提高地球中短波重力场模型精度提供了海量观测数据。GOCE卫星搭载高精度重力梯度仪，可直接测定卫星轨道高度处的引力位二阶导数，精度达$3\times10^{-12}\mathrm{m/s^2}$；用于非保守力补偿系统的离子微推进器，精度为50μN；用于提供卫星姿态参考的恒星敏感器，精度约为1″；用于确定卫星轨道的GPS/GLONASS复合接收机，精度为2cm。GOCE卫星通过结合SST－HL和卫星重力梯度测量模式来确定地球重力场，并首次搭载了非保守力补偿系统来平衡非保守力（包括大气阻力、太阳辐射压、地球辐射压、卫星姿态控制力等），当空间分辨率为100km时，大地水准面误差为1～2cm，重力场异常误差约为1mGal。GOCE任务的科学目标：①确定高精度和高空间分辨率的中短波地球重力场；②首次探测地核结构，为更好地了解地球内部物理结构提供新的资料；③联合卫星测高提供一个精确的海洋大地水准面，满足海洋环流、海洋热循环等研究的需要。

4.3 重力基准网的建立

重力基准网，同空间控制网、水平控制网和高程控制网一样，是时空基准的重要组成部分。重力控制网的建立也是时空基准建设的一项基础性工程，高精度重力网的建立对确定和精化地球重力场及大地水准面都有极为重要的作用。

由于绝对重力测量的设备笨重、造价高，主要用于少量重力基准点的重力测量。相对重力测量是重力测量的主要方法，它被广泛应用于测定地球表面上的重力值。这里将主要讨论由相对重力测量建立重力网的布网原则及基本数据整理。

4.3.1 基准网的布设原则

布设原则如下：

（1）用于构造全球重力参考系统的全球重力网。重力台站间相距几百千米到1000km。

（2）用于构造区域重力参考系统的国家重力网。重力台站间相距几千米到100km。

（3）用于构造全球重力参考系统的地区重力网。重力台站间相距零点几千米到10km。

它们是为了地球物理学和地球动力学而建立的。因此，它又称为地球动力学网。

建立重力基准网要考虑以下因素：

（1）在全球重力网的设计中应尽可能地使控制点均匀分布。

（2）在全球重力网和国家重力网的建设中，应考虑永久的保留与管理。

（3）应有良好的交通条件，以达到快速准确观测的目的，并且尽可能减少仪器的零点变化和日变影响。

（4）地区重力网应考虑地质、水文、地震条件的稳定性。

（5）放置仪器的地点（建筑物内的地面点、岩石墩、混凝土等）和测点的埋石应是稳定的，利用现有的水平和垂直控制点的（易辨认）标志是有利的。

（6）各种网都必须能基本保证：每天（最好4h内）都能完成往返观测一次，每天都能对基点完成一次以上的基点观测。

4.3.2 基准网的观测数据整理

重力基准网数据的整理包括：计算每个闭合环路闭合差，平差处理，求出各基点相对总基点的重力差，计算基准网平差的精度。

4.3.2.1 闭合差计算

一个基准网的闭合环路，各相邻点的重力增量 δg_i 之和应满足：

$$\sum_i \delta g_i = 0 \tag{4.62}$$

由于各种确定与不确定的因素，误差不可避免地存在，因此上式左侧并不等于0，即 $\sum \delta g_i = \Delta g$，$\Delta g$ 称为基准网的闭合差。

4.3.2.2 基准网平差

基准网的平差就是将闭合差分配到各个边上，使得基准网环路闭合，即

$$\sum_i \delta g'_i = 0 \tag{4.63}$$

式中：$\delta g'$为平差后各相邻的重力差。分配的方法很多，常见的有：

1）简单平均法

将闭合差简单平均分配到各边上，即 $\delta g'_i = \delta g_i - \dfrac{\Delta g}{N}$，其中 N 为该环中边数的总和。

2）时间平均法

将闭合差按时间分配到各边上，设每边用时 t_i，则 $\delta g'_i = \delta g_i - t_i \dfrac{\Delta g}{T}$，其中 $T = \sum_i t_i$。

3）基准网的平差法

当网中闭合环不止一个时，考虑公共点上数值的调整，需要采用平差的办法处理。例如，在两个环的情况下，平差系统 Δ_1、Δ_2 满足联立方程：

$$\begin{aligned} \delta g_{\text{I}} &= \Delta_1 \sum_{i=1}^{m} t_i - \Delta_2 T_s \\ \delta g_{\text{II}} &= \Delta_2 \sum_{i=1}^{m} t_i - \Delta_1 T_s \end{aligned} \tag{4.64}$$

式中：δg_{I}、δg_{II}分别为两环的闭合差；T_s 为公共边的闭合时间；m 为网的总点数。

4.4 国内外主要重力基准

重力基准是在地球及其外部空间开展重力测量的起算基准，由绝对重力值已知的重力基准点构成。在重力测量中，大量进行的是相对重力测量，因此必须有属于同一系统的已知重力值的起始点。如果这些点的重力值是用绝对重力测量确定的，这样的点称为重力基准点，其重力值就是重力基准值，通常简称为重力基准。世界公认的起始重力点称为国际重力基准。根据某一重力基准来推算重力值的重力点，都属于该重力基准值的同一重力系统。

4.4.1 国际重力基准

4.4.1.1 维也纳重力基准

1900 年在巴黎举行的国际大地测量协会第 18 次会议上，决定采用维也纳重力基准，即奥地利维也纳天文台的重力值为基准，其值为

$$g = (981290 \pm 10) \times 10^{-5}\mathrm{m \cdot s^{-2}} \tag{4.65}$$

此值是 Oppolzer 在 1884 年用绝对重力测量方法测定的。

4.4.1.2 波茨坦重力基准

1909 年在伦敦举行的国际大地测量协会会议上，决定采用波茨坦重力基准，即以德国波茨坦大地测量研究所摆仪厅的重力值作为基准，代替过去的维也纳重力基准，其值为

$$g = (981274.20 \pm 3) \times 10^{-5}\mathrm{m \cdot s^{-2}} \tag{4.66}$$

此值是 1898—1906 年由 Kuhnen 和 Ftirtwangler 用可倒摆测定的，凡是根据这个重力基准值推算的重力值都属波茨坦系统。随着科学技术的发展，在 20 世纪三四十年代，一些国家先后进行了绝对重力测量，发现波茨坦绝对重力值存在着大约 14mGal 的误差，所以 1967 年国际大地测量协会决定对波茨坦重力值采用 -14mGal 的改正值。

4.4.1.3 国际重力基准网 1971

1971 年在莫斯科举行的国际大地测量与地球物理联合会（IVGG）第 15 届大会上通过了新的国际重力基准，定名为“国际重力基准网 1971”（IGSN-71），用以代替波茨坦国际重力基准，其值为

$$g = (981260.19 \pm 0.017) \times 10^{-5}\mathrm{m \cdot s^{-2}} \tag{4.67}$$

为了建立 IGSN-71，在世界有关地区，使用三种最新的激光绝对重力仪分别测定了 8 个绝对重力点；用六种摆仪测定了 1200 个动力相对重力点；用五种重力仪测定了 23700 多个静力相对重力点。上述各种观测值进行整体平差后解算出 1854 个点的重力值。在 1854 个点中，每个点的最后重力值中误差都小于 $\pm 1 \times 10^{-6}\mathrm{m \cdot s^{-2}}$，因此每个重力点都可以作为重力基准，所以称为重力基准网。

4.4.1.4 国际绝对重力基本网

1982 年提出了国际绝对重力基本点网（IAGBN）的布设方案，IAGBN 的主要任务是长

期监测重力随时间的变化，其次是作为重力测量的基准，以及为重力仪标定提供条件。因此，这些点建立后按规则间隔数年需进行重复观测。1987 年 IUGG 第 19 届大会曾通过决议，建议着手实施，但现在尚未完全建立。

4.4.2 中国重力基准

除了国际重力基准外，各国为了在本国开展相对重力测量工作，同时使全国各地区都有适当精度的起算重力值，往往要建立本国的重力基准。国家重力基准主要是通过建立国家重力控制网体现的，我国重力测量控制网采用逐级控制的方法，先在全国范围内建立各级重力控制网，然后在此基础上为各种目的再进行加密重力测量。

我国重力控制网共分两级，即重力基准网和一等重力网。重力基准网是重力控制网中最高级控制，其中包括绝对重力点和相对重力点，前者称为基准重力点，后者称为基本重力点，这些点在全国范围内布设成多边形网。一等重力网是在重力基准网基础上的次一级重力加密控制网，在全国范围内布设，它的网点称为一等重力点，点间距离一般为 100 ~ 300km。

为满足我国经济建设和国防建设的需要，根据采用的重力测量手段、方法和特点，我国先后建立了以下三个重力基准。

4.4.2.1 1957 国家重力基准网

1957 国家重力测量基准包括两部分，第一部分是 1957 年建立的国家 1957 重力测量基本网，它由 27 个重力基本点组成，没有绝对重力测量点，采用经苏联传算过来的波茨坦国际重力系统，因此约有 $14\times10^{-6}\,m/s^2$ 系统误差。重力基本点相对重力联测精度为 $\pm1.5\times10^{-6}m/s^2$，累计误差不超过 $\pm3\times10^{-6}m/s^2$。第二部分是随后布设的一等重力网，共 82 个点，重力一等点的联测精度为 $\pm2.5\times10^{-6}m/s^2$，累计误差不超过 $\pm4\times10^{-6}m/s^2$。“57” 网建成后的 30 年，有关部门共施测了数以万计的不同等级的重力点，为国家经济和国防建设发挥了重要的作用。

4.4.2.2 1985 国家重力基准网

中国“57”网存在的问题主要是没有绝对重力点，重力系统由波茨坦联测过来，当时相对重力仪测量精度不高，而且波茨坦系统已经废止，以 IGSN - 1971 代之，中国还没有纳入这个新系统，因此有必要建立第二代国家重力基准网。

我国高精度重力基本网的建立是从 1981 年开始的，1981 年，中意合作测定了 11 个绝对重力点，1983—1984 年使用 LCR - G 重力仪进行了新的重力基准网的联测以及国际联测，1985 年完成平差计算，平差中利用了 5 个国际重力点作为基本点。1985 国家重力基准网由 6 个基准点、46 个基本点和 5 个基本引点组成，该网简称“85 网”。平差后的重力值精度实际在 $\pm25\times10^{-8}m/s^2$。1986 年后我国又开始新的一等网的布设与观测，总点数为 163 个，该网平差后重力值实际中误差估计为 $\pm30\times10^{-8}m/s^2$。至此，建成了我国包括基本网和一等网的我国第二个国家重力网。1985 国家重力基本网较 1957 国家重力基本网在精度上提高了一个数量级，消除了波茨坦重力系统的系统误差。

4.4.2.3 2000 国家重力基准网

随着国民经济建设和国防建设的发展，以及科学技术的进步，重力测量基准有必要进一步完善和提高。1998年，由国家测绘局发起，总参测绘局和中国地震局参加，开始共同建设2000国家重力基准网，简称“2000网”。经过近3年的艰苦努力，于2002年完成“2000网”的建设工作。

2000国家重力基准网点包括21个基准点、126个重力基本点和112个重力引点，共计259个站点组成。

2000国家重力基本网平差成果的内部精度为：所有联测重力点（389个）平差值的平均中误差为 $\pm 7.3 \times 10^{-8}\,\mathrm{m/s^2}$；其中2000国家重力基准网259个重力点平差值的中误差为 $\pm 7.4 \times 10^{-8}\,\mathrm{m/s^2}$；基准点精度为 $\pm 2.3 \times 10^{-8}\,\mathrm{m/s^2}$；基本点精度为 $\pm 6.6 \times 10^{-8}\,\mathrm{m/s^2}$，最弱点精度为 $\pm 13.7 \times 10^{-8}\,\mathrm{m/s^2}$。

2000国家重力基本网平差成果的外部精度为：与外部检核点不符值的平均中误差为 $\pm 7.3 \times 10^{-8}\,\mathrm{m/s^2}$，其中最大不符值为 $\pm 10.6 \times 10^{-8}\,\mathrm{m/s^2}$，最小不符值为 $\pm 10.2 \times 10^{-8}\,\mathrm{m/s^2}$。

2000国家重力基本网与1985国家重力基本网相比，总点数由57点增至259点，基准点由6点增至21点，覆盖范围更大，重力点密度更大，精度也提高了约一倍。

习　题

1. 请简要分析引力位有哪些特性。

2. 请从选取和应用等的方面，分析正常椭球、参考椭球和总地球椭球的主要差异与联系。

3. 请问重力测量可以按照哪些方式进行分类？

4. 请推导自由落体测量重力的基本原理。

5. 请简要分析卫星重力测量的基本概念、主要技术体制，以及已发射的重力卫星。

第 5 章　高程与深度基准

高程基准用于表达地面点在垂直方向上的高度，深度基准用于表达海底或水下空间点在垂直方向上的深度。

5.1　高程系统及其相互关系

5.1.1　水准测量理论闭合差

水准测量是测定地面上两点间高差的最常用方法，其原理是建立在水准面相互平行的基础上的，在较小范围内将水准测量每一站的前后标尺所在的两个水准面视为平行，从而将测出的水准面之间的距离作为两点的高程之差。事实上，我们知道水准面是互不平行的。当水准路线较长，测区范围较大时，就不能视水准面互相平行。也就是说必须考虑水准面不平行对水准测量所测高程的影响。

如图 5.1 所示，设 OEC 为大地水准面（高程起算面），地面点 B 的观测高程（称为测量高）可以按水准路线 OAB 各测站测得的高差 Δh_1、Δh_2、…，求和得到：

$$H_{测}^{B} = \Delta h_1 + \Delta h_2 + \cdots = \sum_{OAB} \Delta h \tag{5.1}$$

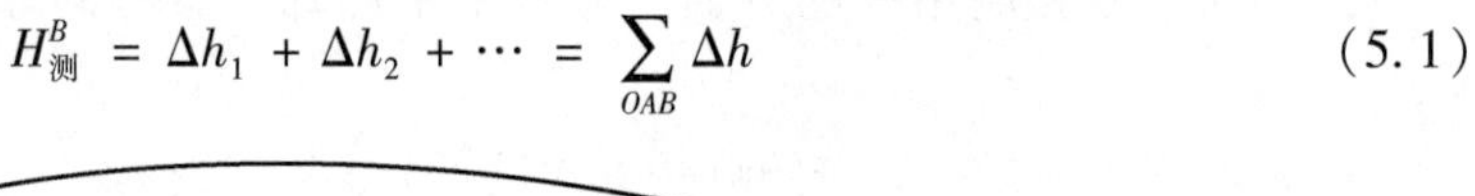

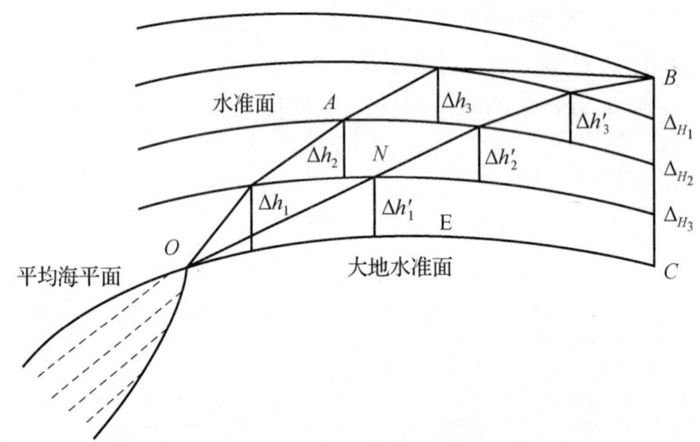

图 5.1　水准面不平行性对水准测量高程的影响

也可以按另一条水准路线 ONB 各测站测得的高差 $\Delta h'_1$、$\Delta h'_2$、…，求和得到：

$$H'^{B}_{测} = \Delta h'_1 + \Delta h'_2 + \cdots = \sum_{OAB} \Delta h' \tag{5.2}$$

由于水准面的不平行性，对应的高差 Δh_i 与 $\Delta h'_i$并不相等，因而 $H^{B}_{测}$与 $H'^{B}_{测}$也不相等。

图 5.1 中，$OABNO$ 是个水准闭合环，显然：

$$\sum_{OAB} \Delta h + \sum_{BNO} \Delta h' = \omega \neq 0 \tag{5.3}$$

所以，即使水准测量完全没有误差，水准环高差闭合差也不会等于 0。这种由水准面不平行引起的水准环线观测高差闭合差，称为理论闭合差。

由于水准面不平行，经过不同水准路线测得的高差是不同的，从而产生高程的多值性。因此，需对水准测量结果施加水准面不平行改正。

定义高程时，应满足的一些基本条件包括：①点的高程应该是单值的；②为了不偏离观测高程太大，归算改正数应当很小，局部地区低等级水准测量时可以忽略；③同一水准面上各点的高程应尽可能接近相等。

5.1.2　高程系统

5.1.2.1　正高

以大地水准面为基准面，以铅垂线为基准线。地面点沿铅垂线量至大地水准面的距离称为该点的正高。如图 5.1 所示，B 点沿铅垂线 BC 量得的各水准面间的高差用 ΔH 表示，则 B 点的正高为

$$H_{正}^{B} = \Delta H_1 + \Delta H_2 + \cdots = \sum_{CB} \Delta H = \int_{CB} \mathrm{d}H \tag{5.4}$$

由于水准面为等位面，图 5.1 中两无限接近水准面的位能差为

$$\begin{aligned} g\mathrm{d}h &= g^B \mathrm{d}H \\ \mathrm{d}H &= \frac{g}{g^B}\mathrm{d}h \end{aligned} \tag{5.5}$$

式中：g 为水准路线上相应于 $\mathrm{d}h$ 处的重力；g^B 为沿 B 点铅垂线方向上相应于 $\mathrm{d}H$ 处的重力。将式（5.5）代入式（5.4），得

$$H_{正}^{B} = \int_{CB} \mathrm{d}H = \int_{OAB} \frac{g}{g^B}\mathrm{d}h \tag{5.6}$$

铅垂线方向上的重力 g^B 随不同的深度其数值不同，设它们的平均值为 g_m^B，则

$$H_{正}^{B} = \frac{1}{g_m^B}\int_{OAB} g\mathrm{d}h \tag{5.7}$$

g_m^B 对某地面点来说是个固定值，$\int g\mathrm{d}h$ 为过 B 点的水准面与大地水准面之间的位能差，与水准路线的路径无关，因此，正高是唯一确定的。但由于 g_m^B 是深入地下的重力平均值，不能确知陆地下的重力分布，因而 g_m^B 既无法测定又不能精确算出，故点的正高也不能精确求得，只能算出它的近似值。

5.1.2.2　正常高

正高不能精确求得的根本原因在于 B 点的 g_m^B 无法精确测定。如果将式（5.7）中的 g_m^B 用正常重力 γ_m^B 来代替，就得到另一种系统的高程，称为正常高，用 $H_{常}$ 表示，即

$$H_{常}^{B} = \frac{1}{\gamma_m^B}\int_{OAB} g\mathrm{d}h \tag{5.8}$$

式中：g 可沿水准路线由重力测量测得；$\mathrm{d}h$ 由水准测量测得；γ_m^B 可由正常重力公式算出，所以正常高可以精确得到，其数值不随水准测量路线的改变而异，是唯一确定的。正常高的概念是苏联学者莫洛金斯基于 1945 年提出的。中国采用正常高系统作为计算地面点高程的统一系统。

如果计算出地面各点的正常高 $H_{常}$，沿各自铅垂线（实际上应为正常重力线）方向向下

量取 $H_{常}$，得到与地面各点一一相对应的点，把它们连成一个连续的曲面，这个曲面就是正常高的基准面，它与大地水准面极为接近，称为似大地水准面。因此，所谓正常高系统是以似大地水准面为基准面的高程系统，地面点的正常高是该点沿正常重力线到似大地水准面的距离。

似大地水准面不是水准面，但接近于水准面，它只是用于计算的辅助面，并没有严格的几何意义和物理意义。

似大地水准面与大地水准面之间的差（即正常高与正高之差）与点的高程和地球内部质量分布有关。忽略海面地形，在平均海水面上，由于观测高差 $\mathrm{d}h=0$，故 $H_{常}=H_{正}=0$，在海洋面上似大地水准面与大地水准面重合，所以作为高程起算面的高程零点对两者都是适用的。在高山地区，似大地水准面与大地水准面的差最大可达 3m。平原地区，这种差异约几厘米。

实际应用中，直接用式（5.8）计算正常高很不方便，顾及式中的实测重力值可分为正常重力 γ 和重力异常 $(g-\gamma)$ 两部分，可将水准测量各个测段的观测高差，加上正常水准面不平行改正和重力异常改正，化算为相应的正常高，略去推导过程，其结果为

$$H_{常}^{B}=\int_{OAB}\mathrm{d}h+\frac{1}{\gamma_{m}^{B}}\int_{OAB}(\gamma_{0}-\gamma_{0}^{B})\mathrm{d}h+\frac{1}{\gamma_{m}^{B}}\int_{OAB}(g-\gamma)\mathrm{d}h \tag{5.9}$$

上式等号右边各项的意义如下：第一项是水准测量测得的高差；第二项中 γ_0 是沿水准路线 OAB 上各点对应的正常椭球面上点的重力值，由于正常位水准面也不平行，是随纬度变化的，$\gamma_0\neq\gamma_0^B$，所以，该项称为正常位水准面不平行改正；第三项中 $(g-\gamma)$ 是重力异常，该项是由正常位水准面与重力位水准面不一致所引起的。

5.1.2.3 力高

水准面是个等位面，其上各点的重力位相等，但它们的正高高程或正常高高程却可能不相等。设 A、B 两点位于同一水准面，则

$$\int_{OA}g\mathrm{d}h=\int_{OB}g\mathrm{d}h \tag{5.10}$$

因为

$$\begin{aligned}g_m^A&\neq g_m^B\\ \gamma_m^A&\neq\gamma_m^B\end{aligned} \tag{5.11}$$

故，由式（5.7）和式（5.8）可知：

$$\begin{aligned}H_{正}^A&\neq H_{正}^B\\ H_{常}^A&\neq H_{常}^B\end{aligned} \tag{5.12}$$

这将给大型水利建设的设计、施工带来许多不便。此时，需要一种“同一水准面上各点的高程相等”的高程系统。在水利建设中常常采用力高系统，也叫作动力高系统。一个点 B 的力高：

$$H_{力}^{B}=\frac{1}{\gamma_{45}^{B}}\int g\mathrm{d}h \tag{5.13}$$

由式（5.13）可见，它是以纬度为 45°的正常重力 γ_{45} 换置正常高式（5.6）中的 γ_m 得出的，同一水准面上各点的力高相等。所以力高系统是将同一水准面上各点的力高以其纬度为 45°处的正常高表示的高程系统。

有的部门为了使测区的力高更接近于该地区的正常高，采用“局部力高系统”，即

$$H_{力局} = \frac{1}{\gamma_{\varphi_m}}\int g\mathrm{d}h \tag{5.14}$$

式中：γ_{φ_m} 为测区平均纬度 φ_m 处的正常重力值。

地面点的力高和它的正常高可以很容易地互相换算。由式（5.8）和式（5.13）可得

$$\gamma_m^B H_{常}^B = \gamma_{45}^B H_{力}^B \tag{5.15}$$

$$H_{常}^B = H_{力}^B - \frac{\gamma_m^B - \gamma_{45}^B}{\gamma_m^B} H_{力}^B \tag{5.16}$$

5.1.2.4　地球位数

地面点的高程以大地水准面的位 W_0 与通过该点水准面的位 W 之差来表示，称为地球位数，即

$$C = W_0 - W = \int_{OAB} g\mathrm{d}h \tag{5.17}$$

式中：OAB 为水准路线（图 5.1）；$\mathrm{d}h$ 为水准测量观测高差；g 为测线上的平均重力值。地球位数也是以大地水准面为基准面，但不是以米制表示的高程，而是位差，单位为千伽米（$10^5\mathrm{cm}^3/\mathrm{s}^2$）。同一水准面上所有各点的地球位数相同，其值由每一测段水准测量求得的高差乘以该测段的平均重力观测值而得。用地球位数表示的水准测量结果，能非常方便地换算为正高、正常高或力高。

正高系统、正常高系统及力高系统各有优缺点，但它们同时并存不仅使高程系统不能统一，也增加了水准测量结果联合处理的困难。不难看出，这三种高程都有一个共同部分：$\int g\mathrm{d}h$，它是高程点所在位置对大地水准面具有的位能，称其为地球位数。它与三种高程的关系简单明确，用它来处理水准测量的观测结果可以达到高程统一的效果。

地球位数虽然没有长度量纲，但可以认为它是测量高程的自然量度。

5.1.2.5　大地高

大地高是以参考椭球面为基准面，以椭球的法线为基准线的高程系统。地面点沿法线至参考椭球面距离称为该点的大地高。

如图 5.2 所示，P 点为地面点，它沿椭球面的法线（基准线）投影到椭球面上为点 P_0，则距离 $\overline{PP_0}$ 为大地高 H。

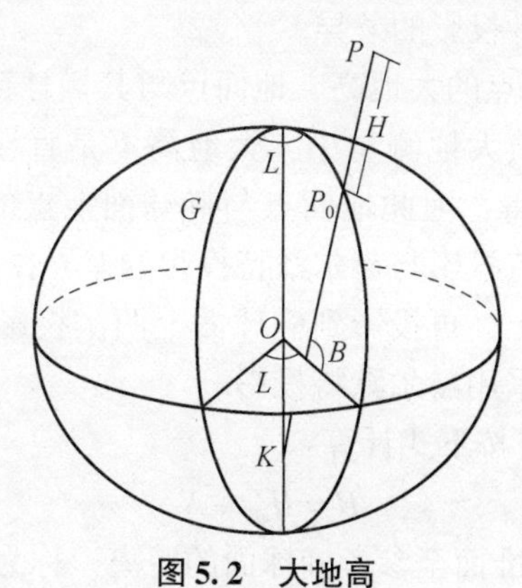

图 5.2　大地高

GNSS 测量可测定地面点的大地高。三角高程测量可获得地面两点的大地高高差，若已知其中一点的大地高，则可求出另一点的大地高。水准测量所得的正高或正常高加上改正项可化算成大地高。

5.1.3 高程系统间的相互关系

根据以上讨论，同一个地面点对应有五个不同的高程值，它们的差异取决于不同的高程基准面。也就是说，高程是相对某一基准面的，它的精度一方面取决于观测量的精度，另一方面也取决于所采用基准面的精度。下面主要分析不同高程基准面间的关系。

地面点投影到椭球面上的方法有两种：赫尔默特投影和毕兹特投影，如图 5.3 所示。

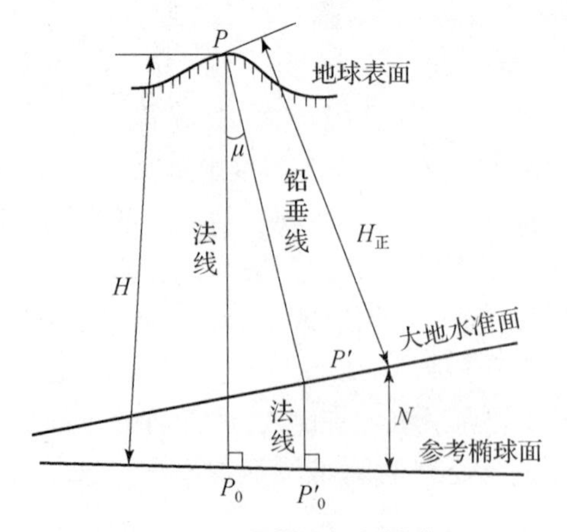

图 5.3　地面点投影到椭球面

赫尔默特投影是将地面点 P 沿法线直接投影到椭球面上（$\overline{P_0P}=H$），而毕兹特投影是将地面点 P 先沿铅垂线投影到大地水准面上（$\overline{P'P}=H_{正}$），再沿法线投影到椭球面上（$\overline{P'P}=N$）。

大地水准面和参考椭球面通常既不重合，也不平行，铅垂线和法线间存在一夹角 μ，称为垂线偏差。于是，这两种投影方法是有差异的。不过这种差异很微小。如设 $\mu=60''$，$H=1000\text{m}$，则 H 和 $(H_{正}+N)$ 之差仅为 0.1mm。P_0P_0' 间的距离仅为 30cm，对大地经纬度的影响仅为 0.01″，远小于天文测量误差 0.3″（天文测量的 λ、φ 对应的是大地水准面上的点）。因此，实用上完全可以忽略这两种投影的差异。

GNSS 测量可直接获得地面点的大地高，地面点与其椭球面上投影点的关系就是由赫尔默特投影方法建立的。但在经典大地测量中，大地高不是直接测得的，而是通过正高（或正常高）加上相应的改正值算得，因此地面点与椭球面上点的对应关系采用毕兹特投影在理论上是严密的。但由于毕兹特投影与赫尔默特投影的差异在实用上可忽略，而赫尔默特投影避免了先投影到大地水准面上，再投影到椭球面上两次投影的麻烦，在使用上更为方便，所以经典大地测量计算中也是采用赫尔默特投影。

于是，由图 5.3，大地高可按下式计算：

$$H=H_{正}+N \tag{5.18}$$

式中：$H_{正}$是正高；N 是大地水准面至参考椭球面的距离，称为大地水准面差距。

中国采用正常高系统，大地高按下式计算：

$$H = H_{常} + \zeta \tag{5.19}$$

式中：$H_{常}$ 是正常高；ζ 是似大地水准面至参考椭球面的距离，称为高程异常。

图 5.4 表示了参考椭球面、大地水准面和似大地水准面及与它们对应的大地高、正高、正常高的示意关系。

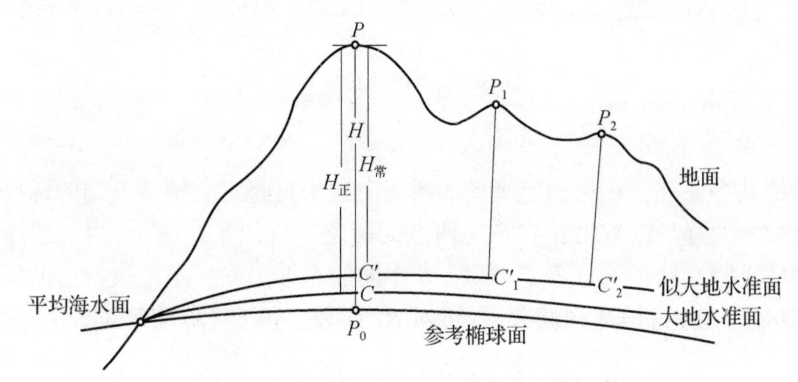

图 5.4　大地高、正高、正常高关系示意图

5.2　高程测量技术

高程测量是确定地面点高程的测量工作。它的任务是在测区范围内以统一的高程基准，精确测定所设一系列地面控制点的高程，为测区内所有工作活动提供高程控制依据。测量高程通常采用的方法有水准测量、三角高程测量、气压高程测量以及 GNSS 高程测量。

（1）水准测量是测定两点间高差的主要方法，也是最精密的方法，主要用于建立国家或地区的高程控制网。

（2）三角高程测量是确定两点间高差的简便方法，不受地形条件限制，传递高程迅速，但精度低于水准测量，主要用于传算大地点高程。

（3）气压高程测量是根据大气压力随高度变化的规律，用气压计测定两点的气压差，推算高程的方法。精度低于水准测量、三角高程测量，主要用于丘陵地和山区的勘测工作。

（4）GNSS 高程测量是利用卫星导航定位技术直接测定地面点的大地高，或间接确定地面点的正常高的方法。

本节主要介绍建立高程基准过程中常用的水准测量、三角高程测量、GNSS 水准测量的基本原理。

5.2.1　水准测量

水准测量是一种相对高程测量方法。它利用地面上两点间的几何高低关系来测定两点间高差的方法，又被称为几何水准测量，是用水准仪和水准尺高精度地测定地面上两点间高差的方法。通常自水准原点或任一已知高程点出发，沿选定的水准路线逐站测定各点的高程，如图 5.5 所示。

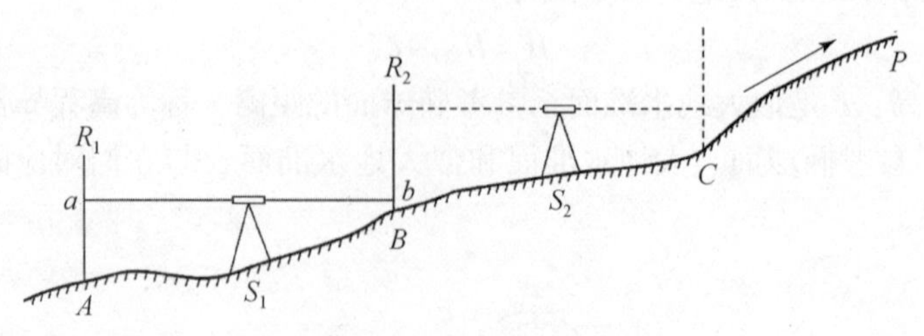

图 5.5　水准测量原理

5.2.1.1　基本原理

水准测量的基本原理：在待测定高差的两点上，垂直竖立有精密分划的标尺。用水平视线在标尺上读数，两标尺读数之差就是此两点的高差。如图 5.5 所示，A、B 待测高差的两地面点，分别垂直竖立标尺 R_1、R_2，在 A、B 中间的点 S 上安置水准仪，借助仪器的水平视线对标尺 R_1 读数，得 a（称后视读数），再对 R_2 读数，得 b（称前视读数），则 A、B 两点的高差为

$$h_{AB} = a - b \tag{5.20}$$

式中：h_{AB}叫作 B 对 A 的高差。当 $a > b$ 时，高差为正；$a < b$ 时，高差为负。

若已知点 A 的高程为 H_A，就可以算出点 B 的高程 $H_B = H_A + h_{AB}$，如果测定任意点 P 的高程 H_P，则在测定 A、B 高差后，将水准仪迁到 S_2 处，同时将标尺 R_1 移至点 C，测定 B、C 的高差 h_{BC}，依此类推，A、P 之间的高差即为

$$h_{AP} = h_{AB} + h_{BC} + \cdots \tag{5.21}$$

点 P 的高程为

$$H_P = H_A + h_{AP} \tag{5.22}$$

这种传递高程的方法称为几何水准法。

5.2.1.2　仪器设备

1）水准仪

水准仪是建立水平视线测定地面两点间高差的仪器。原理为根据水准测量原理测量地面点间高差。如图 5.6 所示，主要部件有望远镜、管水准器（或补偿器）、垂直轴、基座、脚螺旋。

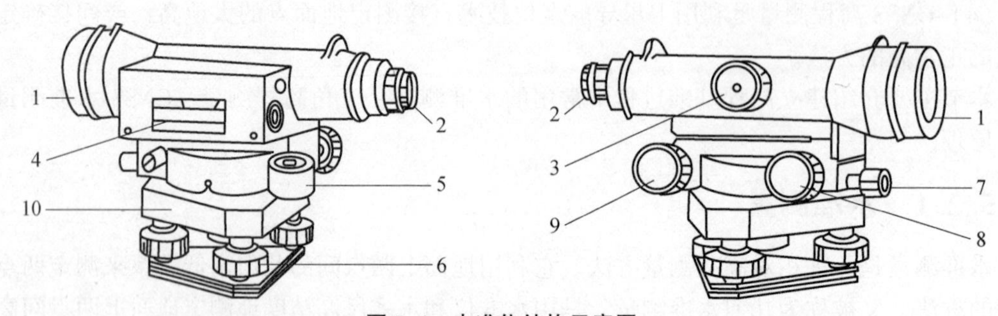

图 5.6　水准仪结构示意图

1—物镜；2—目镜；3—调焦螺旋；4—管水准器；5—圆水准器；6—脚螺旋；
7—制动螺旋；8—微动螺旋；9—微倾螺旋；10—基座。

水准仪是在17—18世纪发明了望远镜和水准器后出现的。20世纪初，在制出内调焦望远镜和符合水准器的基础上生产出微倾水准仪。20世纪50年代初出现了自动安平水准仪；20世纪60年代研制出激光水准仪；20世纪90年代出现电子水准仪或数字水准仪。

水准仪按精度分为精密水准仪和普通水准仪。有DS05、DS1、DS3、DS10四种型号的仪器。D、S分别为“大地测量”和“水准仪”汉语拼音的第一个字母；数字05、1、3、10表示该仪器的精度。通常简写为S05、S1、S3等，如S3型水准仪，表示该型号仪器进行水准测量每千米往、返测高中数的精度可达3mm。S05、S1型为精密水准仪，主要用于高精度的高程测量，如国家一、二等水准测量和精密工程测量。S3、S10型为普通水准仪，用于国家三、四等水准测量及普通水准测量，如工程建设和地形测量中的高程测量。

按结构分为微倾水准仪、自动安平水准仪、激光水准仪和数字水准仪（又称电子水准仪）。

（1）微倾水准仪。微倾水准仪是借助于微倾螺旋获得水平视线的一种常用水准仪。其管水准器分划值小、灵敏度高。望远镜与管水准器连接成一体，凭借微倾螺旋使管水准器在竖直面内微作俯仰，符合水准器居中，视线水平。作业时先用圆水准器将仪器粗略整平，每次读数前再借助微倾螺旋，使其符合水准器在竖直面内俯仰，直到符合水准气泡精确居中，使视线水平。微倾的精密水准仪同普通水准仪比较，前者管水准器的分划值小、灵敏度高，望远镜的放大倍率大，明亮度强，仪器结构坚固，特别是望远镜与管水准器之间的连接牢固，装有光学测微器，并配有精密水准标尺，以提高读数精度。中国生产的微倾式精密水准仪，其望远镜放大倍率为40倍，管水准器分划值为10″/2mm，光学测微器最小读数为0.05mm，望远镜照准部分、管水准器和光学测微器都共同安装在防热罩内。

（2）自动安平水准仪。自动安平水准仪是指在一定的竖轴倾斜范围内，利用补偿器自动获取视线水平时水准标尺读数的水准仪。是用自动安平补偿器代替管状水准器，在仪器微倾时补偿器受重力作用而相对于望远镜筒移动，使视线水平时标尺上的正确读数通过补偿器后仍旧落在水平十字丝上。自动安平的补偿可通过悬吊十字丝，在焦镜筒至十字丝之间的光路中安置一个补偿器，和在常规水准仪的物镜前安装单独的补偿附件等途径实现。用此类水准仪观测时，当圆水准器气泡居中仪器放平之后，不需再经手工调整即可读得视线水平时的读数。它可简化操作手续，提高作业速度，以减少外界条件变化所引起的观测误差。

（3）激光水准仪。激光水准仪是将激光装置发射的激光束导入水准仪的望远镜筒内，使其沿视准轴方向射出的水准仪。激光水准仪有专门激光水准仪和将激光装置附加在水准仪之上的两种形式，与配有光电接收靶的水准尺配合，即可进行水准测量。与光学水准仪相比，激光水准仪具有精度高、视线长、能进行自动读数和记录等特点。

（4）数字水准仪。数字水准仪又叫电子水准仪，由基座、水准器、望远镜及数据处理系统组成，电子水准仪是以自动安平水准仪为基础，在望远镜光路中增加了分光镜和光电探测器，并采用条纹编码标尺和图像处理电子系统而构成的光机电一体化的高科技产品。

2）水准标尺

水准标尺是测量高差的标准尺，是水准测量的重要工具。在水准测量中，水准标尺必须与水准仪配套使用。不同种类、不同型号的水准仪所配套使用的水准标尺一般都不一样。

精密水准标尺有一条宽26mm、厚1mm的因瓦合金带，安装在木质尺身的沟槽内，一端固定在尺身的底板上，另一端由弹簧引张在尺身顶端的金属构架上。标尺的分划是线条式的，漆在合金带上，分划的标称漆在两侧的木质尺身上，标尺全长约3.1m。

标尺的分划间隔有10mm和5mm两种，随所用水准仪测微尺的测微范围而定。分划都漆成左右两排。在水准标尺的尺身后面两侧都装有扶尺环，供扶尺用。为了将标尺竖立在稳固的基础上，还配有尺台或尺桩。

5.2.1.3 作业实施

1）水准仪的使用

水准仪的使用包括水准仪的安置、粗平、瞄准、精平、读数五个步骤。

（1）安置。安置是将仪器安装在可以伸缩的三脚架上并置于两观测点之间。首先打开三脚架并使高度适中，用目估法使架头大致水平并检查脚架是否牢固，然后打开仪器箱，用连接螺旋将水准仪器连接在三脚架上。

（2）粗平。粗平是使仪器的视线粗略水平，利用脚螺旋置圆水准气泡居于圆指标圈之中。

（3）瞄准。瞄准是用望远镜准确地瞄准目标。首先是把望远镜对向远处明亮的背景，转动目镜调焦螺旋，使十字丝最清晰。再松开固定螺旋，旋转望远镜，使照门和准星的连接对准水准尺，拧紧固定螺旋。最后转动物镜对光螺旋，使水准尺清晰地落在十字丝平面上，再转动微动螺旋，使水准尺的像靠于十字竖丝的一侧。

（4）精平。精平是使望远镜的视线精确水平。微倾水准仪，在水准管上部装有一组棱镜，可将水准管气泡两端折射到镜管旁的符合水准观察窗内，若气泡居中时，气泡两端的像将符合成一抛物线型，说明视线水平。若气泡两端的像不相符合，说明视线不水平。这时可用右手转动微倾螺旋使气泡两端的像完全符合，仪器便可提供一条水平视线，以满足水准测量基本原理的要求。

（5）读数。用十字丝截读水准尺上的读数。水准仪多是倒像望远镜，读数时应由上而下进行。先估读毫米级读数，后报出全部读数。注意，水准仪使用步骤一定要按上面顺序进行，不能颠倒，特别是符合水泡调整，一定要在读数前进行。

2）外业施测基本步骤

（1）在已知高程的水准点上竖立水准标尺，作为后视尺。

（2）在路线的前进方向上的适当位置放置尺垫，在尺垫上竖立水准标尺作为前视尺。

（3）把水准仪安置到两水准尺间的距离大致相等的地方，仪器到水准尺的最大视距不大于150m，使圆水准器气泡居中。

（4）按照水准仪操作规程，操作仪器进行对中、整平、调焦、读数。

（5）先读取后视读数，再调转望远镜瞄准前尺读数，并计算高差。

（6）将仪器按前进方向迁至第二站，此时，第一站的前视尺不动，变成第二站的后视尺，第一站的后视尺移至前面适当位置成为第二站的前视尺，按第一站相同的观测程序进行第二站测量。

(7) 顺序沿水准路线的前进方向观测、记录，直至终点，记录表示例如表 5.1 所示。

表 5.1　水准测量数据记录简表

测站	测点	后视读数	前视读数	高差/m	高程/m	备注
1	*A*	1467		0.343	27.354	已知
	TP1		1124			
2	TP1	1385		-0.289		
	TP2		1674			
3	TP2	1869		0.926		
	TP3		0943			
4	TP3	1425		0.213		
	TP4		1212			
5	TP4	1367		-0.365		
	B		1732		28.182	
计算校核		7513 - 6685 = 828				

水准测量前应根据要求布置并选定水准点的位置，埋设好水准点标石，拟定水准测量进行的路线。

水准路线分为两种，分别为单一水准路线（图 5.7）和水准网（图 5.8）。在进行水准测量之前应选择合理的水准路线，以确保水准测量的顺利进行，此项工作做得好坏直接影响水准测量的速度和成果的精度。

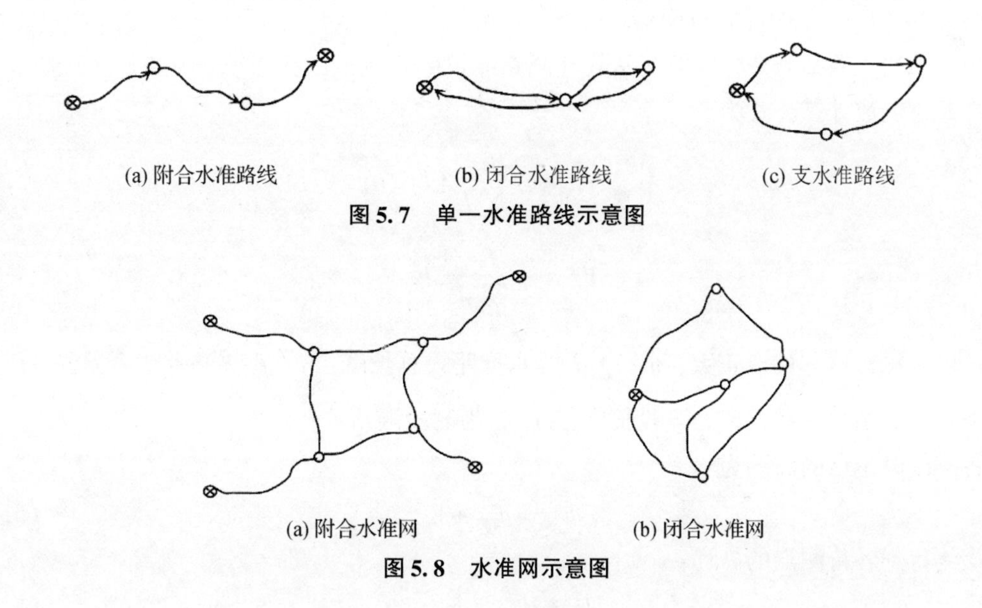

(a) 附合水准路线　(b) 闭合水准路线　(c) 支水准路线

图 5.7　单一水准路线示意图

(a) 附合水准网　(b) 闭合水准网

图 5.8　水准网示意图

单一水准路线可分为三种。从一个已知点出发到另一个已知点间的水准路线称为附合水准路线；从一个已知点出发又回到该已知点的水准路线称为闭合水准路线；从一个已知点出发到一个未知点间的水准路线称为支水准路线，支水准路线由于不能对测量成果自行检核，一般需要往返测量。

若干个单一水准路线相互连接构成网状的水准路线称为水准网。水准网可使检核成果的条件增多，从而提高成果的精度。

3）内业处理

（1）计算水准路线闭合差。由于仪器本身构造原因、长期搬运及使用、操作方法等因素造成实测高差与理论值往往不相等，其差值为高差闭合差。

闭合水准路线：$f_h = \sum h_{测} - \sum h_{理} = \sum h_{测}$。

附合水准路线：$f_h = \sum h_{测} - \sum h_{理} = \sum h_{测} - (H_{终} - H_{起})$。

支水准路线：$f_h = \sum h_{测} - \sum h_{理} = \sum h_{往} + \sum h_{返}$。

（2）计算误差容许范围。水准路线闭合差需要满足一定的限差要求，以确保外业水准测量结果的有效性。

在平坦地区，水准测量路线高差闭合差的容许值为

$$f_{h_{容}} = \pm 40\sqrt{L} \tag{5.23}$$

式中：$f_{h_{容}}$为高差闭合差的允许值，mm；L为水准路线长度，km。

在起伏较大或河流阻断等情况时，误差容许值为

$$f_{h_{容}} = \pm 12\sqrt{n} \tag{5.24}$$

式中：n为水准路线测站数。

若实测高差闭合差大于限值，说明测量数据误差过大，需重新施测。

（3）高差闭合差的计算与调整。

闭合差调整原则为按各段的测站数（或路线长度）成正比反符号分配到各段高差中去。

高差改正数计算公式为

$$\begin{aligned} V_i &= -\frac{f_h}{\sum L} \cdot L_i \\ V_i &= -\frac{f_h}{\sum n} \cdot n_i \end{aligned} \tag{5.25}$$

式中：V_i为测段高差的改正数，m；$\sum L$为水准路线总长度，m；f_h为高差闭合差，m；$\sum n$为水准路线测站数总和；L_i为测段长度，m；n_i为测段测站数。

各测段改正后的高差为

$$h_{i改} = h_{i测} + V_i \tag{5.26}$$

最终得到各待测点的高程：

$$H_i = H_{i-1} + h_{i-1,i} \tag{5.27}$$

5.2.2　三角高程测量

三角高程测量也是一种相对高程的测量方法。该方法是利用两地面控制点的距离和所观测的垂直角计算两点间的高差，进而计算控制点高程的方法。与几何水准测量相比，具有观测方法简单灵活、不受地形条件限制、传递高程迅速等优点。缺点是推算高程的精度稍低。如果在一定密度水准测量的控制下，用三角高程测量既可保证测定大地控制点的精度，又能克服地形条件的限制，提高了工作效率。

5.2.2.1　基本原理

如图 5.9 所示，A、B 为地面上两点，其高程分别为 H_1、H_2，点 A 观测点 B 垂直角为 α_{12}，S_0 为两点间的水平距离，i 为点 A 仪器高，a_2 为点 B 的目标高，则 A、B 两点间的高差为

$$h_{12} = H_2 - H_1 = S_0 \tan\alpha_{12} + i_1 - a_2 \tag{5.28}$$

如测定的是斜距 d，则高差公式为

$$h_{12} = d\sin\alpha_{12} + i_1 - a_2 \tag{5.29}$$

式（5.28）和式（5.29）是三角高程测量测定高差的基本关系式。若点 A 高程已知，就可求得点 B 高程为

$$H_2 = H_1 + h_{12} \tag{5.30}$$

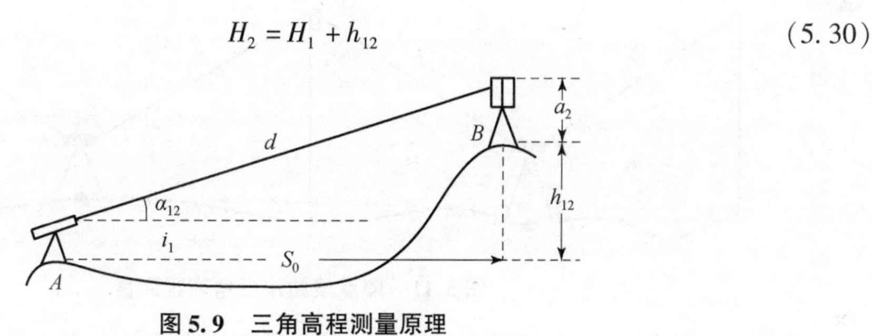

图 5.9　三角高程测量原理

5.2.2.2　电磁波测距高程导线

电磁波测距高程导线也称精密三角高程测量。随着电磁波测距仪的发展，测边和测角的精度有了很大的提高，测边精度达 1/10 万以上，测角精度达 0.5″，为精密三角高程测量提供了有利的条件。目前三、四等水准测量可完全由测距高程导线替代，国家有关部门已制定了相应的技术标准。在山区和丘陵地区用测距高程导线替代水准测量，其经济效益是非常显著的。

测距高程导线的方法有：每点设站法、隔点设站法和单程双测法。每点设站法是在每一测点上安置仪器进行往、返对向三角高程测量；隔点设站法是仪器安放在两标志中间，逐站前进，标志交替设置，测站数应设为偶数，类似于水准测量，但不同的是采用倾斜视线代替水平视线进行测量；单程双测法是在第一种和第二种基础上，每站变换仪器高做两次观测或每站对上、下两个标志做两次观测。以上方法都是用特制的觇板作为照准标志的。图 5.10 为特制固定在水准标尺上的觇板，觇板上有上、下两个照准标志，在觇板的下面安装了一个用于测量距离的棱镜。

图 5.10　测距高程导线特制觇板

1）电磁波测距高程导线的基本原理

每点设站法实际上就是对向三角高程测量，若考虑大气垂直折光影响，则相邻测站间观测高差公式为

$$h = S\sin\alpha + \frac{1-k}{2R}(S\cos\alpha)^2 + i - a \tag{5.31}$$

式中：S 为经过各项改正后的斜距；α 为观测垂直角；R 为测区地球平均曲率半径；i 为仪器高；a 为觇板照准标志高；k 为大气垂直折光系数。相邻测站间对向观测的高差中数取平均作为这两点的高差值。

隔点设站法如图 5.11 所示，电子速测仪放置在前后照准觇板中央位置 O，设仪器高为 i，仪器分别测前后觇板上标志的垂直角和斜距为 α_1、S_1 和 α_2、S_2；前后觇板照准标志高设为 a_1 和 a_2，则仪器点 O 到两尺点 1、2 的高差分别为

$$\begin{aligned} h_{O1} &= S_1\sin\alpha_1 + \frac{1-k_1}{2R}(S_1\cos\alpha_1)^2 + i - a_1 \\ h_{O2} &= S_2\sin\alpha_2 + \frac{1-k_2}{2R}(S_2\cos\alpha_2)^2 + i - a_2 \end{aligned} \tag{5.32}$$

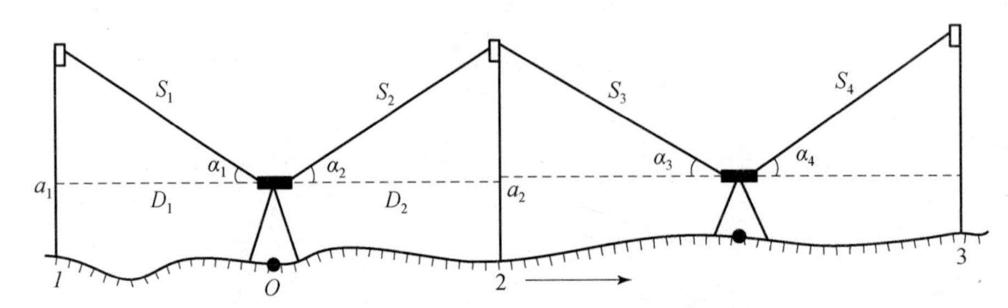

图 5.11　隔点设站法三角高程测量

式中：k_1 和 k_2 分别为仪器到后尺和前尺的垂直折光系数。则立尺点 1 和点 2 的高差为

$$h_{12} = h_{1O} + h_{O2} = -h_{O1} + h_{O2} \tag{5.33}$$

由于仪器放置在两立尺点中间位置，则仪器距前后照准方向的垂直折光系数可近似认为相等，可得点 1 和点 2 的高差为

$$h_{12} = S_2\sin\alpha_2 - S_1\sin\alpha_1 + a_1 - a_2 \tag{5.34}$$

若仪器搬到下一站，则 h_{23} 的公式为

$$h_{23} = S_4\sin\alpha_4 - S_3\sin\alpha_3 - a_1 + a_2 \tag{5.35}$$

如果在测段上设置偶数测站且标志高保持不变时，则测段之间的高差为

$$h = \sum S_{前}\sin\alpha_{前} - \sum S_{后}\sin\alpha_{后} \tag{5.36}$$

式中：$S_{前}$、$\alpha_{前}$ 为所测前标志的斜距和垂直角；$S_{后}$、$\alpha_{后}$ 为后标志斜距和垂直角。若采用的是水平距离 D，则式（5.36）可变为

$$h = \sum D_{前}\tan\alpha_{前} - \sum D_{后}\tan\alpha_{后} \tag{5.37}$$

式（5.36）和式（5.37）即为隔点设站法高差计算的基本公式。从式中可看出不用量取仪器高，若在观测中采用前后尺交替进行，且保持尺上觇板固定，也无须量取觇板标志高。这样在实际作业过程中，仅测垂直角和距离，加快了高差传递速度。

2）观测方法及要求

（1）高程导线测量应依据测区地形情况，采用每点设站法或隔点设站法。一般情况下，若跨越较宽的河流、山谷时，适合采用每点设站法。而在一般地形的测区，适合用隔点设站法。

（2）斜距和垂直角应在成像清晰、稳定的条件下观测。

（3）每点设站法的往返测均要独立测量边长，往测时先测边长后测垂直角，返测时先测垂直角后测边长。气象元素与测量边长同时测定。

（4）隔点设站先测测站至后、前觇板的距离，再测垂直角。观测垂直角程序为先照准后觇板上标志测两测回，再旋转经纬仪照准前觇板上标志测四测回，再照准后觇板上标志测两测回。这就完成了对觇板上标志的垂直角观测，观测下标志垂直角的程序与上标志类同。

（5）隔点设站法觇板安置顺序应交替前进，且每条高程导线的测站数为偶数，以消除觇板零点不等差的影响。

（6）距离观测两测回，每测回照准棱镜一次，测距四次。

（7）垂直角按中丝双照准法观测。

（8）每点设站法仪器高和觇板上下标志高在观测前后，用经过检定的尺子各量一次，估读至 0.5mm，若仪器高难以量取，可用水准仪或解析法量算出。隔点设站观测，不量仪器高，若在作业过程中固定觇板可不量觇板高。

以上是测距高程导线的基本作业方法和要求。测距高程导线的观测、记录和计算是比较复杂的，但可借助电磁波测距仪与计算机连接，用程序控制完成上述工作。

3）三角高程测量的精度

（1）观测高差中误差。三角高程测量的精度受垂直角观测误差、仪器高和觇标高的量测误差、大气折光误差和垂线偏差变化等诸多因素的影响，而大气折光和垂线偏差的影响可能随地区不同而有较大的变化，尤其大气折光的影响与观测条件密切相关，如视线超出地面的高度等。因此不可能从理论上推导出一个普遍适用的计算公式，而只能根据大量实测资料，进行统计分析，才有可能求出一个大体上足以代表三角高程测量平均精度的经验公式。

对向观测高差中数的中误差统计可采用下列经验公式：

$$M_h = P \cdot S \tag{5.38}$$

式中：M_h 为对向观测高差中数的中误差；S 为边长，km；P 为每千米的高差中误差，m/km。

根据资料的统计结果表明，P 的数值在 0.013～0.022 之间变化，平均值为 0.018，一般取 $P=0.02$，因此式（5.38）为

$$M_h = \pm 0.02S \tag{5.39}$$

式（5.39）可以作为三角高程测量平均精度与边长的关系式。

考虑到三角高程测量的精度，在不同类型的地区和不同的观测条件下，可能有较大的差异，现在从最不利的观测条件来考虑，取 $P=0.025$ 作为最不利条件下的系数，即

$$M_h = \pm 0.025S \tag{5.40}$$

式（5.40）说明高差中误差与边长成正比例的关系，对短边三角高程测量精度较高，

边长越长精度越低。平均边长为8km时，高差中误差为±0.20m；平均边长为4.5km时，高差中误差约为0.11m。可见三角高程测量用短边传递高程较为有利。为了控制地形测图，要求高程控制点高程中误差不超过测图等高距的1/10，对等高距为1m的测图，则要求$M \leqslant \pm 0.1$m。式（5.40）是作为规定限差的基本公式。

（2）对向观测高差闭合差的限差。同一条观测边上对向观测高差的绝对值应相等，或者说对向观测高差之和应等于零，但实际上由于各种误差的影响不等于零，而产生所谓对向观测高差闭合差。对向观测也称往返测，所以对向观测高差闭合差也称为往返测高差闭合差，以W表示：

$$W = h_{1,2} + h_{2,1} \tag{5.41}$$

以m_W表示闭合差W的中误差，以m_{h0}表示单向观测高差h的中误差，则由式（5.41）得

$$m_W^2 = 2m_{h_0}^2 \tag{5.42}$$

取两倍中误差作为限差，则往返测观测高差闭合差为

$$W_{限} = 2m_W = \pm 2\sqrt{2}m_{h_0} \tag{5.43}$$

若以M_h表示对向观测高差中误差，则单向观测高差中误差可以写为

$$m_{h_0} = \sqrt{2}M_h \tag{5.44}$$

顾及式（5.40），则上式为

$$m_{h_0} = 0.025\sqrt{2}S \tag{5.45}$$

再将上式代入式（5.43）得

$$W_{限} = \pm 2\sqrt{2} \times 0.025\sqrt{2}S = \pm 0.1S \tag{5.46}$$

式（5.46）就是计算对向观测高差闭合差限差的公式。

（3）环线闭合差的限差。如果若干条对向观测边构成一个闭合环线，其观测高差的总和应该等于零，当这一条件不能满足时，就产生环线闭合差。最简单的闭合环是三角形，这时的环线闭合差就是三角形高差闭合差：

$$W = h_1 + h_2 + h_3 \tag{5.47}$$

以m_W表示环线闭合差中误差；m_{h_i}表示各边对向观测高差中数的中误差，则

$$m_W^2 = m_{h_1}^2 + m_{h_2}^2 + m_{h_3}^2 \tag{5.48}$$

对向观测高差中误差m_{h_i}可用式（5.40）代入，再取两倍中误差作为限差，则环线闭合差为

$$W_{限} = 2m_W = \pm 0.05\sqrt{\sum M_{h_i}^2} \tag{5.49}$$

5.2.3 GNSS水准

虽然正高和正常高均可以通过水准和重力测量得到，但是这些方法的作业成本非常高，而作业效率又相对较低。随着GNSS的出现，采用GNSS技术测定点的正高和正常高，即所谓的GNSS水准，引起了人们越来越广泛的兴趣。不过，单独采用GNSS技术是无法测定出点的正高或正常高的，因为GNSS测量所得出的是一组空间直角坐标(X,Y,Z)坐标，通过坐标转换可以将其转换为大地经纬度和大地高(B,L,H)，而要确定出点的正高或正常高，需要在基于椭球与基于大地水准面或似大地水准面的高程系统间进行转换，也就是必须要知道这

些点上的大地水准面差距或高程异常。由此可以看出，GNSS 水准实际上包括两方面内容：一方面是采用 GNSS 方法确定大地高，另一方面是采用其他技术方法确定大地水准面差距或高程异常。前者属于 GNSS 高精度定位问题，后者其实属于高程系统转换问题，本节围绕后者进行介绍。

我国采用的正常高系统，如果知道某点的高程异常，可以很方便地将该点的大地高转化为正常高高程。目前常用的 GNSS 高程转换方法一般有以下几种。

5.2.3.1　地球重力场模型法

高程异常是地球重力场的参数，利用地球重力场模型，根据点位信息，直接可求得该点的高程异常值。具体地说，地面点的高程异常是根据重力场长波分量、已知点大地水准面差距、斯托克斯方程数值积分的长波分量的球谐函数表达式和地面重力测量结果等来计算的。在一定区域内，只要有足够数量的重力测量数据，就可以比较精确地求定该区域的高程异常值。

高程异常的精度取决于已知的局部重力场的精度、该区域地面重力测量结果的密度和精度，以及在已知重力点之间内插求重力时所用的高程数据的精度等。对于实施水准测量比较困难的丘陵和山区，利用重力测量方法是比较实用且可靠的方法。目前，在我国现已布设重力测网的绝大部分区域，用此方法一般可达到厘米级的精度。但此法的缺点是需要足够多且精度足够高的重力测量资料，而且由此计算的结果精度不高。当前，用此法求得的地面点的高程异常精度较低，不能满足工程的精度要求。

5.2.3.2　数学模型拟合法

该法的主要思路是在某一区域内，如果有一定数量点的大地高和正常高均已知，则已知点的高程异常值就可计算得到；然后，再用一个函数来模拟该区域的似大地水准面的高度，这样就可以用数学内插的方法求解区域内任一点的高程异常值。根据数学模型的不同，有加权平均法、多面函数法、曲面拟合法等。在数学模型拟合法的基础上，又有数学模型抗差估计法和数学模型优化方法等。下面逐一简要介绍。

1）加权平均法

所谓加权平均法，就是由内插点周围部分已知点的高程异常加权平均求得该点的高程异常。设在内插点周围选 n 个已知点，高程异常为 $\xi_i(i=1,2,3,\cdots,n)$，对应的权为 P_i，则内插点 j 的高程异常为

$$\xi_j=\frac{\sum_{i=1}^{n}P_i\xi_i}{\sum_{i=1}^{n}P_i} \tag{5.50}$$

上式中的权 P_i 可根据已知点至内插点的水平距离来计算：

$$P_i=\frac{1}{(d_i+\varepsilon)^2} \tag{5.51}$$

式中：d_i 为已知点 i 至内插点 j 的水平距离；ε 为一个小正数，以防止权函数的分母趋于 0，通常 ε 取 0.01，单位与 d_i 相同。

当已知点离内插点较近时，P_i 就大，对内插点贡献大，当已知点离内插点较远时，P_i

就小，从而对内插点贡献小。此法要求各 P_i 不要相差过大。

2）多面函数法

多面函数法是由美国的 Hardy 提出的。其基本思想是，任何数学表面和任何不规则的圆滑表面，总可用一系列有规则的数学表面的总和以任意精度逼近，其方程为

$$\xi(x,y) = \sum_{i=1}^{k} C_i Q(x,y,x_i,y_i) \tag{5.52}$$

式中：C_i 为待定参数；$Q(x,y,x_i,y_i)$ 为以 (x_i,y_i) 为节点的核函数；k 为节点个数。

理论上讲，核函数可取任意函数，为了简单起见，一般采用具有对称性的距离型，如双曲型函数：

$$Q(x,y,x_i,y_i) = [(x-x_i)^2 + (y-y_i)^2 + d^2]^b \tag{5.53}$$

式中：d 为任意常数，称为光滑因子，用来对核函数进行调整。b 取 0.5 时为正双曲面，k 取 -0.5 时为倒双曲面。

若有 m 个 GNSS 水准点，可选其中 n 个特征点 (x_i,y_i) 为节点，令

$$Q_{ij} = Q(x_j,y_j,x_i,y_i) \tag{5.54}$$

则各个 GNSS 水准点的高程异常值应满足：

$$\xi_j = \sum_{i=1}^{n} C_i Q_{ij} \tag{5.55}$$

式中：$i=1,2,\cdots,n$；$j=1,2,\cdots,m$。

可得误差方程：

$$V = \boldsymbol{QC} - \xi\boldsymbol{P} \tag{5.56}$$

根据最小二乘法，解得

$$\boldsymbol{C} = (\boldsymbol{Q}^{\mathrm{T}}\boldsymbol{PQ})^{-1}\boldsymbol{Q}^{\mathrm{T}}\boldsymbol{P}\xi \tag{5.57}$$

将其代入式（5.52），即得任一点的高程异常。

显然多面函数的拟合精度与核函数、平滑因子的确定有关。不同的参数选择将会带来不同的拟合效果，但目前关于它们的选择尚无严格的理论依据和方法可循，需要多次试验比较。

尽管理论上讲，多面函数可以以任意精度逼近似大地水准面，但由于受拟合点分布及参数选择等因素的影响，经多面函数拟合后局部区域仍会存在较大的剩余误差。

3）曲面拟合法

该法的主要思路是利用 n 个已知点（高程异常值已知），用一个平面（一次多项式）或二次曲面（二次多项式）的数学模型来拟合高程异常。

平面拟合的方程为

$$\xi(x,y) = a_0 + a_1x + a_2y \tag{5.58}$$

式中：(x,y) 为点的平面坐标；a_i 为模型系数。

若采用二次曲面，则方程为

$$\xi(x,y) = a_0 + a_1x + a_2y + a_3x^2 + a_4xy + a_5y^2 \tag{5.59}$$

对于平面拟合，区域已知点个数应不少于 3 个，对于二次曲面拟合，已知点不少于 6 个。一般来说，若已知点个数足够多，则二次曲面拟合的精度要高于平面拟合的精度。

在平原地区，似大地水准面的变化是非常平缓的。在 $15km^2$ 范围内，一般只有 0.1～0.2m 的起伏。如果同时具有正常高 $H_常$ 和大地高 $H_大$ 的点能保证间距 4～6km 以内，则用二次曲面法拟合的高程异常精度一般可达到毫米级。

4）数学模型抗差估计法

若观测数据服从正态分布，且无显著异常干扰，则采用最小二乘拟合法即可获得可靠的拟合函数。但当数据点受异常污染时，基于最小二乘原则进行的各种拟合，都将在残差二次型等于极小的原则下，过分迁就这些异常数据，导致拟合函数失真。在数学模型拟合法（如二次曲面拟合法）的基础上，根据平差后的验后信息，逐步调整观测值（已知点）的权，使含有粗差的观测值的权越来越小甚至等于 0，从而减小粗差对平差结果的影响。从某种意义上说，当观测值的权很小或者等于 0 时，也就相当于从观测序列中剔除了该观测值。因此在迭代的过程中，逐步发现粗差并将其“剔除”。

5）数学模型优化方法

由于测量中诸多因素的影响，使有些点实测高程异常值含有粗差；建模前，对异常数据的判定和剔除是确保模型质量的重要步骤；对参与建模的点进行显著性判断也是十分必要的；把建模作用显著的点纳入高程异常模型，而不必把全部已知点纳入模型建立中，以达到模型优化的目的，从一些工程实例的应用情况来看，效果非常明显。

5.2.3.3　平差转换法

在某一区域内，如果有一定数量的点具有三维坐标 $(x,y,H_常)$，我们即可根据坐标转换的原理，求得参考椭球面与似大地水准面之间的平移和旋转参数，并把这些参数加入 GNSS 网的平差，在已知点的约束下，通过平差即可求得 GNSS 观测点的平面坐标和正常高高程。这种方法的精度取决于已知点的密度、已知数据的精度以及平移旋转参数的精度。

5.2.3.4　联合平差法

当测区内具有天文大地测量、重力测量、水准测量及 GNSS 测量等多种观测数据时，我们即可用整体平差模型将这些观测数据进行联合平差，最终可求得地面点的平面坐标及（正常高）高程的最优无偏估值。此种方法综合了上述几种方法的优点，是 GNSS 大地高转换为正常高的最可靠方法，即使在测区内控制点分布不均时，联合平差法求取正常高高程也是十分有效的。联合平差法求取正常高的精度仍取决于已知点的分布情况、已知数据的精度以及所建立的平差模型的优化程度等。

5.2.3.5　神经网络方法

人工神经网络是一门交叉学科，它是生物神经系统的一种高度简化后的近似。从 20 世纪 80 年代以来，许多领域（包括工程界）的科学家掀起了研究人工神经元网络的新高潮，现已取得了不少突破性进展。基于神经网络转换 GNSS 高程是一种自适应的映射方法，没作假设，能减少模型误差。

但以上诸多方法各自都存在一些缺点，因此，如何来进行 GNSS 高程转换，且保持高精度，确实仍需不断研究。

随着卫星定位技术的不断发展和定位精度的不断提高，GNSS 精密测高对传统的水准测高提出了挑战。GNSS 测高与常规测量水准方法测高相比，最大的优点在于不受距离限制。目前，GNSS 水准的精度在 10km 以上的距离已达到三等水准测量的精度，在大范围内可接近二等水准的精度。GNSS 相对定位所具有的速度快、精度高、全天候、全自动化的特点，使 GNSS 水准将得到越来越多的应用。GNSS 高程测量有望在以下几个方面得到广泛应用。

1）GNSS 进行三、四等水准加密

在山区和丘陵地区进行水准测量，工作量大，因此可利用 GNSS 水准测量进行三、四等水准加密。

2）GNSS 跨河水准测量

利用 GNSS 相对定位，跨越距离大、精度高，如果利用沿岸已有的国家水准点，选取合理的图形构成 GNSS 水准网（一般 3～5 点），利用曲线或曲面拟合方法，即可把 GNSS 大地高程转化为正常高程，其精度是完全可以保证的，而三角高程测量则难以实现。

3）GNSS 水准用于变形监测

经典的变形监测网，因受到各种因素的限制，难以建立高精度的三维变形监测网。考虑通视条件和误差传播等原因，监测网布设范围不可能很大，常设在变形区内。这就使得在变形分析时难以找到稳定的基准，影响变形分析的质量。

GNSS 测量以其速度快、精度高和不受通视条件、边长限制等优点，广泛应用于地壳变形、海洋面变化等监测。它可以直接测定三维变形，布设范围可扩大至相对稳定区域，以便建立可靠的变形分析稳定基准。

5.3 高程基准

5.3.1 高程基准的定义

高程基准是推算国家统一高程控制网中所有水准高程的起算依据，其定义包括高程基准面和水准原点，通过高程控制网实现。

5.3.1.1 高程基准面

为了建立全国统一的高程系统，必须确定一个高程基准面。高程基准面就是地面点高程的统一起算面，由于大地水准面所形成的体形——大地体是与整个地球最为接近的体形，因此通常采用大地水准面作为高程基准面。

大地水准面是假想海洋处于完全静止和平衡状态时的海水面，并延伸到大陆地面以下所形成的闭合曲面。事实上，海洋受潮汐、风力和大气压等因素的影响，永远不会处于完全静止的平衡状态，总是存在着不断的升降运动，怎样解决这个问题？可以通过验潮的办法来确定其位置。即在海洋近岸的一点处竖立水位标尺，成年累月地观测海水面的水位升降，根据长期观测的结果可以求出该点处海洋水面的平均位置，人们假定大地水准面就是通过这点处实测的平均海水面。

潮汐是指海水受日月等天体的引力作用，而产生的周期性有规律的涨落现象。也就是说海水面在不同时刻有不同的水位，呈现明显的规律性变化。为掌握海水变化的规律而进行的长期观测海水面水位升降的工作称为验潮，进行这项工作的场所叫验潮站。

由于沿岸各地的平均海面并不是一致的，在百千米的距离内，平均海面有几厘米的变化，而海港内的平均海面往往要低于港外平均海面，故每个验潮站只能求出当地的平均海面。各地的验潮结果也表明，不同地点的平均海水面之间还存在着差异，所以对于海岸线很长的国家，一般根据沿海海面和各种用途需要在不同地区的海岸建立若干个验潮站。选择其中较适合本国海面状况，并具有整体代表性的一个验潮站作为全国高程系统的基准面，其他验潮站的结果作为参考。

地面上的点相对于高程基准面的高度，通常称为绝对高程或海拔高程，也简称为标高或高程。例如珠穆朗玛峰高于高程基准面 8848. 86m，就称珠穆朗玛峰的高程为 8848. 86m。

5. 3. 1. 2　水准原点

为了长期、牢固地表示出高程基准面的位置，并便于高程基准面与国家高程控制网的连接和传递，通常要在确定国家高程基准面的验潮站附近建造一座十分坚固、精度可靠、能长久保存的国家水准原点。用精密水准测量方法测定国家水准原点与国家高程基准面的高差，用以确定国家水准原点以国家高程基准面起算的高程，以此高程作为全国各地推算高程的依据。

一般由原点（主点）和若干个附点、参考点组成一个中心多边形的国家水准原点网。国家水准原点也必须用精密水准测量测定，以保证国家水准原点高程的精确可靠。我国的水准原点网建于青岛附近，其网点设置在地壳比较稳定、质地坚硬的花岗岩基岩上，由 1 个原点、2 个附点和 3 个参考点共 6 个点组成。水准原点的标石构造如图 5. 12 所示。

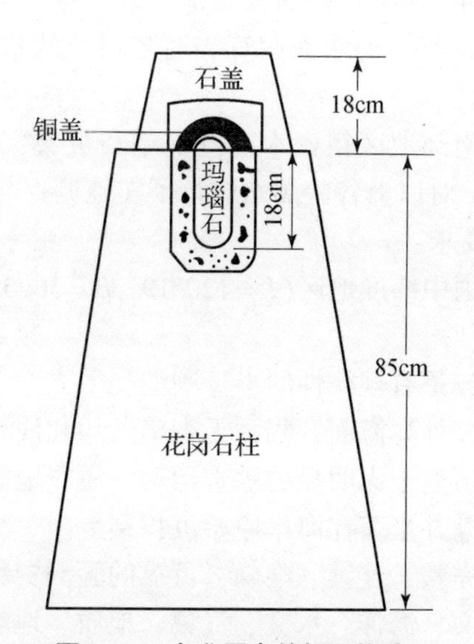

图 5. 12　水准原点的标石构造

5.3.2 我国的高程基准

早在元朝，科学家郭守敬借助海平面对元大都与汴梁，也就是对今天的北京到河南开封之间的地形和高度差异进行测算比较，使得中国成为最早运用海平面作为计算全国高程起算面的国家，至少比西方早了400多年。

19世纪到中华人民共和国成立之前，世界列强纷纷依托在中国的租借地或占领区，沿我国东部海岸线设立验潮站或验潮所，以此确定所谓的高程零点，其中，英国在福州和天津分别确定了罗星塔高程零点、大沽高程零点，日本海军水务部则于1905年确立大连高程零点，他们用这些所谓的高程零点，肆意测绘中国国土。

彼时，中国政府也设立了上海吴淞高程零点与废黄河零点，这样我国境内的高程零点就极为混乱，迫切需要规范统一。1927年南京国民政府开始在浙江坎门选址，1929年10月建成坎门验潮井，从英国引进的一台自动验潮仪也于第二年5月正式验取潮汐资料，并以1930年到1934年的潮汐观测资料推算出了坎门平均海平面，作为零点高程起算面，然后将零点起算数据引测到验潮基准点上，这就是坎门水准原点。

从1936年1月开始，南京国民政府正式启用坎门水准原点，并迅速引测到浙江、北京等全国17个省市，广泛应用于测图。尽管做出诸多改变，但当时我国各省使用的海拔零点未能完全达到一致，导致相邻省份对同一地点的测量高度竟然相差50m甚至60m，显然据此测绘的各类分区地图无法拼接和引用。1949年，随着南京国民政府向台湾败逃，以坎门水准原点统一全国海拔高度起算点的计划也就不了了之。

解放初期，中华人民共和国的经济发展与国防建设迫切需要详细准确的测绘资料作为依据，然而现存的各类坐标点、高程点、地形图仍然极为混乱，很难满足需求，规范测绘已经刻不容缓。我国先后建立了“1956年黄海高程系统”和“1985国家高程基准”。

5.3.2.1 1956年黄海高程系统

中华人民共和国成立初期，为了统一高程系统，曾以浙江坎门验潮站的平均海水面和青岛验潮站1952—1953年观测的平均海水面归算当时各系统的水准测量成果，这个基准面被定名为“1954黄海平均海水面”。

1957年，当时的中国东南部地区精密水准网平差委员会，邀请有关专家综合分析，根据基本验潮站应具备的条件，对以上各验潮站进行了实地调查与分析，认为青岛验潮站符合作为我国基本验潮站的基本要求：

(1) 位置适中，地处我国中纬度地区($L=120°19', B=36°05'$)和海岸线的中部，较符合国家海面的实际情况。

(2) 所在港口有代表性，是有规律性的半日潮港。

(3) 避开了江河入海口，外海海面开阔，无密集岛屿和浅滩，海底平坦，水深在10m。

(4) 所在地地壳稳定，历史上无明显的垂直运动，属非地震烈震区。

(5) 地质结构坚硬，验潮井坐落在海岸原始沉积层上。

(6) 验潮站已有长期、完整、连续、准确、可靠的验潮资料。

(7) 所在地有长期的天文、海洋、水文、气象、地质、地球物理等项测验和研究资料。

鉴于青岛验潮站具有的以上有利条件，因此在1957年确定青岛验潮站为我国基本验潮站，验潮井建在地质结构稳定的花岗石基岩上，以该站1950年至1956年7年间的潮汐资料推求的平均海水面作为我国的高程基准面，由此计算的水准原点高程为 72. 289m。以此高程基准面作为我国统一起算面的高程系统，名为“1956 年黄海高程系统”。1959 年国务院批准颁布的《中华人民共和国大地测量法式（草案)》中规定正式启用。几十年来，黄海高程系统在经济建设、国防建设和科学研究等方面都起到了重要的作用。

5. 3. 2. 2　1985 国家高程基准

“1956 年黄海高程系统”的高程基准面的确立，是在当时的客观条件下的最佳方案，对统一全国高程有其重要的历史意义。但随着科学技术的进步以及验潮资料的积累，它的不足和缺陷逐渐显现：采用青岛验潮站 7 年的观测资料太少，由于潮汐数据时间短，无法消除长周期潮汐变化的影响（一周期一般为 18. 61 年)，导致计算的平均海水面不太稳定，代表性较差；潮汐数据记录有个别错误，由 1950 年和 1951 年测定的年平均海水面比其他 5 年测定的平均海水面偏低约 20cm，而同期我国其他验潮站并没有出现同类现象，表明该两年的数据存在系统性差异；对我国沿海海面状况缺乏深入了解，没有测定各地平均海面和黄海平均海面的差值，无法确定我国沿海海面存在的南高北低的具体量级，也就无法顾及我国海面存在的倾斜问题；1956 年黄海高程基准没有联测至海南岛。因此，基于上述原因，有必要确定新的国家高程基准。

新的国家高程基准面是根据青岛验潮站 1952—1979 年中 19 年的验潮资料计算得到的，根据这个高程基准面作为全国高程的统一起算面，这就是“1985 国家高程基准”，由此推算出国家水准原点的高程为 72. 260m。1987 年经国务院批准，于 1988 年 1 月正式启用，今后凡涉及高程基准时，一律由原来的“1956 年黄海高程系统”改用“1985 国家高程基准”。由于新施测的国家一等水准网是以“1985 国家高程基准”起算的，因此，今后凡进行各等级水准测量、三角高程测量以及各种工程测量，应尽可能地与新布测的国家一等水准网点联测。如不便联测时，可在“1956 年黄海高程系统”的高程值上加一改正值，得到以“1985 国家高程基准”为准的高程值。由于 1956 年黄海平均海水面起算的我国水准原点的高程为 72. 289m，因此“1985 国家高程基准”与“1956 年黄海高程系统”之间的转换关系为

$$H_{85} = H_{56} - 0.029\text{m} \tag{5.60}$$

式中：H_{85}、H_{56}分别表示新、旧高程基准水准原点的正常高。

海上岛屿不能与国家高程网直接联测时，应建立局部水准原点，根据岛上验潮站平均海水面的观测确定其高程，作为该岛及其附近岛屿的高程基准。凡采用局部水准原点测定的水准高程，应在水准点成果表中注明，并说明高程系统的有关情况。

高程基准是高程测定的依据，由于一些客观原因的存在，定义的高程基准只具有局部性特征，而不是全球统一的高程基准。当前，统一的高程基准对国防工业、国民经济建设以及大型的工程都具有重大意义。随着全球导航卫星系统和卫星测高等空间大地测量技术的快速发展，将世界上各个国家或地区的局部高程基准归算到全球统一的高程基准将成为可能，并且在欧洲和北美等地区正在逐步实现。

5. 3. 2. 3　我国的高程控制网

国家高程控制网是大地控制网的一部分，在一个国家或一个地区范围内，测定一系列统一而精确的地面点的高程所构成的网，作为国家基础地理信息数据，为国家经济建设、国防

建设和地形图测制提供地面点高程。确定控制点高程的方法主要有水准测量、三角高程测量和 GNSS 水准测量。

根据我国地域辽阔、领土广大、地形条件复杂和各地经济发展不平衡的特点，按以下原则布设国家高程控制网。

1）等级原则

国家高程控制网采用从高到低、从整体到局部，逐级控制、逐级加密的方式布设。水准测量分为 4 个等级，各等级水准测量路线必须自行闭合或附合于高等级的水准点上，与其构成环形或附合路线，以便控制水准测量系统误差的积累和便于在高等级的水准环中布设低等级的水准路线。

一等水准测量是国家高程控制网的骨干，同时也为相关地球科学研究提供高程数据；二等水准测量是国家高程控制网的全面基础；三、四等水准测量是直接为地形测图和其他工程建设提供高程控制点。水准路线附近的验潮站基准点、沉降观测基准点、地壳形变基准点以及水文站、气象站等应根据实际需要按相应等级水准进行联测。

2）密度原则

水准点分布满足一定的密度。国家各等级水准路线上，每隔一定距离应埋设稳固的水准标石，以便于长期保存和使用。一等水准测量路线沿地质构造稳定和坡度平缓的交通线布满全国；根据地区情况和实际需要，闭合环周长在 1000 ~ 1500km。在一等水准环内布设的二等水准网，是国家高程控制的全面基础。二等水准路线将一等水准环划分为较小的环，其周长一般在 500 ~ 750km。三、四等水准测量直接提供地形测量和各项工程建设所必需的高程控制点。先用三等水准测量路线将二等环分为若干个更小的环，再用四等水准测量路线进一步加密。

3）精度原则

水准测量达到足够的精度。较高的测量精度是保证水准测量成果使用价值的头等重要问题。一、二等水准称为精密水准。精密水准测量必须实施往测和返测，而且规定一、二等水准测量由往返测之差计算的每千米高差平均值的偶然中误差不大于 0.45mm 和全中误差小于 1.0mm。因精密水准测量成果需进行重力异常改正，故在一、二等水准路线沿线要进行重力测量。高程大于 4000m 或水准点间的平均高差为 150 ~ 250m 的地区，一、二等水准路线上每个水准点均应测定重力。高差大于 250m 的测段，在地面倾斜变化处应加测重力。三、四等水准称为普通水准。

4）定期复测原则

国家一等水准网应定期复测，复测周期一般为 15 ~ 20 年复测一次；二等水准网不定期按需要复测。复测的目的主要是满足涉及地壳垂直运动的地学研究对高程数据精度不断提高的要求，改善国家高程控制网的精度，增强其现实性；同时也是监测高程控制网的变化和维持完善国家高程基准与传递的措施。

5.4 深度基准

为描述海底地物地貌特征及进行相应的水深测量，需要用到深度及深度基准的概念。深度是指在海洋（主要指沿岸海域）水深测量所获得的水深值，是从测量时的海面（即瞬时海面）起算的。由于受潮汐、海浪和海流等因素影响，瞬时海面的位置会随时间发生变化，因此，同一测深点在不同时间测得的瞬时深度值是不一样的。为此，必须规定一个固定的水面作为深度的参考面，把不同时间测得的深度都归算到这一参考水面上去。这一参考面即称为深度基准面，如图 5.13 所示。

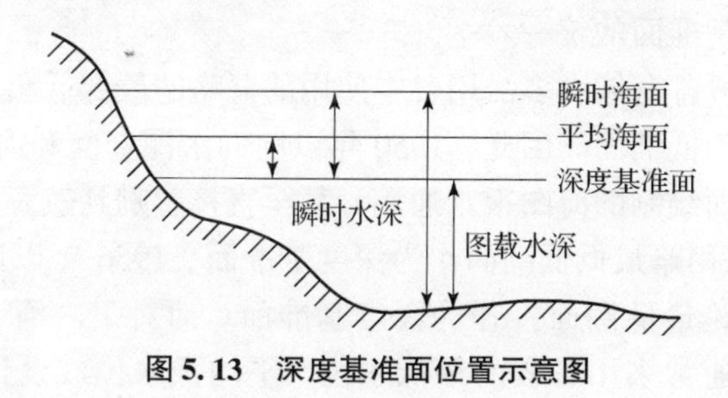

图 5.13　深度基准面位置示意图

5.4.1　深度基准面的确定

由于水深测量成果主要为绘制海图提供基础资料，而绘制海图的主要目的是为航海服务。由此，确定深度基准面的基本原则是：既要考虑船舶的航行安全，又要照顾到航道的使用率。一般情况下，若航海人员仅凭海图航行，深度基准面确定的高低将尤为重要。如果定得过高，海图水深超出低潮期的实际水深会导致船舶的搁浅；如果定得太低，海图水深低于低潮期的实际水深又会造成航道利用率的降低。因此为了使深度基准面满足上述两条原则，深度基准面保证率定义为在一定时间内，高于深度基准面的低潮次数与总次数之比的百分数：

$$\text{深度基准面保证率} = \frac{\text{深度基准面以上低潮次数}}{\text{低潮总次数}} \times 100\% \tag{5.61}$$

我国在确定海图深度基准面时，一般应有 95% 的保证率，由此可知，在确定海图深度基准面时都必须要考虑当地的潮汐性质，将深度基准定在最低潮附近。综上所述也是海图深度基准面所诠释的物理含义，不仅是一个确定的数字模型，同时还要满足服务于与海洋相关的活动的技术要求。通常情况下，取在当地长期验潮所推算的平均海水面以下相距为 L 的一个面作为深度起算面，即深度基准面。

5.4.2　深度基准面的种类与转换

由于以下原因，导致深度基准面种类繁多：

（1）对于一个海区内各历史时期出版的各种海图可以有不同的深度基准面。

（2）对于同一深度基准面则因为各海区潮汐性质的差异而 L 值有很大的变动。

（3）对于同一海区同一深度基准面而言，则因计算 L 值所取用的潮汐资料的时间长短、时间区段以及精度的不同，也可能有不同的深度基准面值。

（4）随着时间的推移，当海区潮汐性质发生变化时，深度基准面值也会随之产生变化。

世界各国根据其海域潮汐特征，采用不同的计算公式来确定 L 值，常见的深度基准面主要有平均低低潮面、最低低潮面、平均低潮面、平均大潮低潮面、理论最低潮面、最低天文潮面等多种。所有深度基准面中以平均大潮低潮面、略最低低潮面和理论最低低潮面三种较为广泛使用。

1919 年，为统一世界各国的深度基准面，世界主要沿海国展开了政府间协调，但未能达成一致。1926 年，国际海道测量组织第一届潮汐委员会会议提出了确定深度基准面的基本原则，规定实际观测的低潮可以偶然地落在所选择的基准面以下。20 世纪 90 年代以来，国际海道测量组织推荐其成员国采用最低天文潮面作为深度基准面，得到了越来越多国家的响应，促进了全球深度基准面的统一。

民国时期，中国北方各海域大多沿用日本使用的概略的最低低潮面，南方各海域则大多采用英国使用的大潮平均低潮面。因此，1950 年以前的水深资料和海图水深注记十分混乱，导致采用不同深度基准面绘制的海图很难通用，甚至直接影响到航海安全。

中国 1956 年以前采用略最低低潮面作为深度基准面。1956 年以后采用弗拉基米尔斯基理论最低潮面（简称理论最低潮面）作为深度基准面。而对于内河、湖泊的水深测量，考虑到实际航行的需要，通常采用各自的最低水位、平均低水位或设计水位作为水深测量的基准。

基于深度基准面繁杂的客观状况及近代历史海图研究和应用中应将不同深度基准面归算成同一深度基准面的实际需要，就形成了近代历史海图深度基准面转换这个命题。“深度基准面转换”的实质从本质上讲，就是求取两种不同深度基准面之间的函数关系；从具体的两幅不同深度基准面的海图来讲，就是求取它们的深度基准面的差值 ΔL（深度基准面改正数），有 $\Delta L = L_2 - L_1$。运用各种方法求取深度基准面改正数，就是深度基准面转换的基本内容。

5.4.3 深度基准与高程基准的转换

目前，中国陆地和海岸带地形测量采用 1985 高程基准基准面（1985 年黄海平均海水面），而水深测量则采用理论最低潮面。由于陆地高程与海洋水深分别采用不同的起算面，使得陆海交接处地形图与海图难以无缝拼接使用；而且海图图幅海域内分别采用离散验潮站确定的深度基准面作为该海域的深度基准面，使得相邻图幅海图存在深度基准系统差（我国海域各深度基准面差异近 2m）。由于陆海垂直基准和不同海区深度基准面之间没有建立严密的转换关系，不仅给陆图与海图拼接使用带来了麻烦，妨碍了大量有效信息的利用，还影响到航海安全，也不利于国际接轨。由此，如何实现陆海垂直基准的统一，成为当前学术界研究的热点之一。

两个基准的连接可以通过在验潮站之间进行水准连接实现。当前，综合利用 GNSS 基准站和长期验潮站数站的并置观测资料，已建立了我国高程基准与深度基准的转换模型。

习　题

1. 请简述正常高、正高、大地高的定义及相互关系。
2. 请简述我国高程控制网的布设原则。
3. 基于水准测量观测数据，填写高程改正数计算过程和各点的高程。

点号	测站数	观测值 /m	改正数 /m	高差 /m	高程 /m	备注
A	12	+2.785			56.345	已知
1						
	18	−4.369				
2						
	13	+1.980				
3						
	11	+2.345				
B					59.039	已知
	54	+2.741				
Σ						

4. 请推导叙述高程异常拟合的多面函数法。
5. 请简述高程异常求定常用方法的主要思想。

第6章　地磁基准

地球具有磁场。地磁场在地球内部及周边的空间分布，作为地球的固有资源，为航海、航空、航天提供了天然的坐标，可用于舰船、航空飞行器、航天器等载体的定位、定向及姿态控制。而实现高精度的地磁导航，需要及时准确地获取反映地磁空间分布特征的数学模型或测量数据，并生成相应的地磁基准图作为导航基准。

6.1　地磁场的基本知识

6.1.1　地磁场的认知

我国古人最早发现并应用了地磁现象。在我国很早就发现了磁石的指向性，并制造了指向仪器司南。公元前250年左右，战国末年的《韩非子·有度篇》记载了指南针的先驱——司南的应用："先王立司南以端朝夕"。公元一世纪，东汉王充所著的《论衡》曾明确指出司南磁勺的勺柄指南："司南之杓，投之于地，其柢指南"。之后在它的基础上，我国古人又使用人工磁化的磁针来辨别方向。11世纪中叶，北宋学者沈括所著的《梦溪笔谈》中有这样的记载："方家以磁石磨针锋，则能指南，然常微偏东，不全南也。"这里不仅说明了磁针的指南特性，而且明确地记载了地磁偏角的存在。

据王振铎考证，指南针首次在中国用于航海，应在公元838—1099年之间。北宋宣和元年（公元1119年），《萍洲可谈》中有这样一段记载："舟师识地理，夜则观星，昼则观日，隐晦则观指南针。"可见当时已将指南针广泛用于航海。直到12世纪，指南针才由中国传至欧洲。

欧洲人将指南针应用于航海，最早是12世纪末到13世纪初。哥伦布在1492年由欧洲航行横渡大西洋途中，才发现地磁偏角的存在，并发现地磁偏角是因地而异的，这比我国沈括的发现晚了400多年。磁偏角的首次连续测量是1538年在欧洲至东印度的范围内进行的。1544年，哈特曼（G. Hartman）第一次发现了磁倾角的存在；1576年，诺尔曼（R. Norman）制造了世界上最早的磁倾仪。

早期地磁学诞生的标志是在1600年，英国物理学家威廉·吉尔伯特（W. Gilbert）（1540—1603）发表了著作《论磁》（*De Magnete*）。书上指出，地球的磁场相当于永久磁铁的磁场，它位于地球中心，磁轴靠近地球自转轴，这是地磁场成因的最早论述。英国天文学家哈雷（E. Halley）在1701年两次大西洋航行后，编绘了大西洋地磁偏角图，这是世界上第一张描绘地磁场等值线形态的地图；又在1702年编成了一幅磁偏角的世界地图，包括了大西洋和印度洋的磁偏角资料。

1833年，德国数学家、物理学家高斯（C. F. Gauss）和物理学家韦伯（W. E. Weber）共同建立地磁观测台、组织磁学学会以及联系全世界的地磁台站网，并设计了测量地磁场水平强度绝对值的磁强计。1839年，高斯建立了地磁场的球谐分析方法，证实了吉尔伯特关于地磁场起源于地球本身的论断，奠定了地磁场分析的理论基础，同时也标志着近代地磁学的诞生。1840 年，高斯与韦伯共同完成了一张世界地球磁场图，定出了地球磁南极和磁北极的位置。

1957 年 10 月 4 日，苏联第一颗人造地球卫星发射升空，宣告人类进入空间时代，地磁学也步入了现代发展阶段。而随着空间技术的飞速发展，地磁学与测绘学、空间物理学的交叉与综合不断加强，地磁测量技术发生了根本变化，磁测卫星将在很短的时间内得到精度更高、覆盖面更广的结果。

综上所述，地磁学的发展共经历了四个阶段：

（1）初期地磁学：公元前 250 年—公元 1600 年，以中国发明指南针为标志。

（2）早期地磁学：1600—1839 年，吉尔伯特发表《论磁》标志此阶段的开始。

（3）近代地磁学：1839—1957 年，以德国数学家、物理学家高斯将球谐分析法用于地磁场研究为开始标志。

（4）现代地磁学：1957 年至今，以苏联第一颗人造地球卫星上天为标志。

经过这四个阶段，地磁学得到了极大的发展。

6.1.2　地磁场的基本特征

地磁场是指地球本身及周围空间的电磁场，从地球内部延伸到太空，范围从地心至地球磁层边界，如图 6.1 所示。地球可视为一个磁偶极，其中一极位于地理北极附近，另一极位于地理南极附近。通过这两个磁极的假想直线（磁轴）与地球的自转轴大约呈 11.5°的倾斜。地球的磁场向太空伸出数万千米形成地球磁圈引力。地球磁圈对于地球而言有屏蔽太阳风所挟带的带电粒子的作用。地球磁圈在白昼区（向日面）受到带电粒子的力影响而被挤压，在地球黑夜区（背日面）则向外伸出。

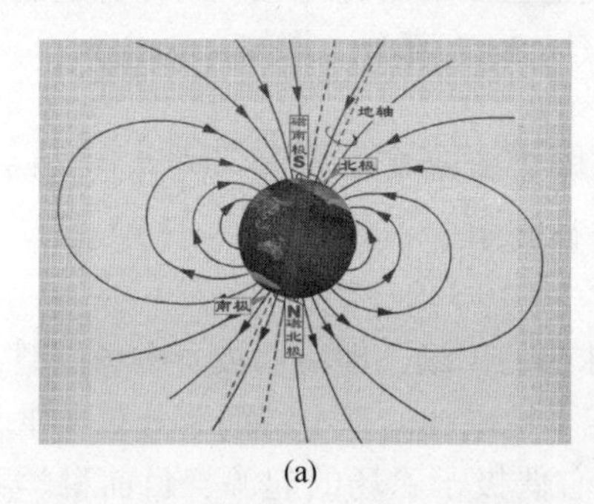

(a)

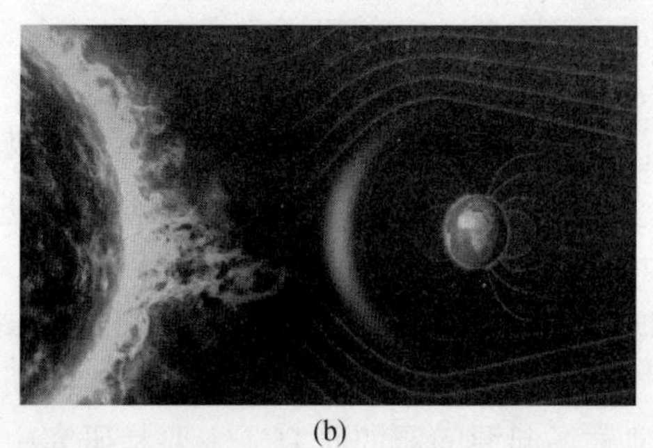

(b)

图 6.1　地磁场示意图

地磁场的主要特征可以描述为以下三点：

（1）地磁场近似于一个置于地心的磁偶极子的磁场，这个磁偶极子称为地心磁偶极子或地心偶极子。这是地磁场最基本的特征。地心磁偶极子的磁轴与地轴斜交一个角度 $\theta \approx 11.5°$，并且这个角度也是在不断变化的。磁轴与地球表面有两个交点，在地理北极附近的交点为地磁北极 N_m，而在地理南极附近的交点称为地磁南极 S_m，磁极的位置不是固定的。地磁北极和地磁南极是就地理位置而言的，但就磁性来说，地磁两极和物理的磁极性是相反的，磁力线自磁北极出，从磁南极入。在很长的历史时期里，地球磁极曾多次发生过倒转。

（2）地磁场是一个弱磁场，通常采用纳特（nT）为基本单位（$1nT = 10^{-9}T$）来度量地磁场强度。在地面上地磁场的平均强度约为 5×10^4nT，最强的两磁极处也只约为 7×10^4nT。

（3）地磁场在长时期内基本上稳定，但却叠加了复杂的全球变化。地磁场可划分为稳定磁场和变化磁场两部分。稳定磁场是地磁场的主要部分，并且主要起源于地球的内部，比较稳定，随时间变化较慢；变化磁场主要起源于地球的外部并且强度很弱，随时间变化较快。

6.1.3 地磁场的构成与起源

地磁场是由各种不同起源、不同变化规律的磁场叠加而成的。按照场源位置划分，可将地磁场分为内源场和外源场两部分。如果考虑地磁场随时间的变化特征，可以把随时间变化较快的地磁场成分称为地球的变化磁场，而把随时间作缓慢变化或基本不变的磁场成分称为地球的稳定磁场。稳定磁场是地磁场的主要部分，因此总磁场可写为

$$T = T_0 + \delta T \tag{6.1}$$

式中：T 为总磁场；T_0 为稳定磁场；δT 为变化磁场。稳定磁场要远远大于变化磁场，因此稳定磁场是地磁场的主要部分。

6.1.3.1 稳定磁场

稳定磁场可划分为起源于地球内部和地球外部的两个部分，即

$$T_0 = T_i + T_e \tag{6.2}$$

式中：T_i 为起源于地球内部的稳定磁场，称为地磁场的内源稳定磁场，其强度占稳定磁场的99%以上；T_e 为起源于地球外部的稳定磁场，称为地磁场的外源稳定磁场，其强度不到1%。

由于内源稳定磁场占地磁场的绝大部分，因此是主要的研究对象。内源稳定磁场又包括中心磁偶极子磁场 T_M、非偶极子磁场 T_m 和地壳磁场 T_α 三部分，即有

$$T_i = T_M + T_m + T_\alpha \tag{6.3}$$

其中，中心偶极子磁场和非偶极子磁场之和又被称为地球基本磁场，约占总磁场的95%，地壳磁场约占4%。下面依次对三种地磁场成分进行介绍。

1）中心偶极子磁场

作为地球磁场的一级近似值，采用均匀磁化球体的磁场，即磁偶极子磁场模型，占地磁场总强度的80%~85%，故其强度和形态特点决定了地磁场的基本特征和分布规律。

关于地磁场起源问题的研究，主要是研究中心偶极子磁场的起源，目前科学界还没有一个统一的定论，仍没有找到一个满意的答案，其中一种“地核发电机理论”成为地磁场起源学说中最有希望的理论。自激发电机假说主要观点认为，地心3500km半径内的地核是由铁、镍等物质组成的，处于高温高压条件下的液态金属介质黏滞系数很小，具有良好的导电性能，如同地壳物质，地核内存在有少量的放射性物质。放射性物质在其蜕变过程中释出热能，使地核中形成温度梯度，加上重力加速度的作用，使液态金属介质产生对流运动，形成封闭涡流。此时只要有极小的初始磁场存在，运动金属介质中就会产生感应电流。在对流运动的适宜形态下，感应电流又会引起加强原始磁场的次生磁场。只要有支持对流运动的能量，这种磁场就会一直变化下去。在这种情况下，地核就好比一个自激的发电机一样，由于地核黏滞性很小，这种自激发电机不难形成。而关于磁轴相对于地轴的偏移，被解释为因涡流环相对地理赤道的倾斜及其形态和数目的分布不均

匀而造成的。

2）非偶极子磁场

精确的地磁测量表明，各地磁要素在地面上的分布，在广泛的地域内并不符合地心偶极子场的分布规律，二者之间存在较为显著的差异。从世界正常地磁图中减去按地心偶极子磁场计算出来的地面各点磁场数值，这个数值即为非偶极子磁场；又因这种差异出现在广大的地域内，往往与一个大陆的面积相当，所以又称其为大陆磁场。图 6.2 为 1990 年世界非偶极子磁场垂直强度(Z)分布图。如图 6.2 所示，非偶极子场图的显著特点是：在图上存在若干个正负中心，每个正负中心周围伴随着数千千米的正值区域或负值区域。习惯上，将这些区域性地磁场成分称为大陆磁异常，这里所谓的异常是相对于将中心偶极子场视为正常场而言的。

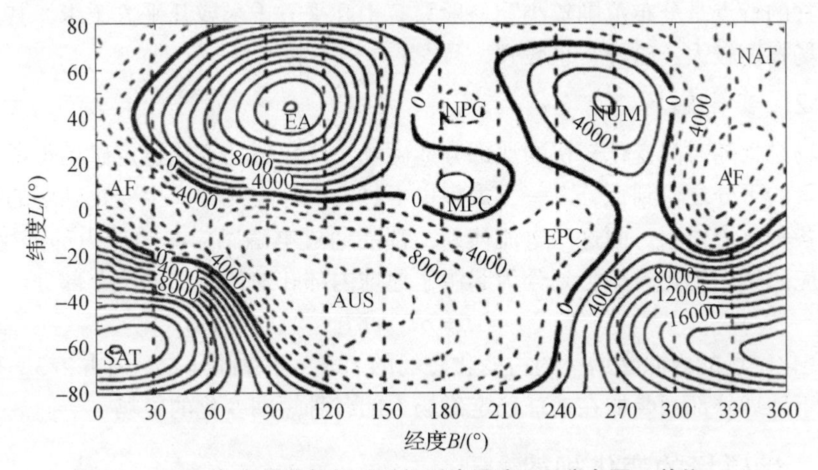

图 6.2 1990 年世界非偶极子磁场垂直强度(Z)分布图（单位 nT）

全球非偶极子场可以划分为四个正异常区和五个负异常区，它们分别是南大西洋正异常（SAT）、中太平洋正异常（MPC）、东亚正异常（EA）、北美正异常（NAM）；非洲负异常（AF）、北大西洋负异常（NAT）、大洋洲负异常（AUS）、北太平洋负异常（NPC）、东南太平洋负异常（EPC）。各个磁异常的分布面积、中心位置和强度都随时间变化。

卫星的高空磁测结果表明，非偶极子磁场随高度的增加而衰减很慢，这说明它起源于地球深处。一般认为，非偶极子磁场的成因可能是由于地球内部构造不均匀性造成的。在地核的边缘部分存在着液态金属介质的对流运动，形成涡旋电流，从而产生了非偶极子磁场。

3）异常磁场

异常磁场简称磁异常，由于该部分磁场成分主要是由于地壳物质的磁性产生的，故又称为地壳磁场。在比较小的范围内，地磁要素的地面分布规律十分复杂。在这些区域不仅地磁场的水平梯度变化很大，而且梯度变化还不一致，这些区域叫作磁异常区域。为了突出磁异常区的磁场特征，常绘制磁异常的等值线图。从磁测数据中减去该地区的地磁场的正常值，或直接测定异常区的磁场和正常磁场的差值，即磁异常值。将各测点的磁异常值按照各测点的地理位置标在一张平面图上，将异常值相等的各个点连成等值线，绘出的等值线图即为磁异常平面等值线图。

磁异常研究有着重要的经济价值和理论意义。首先，磁异常测量和研究是寻找磁性矿藏的重要手段。与其他地球物理勘探方法相比，磁法勘探简便易行，成本较低，是最早使用的地球物理勘探方法，在金属矿和油气勘探中占有重要的地位；同时，磁异常分布与地质构造有密切关系，例如，海底条带磁异常提供了海底扩张、板块构造、转换断层的重要证据；地震火山等剧烈地质构造活动时的磁异常特点为灾害预报提供有用的途径。

异常磁场的成因为地球构造的不均匀性，即地壳内的岩层在地磁场中受到磁化作用而产生磁异常。在实际应用中，通常把磁异常分成两类，即

$$T_a = T'_a + T''_a \tag{6.4}$$

T'_a是指地壳深层岩层的磁化所产生的磁场，称为区域异常。因为岩层较深，所以区域异常的特点是分布范围较广，通常在几十平方千米以上，这类磁场梯度较小，磁异常也比较弱。

T''_a是指地壳浅层岩层的磁化所产生的磁场，称为局部异常或地方异常。因为岩层较浅，所以局部异常的特点是分布范围较小，一般只有十几平方千米或几平方千米，甚至更小。局部异常的磁场梯度较大，磁异常也较强。

6.1.3.2　变化磁场

变化磁场是指随时间变化较快的那部分地磁场。变化磁场要比稳定磁场小得多，通常只占地磁场总量的千分之一到百分之一，最多也不过占百分之几。产生变化磁场的根本原因是地球外部的各种电流体系。而这些电流体系，都能通过电磁感应在地球内部产生感应电流，从而产生感应磁场。变化磁场可划分为起源于地球内部和地球外部的两个部分：

$$\delta T = \delta T_i + \delta T_e \tag{6.5}$$

δT_i 是变化磁场的内源磁场，约占变化磁场的 1/3，外源部分 δT_e 则占 2/3。变化磁场的实质是起源于地球外部而叠加在地球稳定磁场上的各种短期变化的磁场。

6.1.4　地磁场的变化规律

基于变化的周期和强度，地磁场的变化规律通常划分为长期变化和短期变化两类。

6.1.4.1　长期变化

观测表明，地球的基本磁场并非固定不变的，而是随时间做缓慢变化。

最早关于地磁场长期变化现象较为系统记录的是磁偏角和磁倾角的变化。图 6.3 描述了伦敦和巴黎两地磁倾角和磁偏角在过去数百年的变化情况。可以看出它们的变化呈现出一定的趋势，都是顺时针方向而且表现出循环的趋势。

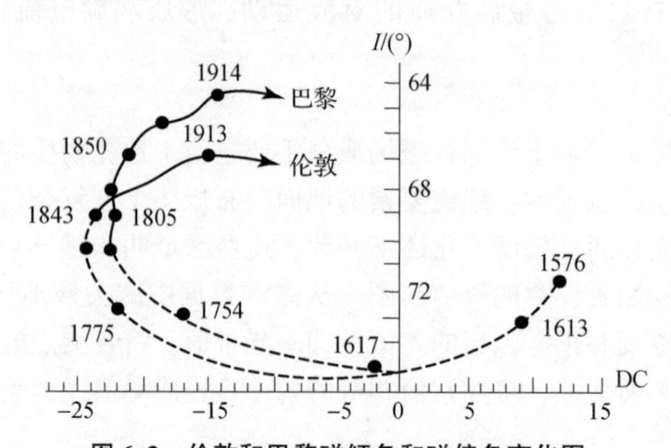

图 6.3　伦敦和巴黎磁倾角和磁偏角变化图

许多地磁台上各地磁要素的年均值均有缓慢而明显的变化。这些要素不仅数值有变化，而且方向也有变化。这种情况反映出地磁场的长期变化不是个别台站的现象，而是全球性的。它既包含了偶极子磁场的变化，也包含了非偶极子磁场的变化；尽管非偶极子磁场的强度比偶极子磁场要弱得多，但是在长期变化中，非偶极子部分的相对变化率要比偶极子大得多。

由于地球主磁场由偶极子场和非偶极子场组成，所以，人们常用偶极矩强度的变化、地磁极的移动、非偶极子的西向漂移、磁极倒转和急变等特征来描述主磁场长期变化的整体特征。其中，偶极子磁矩的衰减和非偶极子场的西向漂移是地磁场长期变化的最主要的两个全球特征。

1）地磁偶极矩的变化

地磁偶极矩的大小反映了地磁场偶极子部分的总体强度。近代观测数据表明，如图 6.4 所示，偶极子磁矩每年大约以 0.05% 的速度衰减。可以看出如果地球的磁矩按此速率一直衰减下去，那么在 2000 年以后地球磁矩将变为零，地心偶极子场将不复存在。

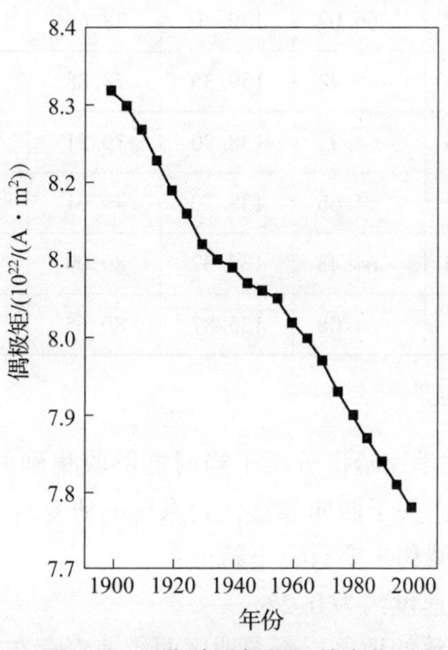

图 6.4　近代地磁偶极矩的变化

但古地磁的研究表明，在漫长的历史年代中，地球磁矩并不总是单调衰减，而是表现为衰减—增长—再衰减的周期变化。所以在谈到地球磁矩的衰减时，只是针对现代地磁场而言。

2）磁极移动

地球磁极的缓慢移动是地磁场长期变化的一个重要特征。表 6.1 给出了自 1900 年以来根据 13 代国际地磁参考场计算得到的磁极和地磁极的位置。需要注意的是，地磁极和磁极是两个不同的概念，地磁南北极的连线是地磁轴，即地心偶极子磁轴，必然通过地心。磁极是实测结果确定的，它们是地磁图上倾角为 90°的两个小区域。两个磁极的连线不一定通过地心。

表 6.1　1900—2020 年磁极位置变化表

年份	北磁极/(°)		南磁极/(°)		地磁北极/(°)		地磁南极/(°)	
	纬度	经度	纬度	经度	纬度	经度	纬度	经度
1900	70.46	-96.19	-71.72	148.32	78.68	-68.79	-78.68	111.21
1910	70.79	-96.72	-71.15	148.64	78.66	-68.72	-78.66	111.28
1920	71.34	-97.38	-70.41	148.20	78.63	-68.38	-78.63	111.62
1930	72.27	-98.68	-69.52	146.79	78.60	-68.26	-78.60	111.74
1940	73.30	-99.87	-68.57	144.59	78.55	-68.51	-78.55	111.49
1950	74.64	-100.86	-67.89	143.55	78.55	-68.85	-78.55	111.15
1960	75.30	-101.03	-66.70	140.23	78.58	-69.47	-78.58	110.53
1970	75.88	-100.97	-66.02	139.40	78.66	-70.18	-78.66	109.82
1980	76.91	-101.68	-65.42	139.35	78.88	-70.76	-78.88	109.24
1990	78.10	-103.69	-64.91	138.90	79.21	-71.13	-79.21	108.87
2000	80.97	-109.64	-64.66	138.30	79.61	-71.57	-79.61	108.43
2010	85.02	-132.84	-64.43	137.32	80.09	-72.21	-80.09	107.79
2020	86.49	162.87	-64.08	135.87	80.65	-72.68	-80.65	107.32

3）地磁场的西向漂移

早在 1683 年，英国天文学家哈雷分析了当时能够收集到的地磁场测量资料，发现地磁场有一个整体西移的趋势。而关于西向漂移比较系统的研究从 20 世纪 50 年代开始。

概括来说，地磁场西向漂移主要有以下特征：

（1）地磁场西漂的平均速度约为 0.2°/a。

（2）西漂并不是全球一致的现象，不同地区西漂速率存在着很大的差异。

（3）西漂的速率随时间而变化，不同地区西漂速率的变化没有明显的相关性。

（4）西漂主要发生在地磁场非偶极子部分，正是非偶极子磁场引起几块大尺度磁异常的西漂构成了地磁场西漂的宏观表象。相反，由地磁极移动和地磁轴旋转所反映的地磁场偶极子部分的西漂并无定论。

（5）西漂不仅发生在主磁场中，也发生在主磁场的长期变化中。

4）磁场的极性倒转

地磁场极性倒转是地磁场长期变化的重要特征，也是地磁学最伟大的发现之一。地磁北极和南极互相转换的现象，简称地磁倒转。

20 世纪初，法国和日本地球物理学家布容（B. Brunhes）和松山基范发现，一些古老火山岩的磁化方向与现在的磁场方向是相反的，由此提出了地磁场倒转的假说，其后被得到的洋底地磁条带异常和全球古地磁研究进一步证实。

测定不同地质年代形成的火山熔岩、海底和湖底沉积物、黄土样品的剩余磁性发现，在漫长的地质时期，地磁场曾发生过多次极性倒转。在最近的 600 万年期间，主要包括高斯、布容两个正向期（分别持续 100 万年和 78 万年）和吉尔伯特、松山两个反向期（分别持续了 231 万年和 180 万年）。

6.1.4.2　短期变化

地磁场的短期变化部分称为地球变化磁场。变化磁场包含了多种不同的成分，其中有的是周期性，有的是非周期性；有的是全球同时出现的，有的仅在局部地区出现；有的形态规则，有的形态不规则；有的变化激烈，有的变化平缓。这些成分常常彼此叠加在一起，使变化磁场呈现十分复杂的时空分布。

为了描述和研究的方便，一般按照形态特征，将地磁场的短期变化分为平静变化和扰动变化两种类型。

1）平静变化

所谓平静变化，是指在时间上连续存在、从不间断、具有确定的周期性，变化比较平缓的一类变化磁场。这类变化是由电离层中一直存在着的稳定的电流体系造成的。按照周期的不同，平静变化又可分成太阳静日变化和太阴日变化两种。

（1）太阳静日变化。太阳静日变化是依赖于地方太阳时并以一个太阳日为周期的变化，记作 Sq，这是最重要的地磁场平静变化类型。对比分析不同时段全球地磁台的 Sq 变化，可以归纳出 Sq 场的主要特点：

①Sq 场基本取决于纬度和地方时两个坐标。

②Sq 场主要是白天现象，即磁场变化白天大而快速，夜间小而平缓。

③Sq 有明显的随季节变化的特征，表现出夏季大、冬季小的特点。

④Sq 的变化幅度与太阳活动 11 年周期有一定的关系。

⑤Sq 场的不同分量相对于地磁赤道呈对称或反对称分布。

⑥极区和高纬地区的 Sq 表现出特有的时空特点，表明它的起源与中低纬 Sq 的起源不同。

（2）太阴日变化。是一种依赖于地方太阴时并以半个太阴日为周期的变化，记作 L。太阴日是地球相对于月球自转一周的时间。由于它变化幅度很微弱，Z 和 H 的变化幅度只有 1～2nT，在磁法勘探工作中已将这种变化包括在日变之内而不单独考虑。

2）扰动变化

与周期性平静变化形成鲜明对照的是扰动变化（记作 D）。它的主要特点是出现时间不规则，变化形态复杂，缺乏长期连续性。地磁的扰动变化类型较多，比较复杂。

地球物理学家和地磁学家贾普曼（S. Chapman）按扰动的可能的物理机制，将磁扰分为：①粒子流扰动场 DCF；②环电流扰动场 DR；③地磁亚暴 DP1；④极盖区磁扰 DPC（极盖区一般指地磁纬度 $|\phi|>60°$地区）。粒子流扰动 DCF 和环电流扰动 DR 都是带电粒子流与地球磁层相互作用所产生的地磁效应，DCF 是太阳粒子流到达磁层边界时产生的扰动，DR 来源于磁层内部环绕地球的环电流。两者往往相继发生，合起来构成磁暴；地磁亚暴 DP1 在极光带附近最强，形态也比较复杂，又被称为极光区扰动。在中低纬度区，DP1 的幅度逐渐变小，在磁照图上呈现出像海湾一样的形态，因此又被称为湾扰；极盖区磁扰 DPC 是仅局限于极盖地区的复杂磁扰，它的时空特性不同于亚暴扰动。DPC 扰动是经常性的，

几乎每天都存在。

除了上述各种类型的扰动，在地磁场的干扰变化中，还有两种扰动，一种被称为钩扰，一种被称为地磁脉动 P。钩扰是一种短暂而光滑的地磁扰动，它在磁照图上的形态像只钩子，持续时间约几十分钟，变化幅度从几 nT 到近百 nT，且只发生在白天。而比上述磁扰周期更短的是地磁脉动，这是最经常出现的一种地磁扰动，幅度不大，周期范围很宽。下面介绍一下两种重要的地磁扰动类型：磁暴和地磁脉动。

（1）磁暴。磁暴是一种剧烈的全球性地磁扰动现象，是最重要的一种磁扰变化类型。磁暴对于全球地磁场形态有重大影响，也是日地能量耦合链中最重要的环节。此外，由于磁暴对于通信系统、电力系统、输油管道、空间飞行器等有重要影响，所以，磁暴研究也有重要的实际应用价值。

磁暴的形态学特点可以概括为：变化幅度大而形态复杂、持续时间长而全球同步性好。磁暴发生时，所有地磁要素都能发生剧烈的变化，其中，水平分量 H（或 X 分量）变化最大，最能代表磁暴过程特点。一个典型的磁暴，一般可以分成以下几个阶段。

①初相：磁暴开始之后，H 分量保持在高于暴前值的水平上起伏变化，称为初相，持续时间为几十分钟到几小时。在此阶段，磁场值虽然高于平静值，但扰动变化不大。初相的持续时间有长有短，有的磁暴在很短时间内 H 就上升到最大值，称为急始型磁暴，记成 SCC 或 SC；有些磁暴平缓上升，需要较长时间才能到达最大值，称为缓始型磁暴，记成 GC。

②主相：初相之后，磁场迅速大幅度下降，在几小时到半天下降到最低值，并伴随剧烈的起伏变化，这一阶段就称为主相。主相是磁暴的主要特点，磁暴的大小就是用主相的最低点的幅度衡量的，一般磁暴在几十到几百 nT，个别大磁暴可超过 1000nT。

③恢复相：主相之后，磁场逐渐向暴前水平恢复，在此期间，磁场仍有扰动起伏，但总扰动强度渐渐减弱，一般需要 2 ~ 3 天才能完全恢复平静状态，这一阶段叫作恢复相。

按照磁暴的强度大小可以把磁暴分成不同的类型，常用的为 K 指数分类法。K 指数是用分级的方法描述地磁活动性的一种数字指标。K 从 0 到 9 共分为 10 级，$K=0$ 和 $K=9$ 分别表示最平静和最扰动的情况。按 K 指数的大小，磁暴分为三类：中常磁暴($K=5,6$)、中烈磁暴($K=7,8$)、强烈磁暴($K=9$)。

磁暴的发生带有偶然性，但仍具有一定的规律性。据统计，一天之内，约在世界时 19 ~ 02 时这段时间内，发生磁暴的可能性最大；在一年之中，春秋季磁暴较多，而冬夏季磁暴较少。一年之中发生的磁暴数目与太阳活动性关系很大，具有 11 年的太阳周变化规律。在太阳活动低年，磁暴，特别是强烈磁暴很少出现。但在太阳活动高年，磁暴频繁发生，而且强度很大，变化剧烈。有一部分磁暴具有 27 天（太阳平均自转周期）的重现性，约占磁暴总数的 40%。此外，中小磁暴的重现率要高于大磁暴的重现率。

（2）地磁脉动。地磁脉动是指周期在 0.2 ~ 1000s 范围内的地磁干扰变化，振幅范围为百分之几到几百 nT，持续时间为几分钟到几小时。

按照形态的规则性和连续性，脉动分为两大类：第一类是具有标准正弦波形，且能稳定持续一段时间的连续性脉动，用 Pc 表示；第二类是波形不太规则和持续较短的脉动，叫作不规则脉动，用 Pi 表示。每类脉动又按周期 T 分为若干小类：Pc 脉动分为 Pc1 ~ Pc6 共 6 类；Pi 脉动分为 Pi1、Pi2 和 Pi3 三类。如表 6.2 所示。

表 6.2　地磁脉动分类

类型	Pc1	Pc2	Pc3	Pc4	Pc5	Pc6	Pi1	Pi2	Pi3
周期/s	0.2 ~ 5	5 ~ 10	10 ~ 45	45 ~ 150	150 ~ 600	>600	1 ~ 40	40 ~ 150	>150

由于产生地磁脉动的原因与磁层等离子体的动力学和磁流体不稳定性、磁层内部的共振过程的激发等有关，所以地磁脉动的研究对于了解磁层的物理性质具有重要意义。另外，由于地磁脉动的周期短，它们能在具有高电导率的地壳表层产生相当强的感应电流，因此，研究地磁脉动对于了解地壳的结构也具有重要的实际意义。

6.2　地磁场的表示

地磁场是一个随时间和空间变化的复杂磁场，要想对地磁场进行详细的研究，需要用一定的数学形式表达它。

6.2.1　基本概念

6.2.1.1　麦克斯韦方程组

地磁学研究的是地球及其周围空间的电磁场，关于电磁场最普遍的规律是麦克斯韦方程组。

麦克斯韦方程组的积分形式为

$$\begin{cases} \oiint \boldsymbol{D} \cdot \mathrm{d}\boldsymbol{s} = \iiint \rho_f \mathrm{d}\boldsymbol{v}_s \\ \oint \boldsymbol{E} \cdot \mathrm{d}\boldsymbol{l} = -\iint \dfrac{\partial \boldsymbol{B}}{\partial t} \cdot \mathrm{d}\boldsymbol{s} \\ \oiint \boldsymbol{B} \cdot \mathrm{d}\boldsymbol{s} = 0 \\ \oint \boldsymbol{H} \cdot \mathrm{d}\boldsymbol{l} = \iint \left(j_f + \dfrac{\partial \boldsymbol{D}}{\partial t} \right) \cdot \mathrm{d}\boldsymbol{s} \end{cases} \tag{6.6}$$

式中：$\boldsymbol{D}$ 为电位移矢量；$\boldsymbol{H}$ 为磁场强度；$\boldsymbol{B}$ 为磁感应强度矢量；ρ_f 为自由电荷体密度；j_f 为传导电流体密度；$\dfrac{\partial \boldsymbol{D}}{\partial t}$为位移电流密度。

它的微分形式为

$$\begin{cases} \nabla \cdot \boldsymbol{D} = \rho_f \\ \nabla \times \boldsymbol{E} = -\dfrac{\partial \boldsymbol{B}}{\partial t} \\ \nabla \cdot \boldsymbol{B} = \boldsymbol{0} \\ \nabla \times \boldsymbol{H} = j_f + \dfrac{\partial \boldsymbol{D}}{\partial t} \end{cases} \tag{6.7}$$

麦克斯韦方程组是处理一切电磁现象的根本出发点，当然也是处理地磁与地电现象的根本出发点。

在两种介质的分界面上，电磁场须满足以下条件：

$$\begin{cases}\boldsymbol{n}\cdot(\boldsymbol{D}_2-\boldsymbol{D}_1)=\sigma_f\\ \boldsymbol{n}\times(\boldsymbol{E}_2-\boldsymbol{E}_1)=\boldsymbol{0}\\ \boldsymbol{n}\cdot(\boldsymbol{B}_2-\boldsymbol{B}_1)=\boldsymbol{0}\\ \boldsymbol{n}\times(\boldsymbol{H}_2-\boldsymbol{H}_1)=\alpha_f\end{cases} \tag{6.8}$$

式中：σ_f 为自由电荷面密度；σ_f 为传导电流面密度；$\boldsymbol{n}$ 为从介质 1 指向介质 2 的界面法向单位矢量。

此外，还有电场和磁场的本构关系以及联系电场与电流的欧姆定律：

$$\begin{cases}\boldsymbol{D}=\varepsilon\boldsymbol{E}\\ \boldsymbol{B}=\mu\boldsymbol{H}\\ \boldsymbol{j}_f=\sigma\boldsymbol{E}\end{cases} \tag{6.9}$$

式中：ε 为真空介电常数；μ 为磁导率；σ 为电导率。

6.2.1.2 磁标势

原则上，根据一定的边界条件求解麦克斯韦方程组就可以获得电磁场的分布规律，但直接求解方程组是非常困难的，因此，在电磁学中常常引入标量位函数使得复杂的问题简单化。

在地球表面附近，大气的电导率 $\sigma\approx0$，于是传导电流密度 $\boldsymbol{j}_f=\sigma E=0$；同时位移电流密度 $\frac{\partial\boldsymbol{D}}{\partial t}\approx0$，即式（6.7）可以写为

$$\nabla\times\boldsymbol{H}=0 \tag{6.10}$$

说明在上述近似条件下，磁场为无旋场，这样可引入一个单值标量函数 U 使得

$$\boldsymbol{H}=-\nabla U \tag{6.11}$$

这个标量函数 U，在磁学中称为磁标势。

因为 $\boldsymbol{B}=\mu\boldsymbol{H}$，代入式（6.11）得

$$\boldsymbol{B}=-\mu\nabla U \tag{6.12}$$

再将此式代入 $\nabla\cdot\boldsymbol{B}=\boldsymbol{0}$，得

$$\nabla^2U=0 \tag{6.13}$$

式（6.13）就是磁标势所满足的微分方程，这个方程称为拉普拉斯方程。解出这个方程得磁标势 U 的表达式，进而得出磁场 $\boldsymbol{B}$。可见，只要满足 $\sigma\approx0$ 和 $\frac{\partial\boldsymbol{D}}{\partial t}\approx0$，式（6.13）处处成立。

6.2.1.3 磁荷和磁偶极子

现代科学证明，磁现象起源于电荷的运动。在自然界中不存在与电荷相对应的磁荷。人类对磁现象的最初了解是从磁铁开始的。人们发现，磁铁具有两极——N 极与 S 极，具有相同极性的两磁极相互排斥，具有相异极性的两磁极相互吸引。因此，类比于电荷，人们设想在 N 极存在一种“正磁荷”，S 极存在一种“负磁荷”。

当磁极本身的几何线度比起两磁极之间的距离小得多时，就可认为一极上的磁荷是点磁荷。法国物理学家库仑（C. A. Coulomb）通过实验方法得出了真空中两个静止点磁荷之间的相互作用力大小的公式：

$$F = -\frac{1}{4\pi\mu_0}\frac{q_{m1} \cdot q_{m2}}{r^2} \tag{6.14}$$

式中：q_{m1}、q_{m2}表示两个点磁荷的磁荷量；r 为两磁荷间的距离。作用力 F 的方向平行于两磁荷的连线。该式为磁的库仑定律。

仿照电场强度，人们定义了磁场强度 $\boldsymbol{H}$，$\boldsymbol{H}$ 等于正的点磁荷 q_{m0}所受到的磁场力，即

$$\boldsymbol{H} = \frac{\boldsymbol{F}}{q_{m0}} \tag{6.15}$$

利用式（6.14），可得出一个点磁荷所激发出的磁场强度的表达式：

$$\boldsymbol{H} = -\frac{1}{4\pi\mu_0}\frac{q_m}{r^3}\boldsymbol{r} \tag{6.16}$$

这里的 $\boldsymbol{r}$ 从 q_m 指向场点。

具有等值异号的两个点磁荷所构成的系统称为磁偶极子，如图 6.5 所示。例如，一根小磁针就可以视为一个磁偶极子。

定义磁偶极矩：

$$P_m = q_m l \tag{6.17}$$

式中：l 为两个点磁荷之间的距离矢量，方向由 $-q_m$ 指向 $+q_m$，l 远小于空间点到偶极子的距离 r。

由式（6.11）和式（6.16），求出一个点磁荷的磁标势的表达式为

$$U = \frac{1}{4\pi\mu_0}\frac{q_m}{r} \tag{6.18}$$

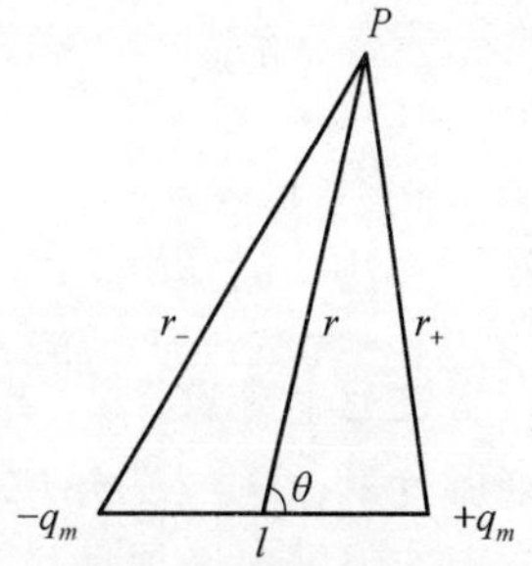

图 6.5　磁偶极子的磁势

根据势的叠加原理，一个磁偶极子的磁标势等于两个正负点磁荷磁标势之和。再考虑到 $r \gg l$，于是磁偶极子的磁标势为

$$\begin{aligned} U &= U_+ + U_- \\ &= \frac{q_m}{4\pi\mu_0}\left(\frac{1}{r_+} - \frac{1}{r_-}\right) \\ &\approx \frac{q_m}{4\pi\mu_0}\left(\frac{1}{r - \frac{l}{2}\cos\theta} - \frac{1}{r + \frac{l}{2}\cos\theta}\right) \\ &\approx \frac{q_m l\cos\theta}{4\pi\mu_0 r^2} \end{aligned}$$

再根据式(6.17)，得磁偶极子的磁标势公式为

$$U = \frac{1}{4\pi\mu_0}\frac{p_m\cos\theta}{r^2} = \frac{1}{4\pi\mu_0}\frac{p_m \cdot r}{r^3} \tag{6.19}$$

有了磁标势的公式，就能容易求出磁偶极子的磁场强度。

6.2.2　地磁要素及地磁图

6.2.2.1　地磁要素

地磁场是矢量场，是空间位置和时间的函数，为了描述地磁场的空间分布特征，一般以观测点 O 为原点建立一个直角坐标系 $O - xyz$，如图 6.6 所示。在直角坐标系中，分别取地

理北向、地理东向和垂直向下为 x、y 和 z 轴的正向。T 为地磁场总强度；H 为 T 在水平面内的投影，称为水平强度或水平分量；X 为 H 在 Ox 轴上的投影，称为北向强度或北向分量；y 为 H 在 Oy 轴上的投影，称为东向强度或东向分量；Z 为 T 在 Oz 轴上的投影，称为垂直强度或垂直分量；D 为 H 偏离 Ox 轴即偏离地理北的角度，称为磁偏角，H 向东偏为正；I 为 T 同水平面的夹角，称为磁倾角，T 向下倾为正。

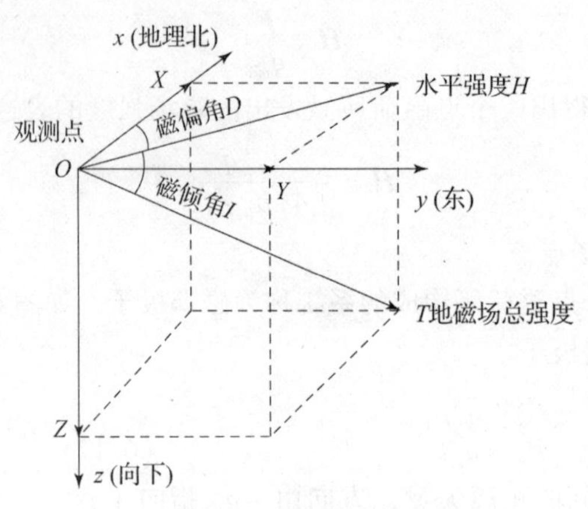

图 6.6　地磁要素

上述七个分量，X、Y、Z、T、H、D、I，合称为地磁七要素。其中，X、Y、Z、T、H 为强度分量；D、I 为角度分量。很显然，这七个要素并非彼此独立的。为了确定空间一点的磁感应强度，必须且只需三个彼此独立的地磁要素，其余要素可由这三个独立要素求出。它们之间有如下的关系：

$$\begin{cases} H = \sqrt{X^2 + Y^2} \\ X = H\cos D \\ Y = H\sin D \\ D = \arctan\left(\dfrac{Y}{X}\right) \\ Z = T\sin I \\ I = \arctan\left(\dfrac{Z}{H}\right) \\ T = \sqrt{H^2 + Z^2} = \sqrt{X^2 + Y^2 + Z^2} \end{cases} \tag{6.20}$$

关于如何选择三个独立的地磁要素，需视具体情况而定。地磁场绝对观测时多使用 H、D、I 或 T、H、D；而世界大多数地磁台的磁照图记录习惯使用 H、D、Z；理论研究和国际参考地磁场模型一般使用 X、Y、Z。

6.2.2.2　地磁图

地磁场是空间和时间的复杂函数，是随时间和空间变化的。为了满足地面上定向、航空、航海、资源勘探以及地磁学本身研究的需要，根据地磁测量的结果定期编绘出相应的各种图件，即地磁图。

地磁图的定义为：将某一地磁要素值按各个测点的经纬度标在地图上，再把数值相等的点用光滑曲线连接起来，编绘成地磁要素的等值线图。它是根据区域内各地磁台的观测数据编绘的。常用的有磁偏角、磁倾角、垂直分量及水平分量等几种地磁图。世界地磁图基本上反映了来自地球核部场源的各地磁要素随地理分布的基本特征。

由于地磁要素的数值是逐年变化的，因此，地磁图隔若干年要重新编绘一次。地磁图上一般都注明编绘图件的时间及各要素的年变化率曲线，以便获得某个时间的地磁要素的准确数值。把随时间变化的地磁要素的观测值都归算到某一特定的日期的过程称为年代通化。国际上将此日期一般选在某一年度 1 月 1 日 0 时 0 分。

地磁图可分为基本磁场图、正常磁场图和异常磁场图。

（1）基本磁场图：根据各个测点归算的测量资料绘制的地磁图。它不仅反映地磁场在地面上的趋势变化，而且也反映出地磁场在地面上的异常变化。中国和其他许多国家都出版基本磁场图。只要地磁资料精度较高，测点分布比较合理，而且密度适当，就能绘制出比较准确的基本磁场图。

（2）正常磁场图：主要是根据地磁场模型绘制的，有时也可以通过多次平滑基本磁场图的等值线和等变线的办法得到，即把地磁场中来自地球浅层的部分资料滤掉，只剩下来自地球深部的部分，所以它的等值线是平滑的。

（3）异常磁场图：根据各个测点的异常值绘制而成的。

地磁图按地磁要素分别绘制出相应等值线图，根据表示地理范围的大小，地磁图可分为区域地磁图和世界地磁图。世界地磁图表示地磁场在全球范围内的分布，通常每五年编绘一次。我国地磁图每十年编绘一次。

地磁图在实际应用和理论研究中都具有重要作用，在航空、航海、地质普查和矿产资源勘探中都有广泛的应用。地磁图是研究地磁场时空分布规律的基本图件，也为地震预报和磁层物理等研究提供必要的资料。其主要功能包括了解某一地区正常场的分布规律；查找地磁数据（磁偏角、磁倾角、总场强度）；提供正常场改正值。

6.2.3　地磁场的球谐分析

1839 年，德国著名数学家高斯把球谐分析理论应用于地磁场模型研究，奠定了近代地磁学的数学基础。高斯球谐分析解决了两个问题：一是找到了一个合适的数学表达式把地磁要素的地面分布表示成地理坐标的函数；二是证明了地磁场起源于地球内部。

前面我们已经指出，地球近地空间的地磁场磁标势满足拉普拉斯方程，即 $\nabla^2 U=0$。

我们采用地心球坐标系来研究全球的地磁场分布情况。即地球球心为坐标原点 O，地球自转轴为球坐标系的极轴，如图 6.7 所示，空间任一点 P 的球坐标为(r,θ,λ)，r 为 P 点至球心 O 的距离，θ 为 P 点的余纬度，λ 为经度。

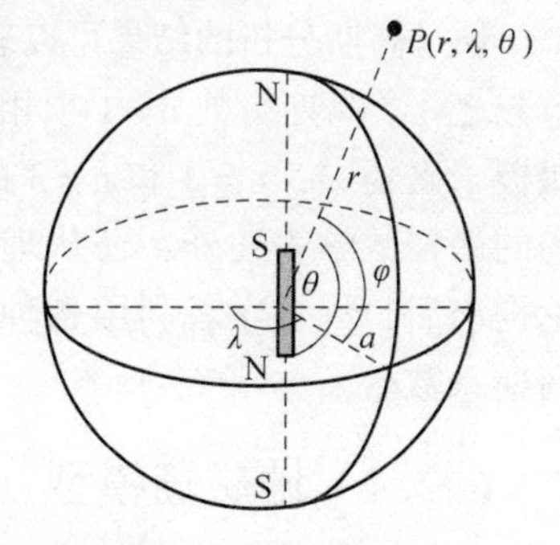

图 6.7　空间点球坐标

则上述拉普拉斯方程的球坐标形式为

$$\frac{1}{r^2}\frac{\partial}{\partial r}\left(r^2\frac{\partial U}{\partial r}\right)+\frac{1}{r^2\sin\theta}\frac{\partial}{\partial\theta}\left(\sin\theta\frac{\partial U}{\partial\theta}\right)+\frac{1}{r^2\sin\theta}\frac{\partial^2 U}{\partial\lambda^2}=0 \tag{6.21}$$

通过分离变量法，拉普拉斯方程的通解可以写为

$$U(r,\theta,\lambda) = \sum_{n=0}^{\infty}\sum_{m=0}^{n}\left[r^{-(n+1)}(a_n^m \cos m\lambda + b_n^m \sin m\lambda) + r^n(c_n^m \cos m\lambda + d_n^m \sin m\lambda)\right]P_n^m(\cos\theta) \tag{6.22}$$

式中：a_n^m、b_n^m、c_n^m 与 d_n^m 为待定系数；$P_n^m(\cos\theta)$称为施密特缔合勒让德函数：

$$P_n^m(\cos\theta) = \begin{cases} P_{n,m}(\cos\theta)\,(m=0) \\ \sqrt{\dfrac{2(n-m)!}{(n+m)!}}P_{n,m}(\cos\theta)\,(m\geqslant 1) \end{cases} \tag{6.23}$$

式中：$P_{n,m}(\cos\theta)$称为伴随勒让德多项式；$P_n(cos\theta)$为勒让德函数，在第4章重力基准中的地球重力场模型已进行了介绍。

在地磁学中，将式（6.22）给出的磁标势表达式改写为

$$U(r,\theta,\lambda) = \frac{R}{\mu_0}\sum_{n=1}^{\infty}\sum_{m=0}^{n}\left[\left(\frac{R}{r}\right)^{n+1}(g_n^m \cos m\lambda + h_n^m \sin m\lambda) + \left(\frac{r}{R}\right)^{n}(j_n^m \cos m\lambda + k_n^m \sin m\lambda)\right]P_n^m(\cos\theta) \tag{6.24}$$

式中：R 为地球半径；g_n^m、h_n^m、j_n^m、k_n^m 称为地磁场的高斯系数，其中 g_n^m 和 h_n^m 称为内源场系数，j_n^m 和 k_n^m 称为外源场系数。式（6.24）称为地磁场的高斯级数的表达式。当取 $r=R$ 时，即为地面上磁场强度的表达式。

由于地磁场的磁势是一个无旋有势的标量场，磁势与磁场向量满足：

$$H = -\nabla U(x,y,z) \tag{6.25}$$

由此可以得到地磁场的北向强度 X、东向强度 Y 和垂直强度 Z 的表达式为

$$\begin{cases} X = \displaystyle\sum_{n=1}^{\infty}\sum_{m=0}^{n}\left[\left(\frac{R}{r}\right)^{n+2}(g_n^m \cos m\lambda + h_n^m \sin m\lambda) + \left(\frac{r}{R}\right)^{n-1}(j_n^m \cos m\lambda + k_n^m \sin m\lambda)\right]\frac{\mathrm{d}P_n^m(\cos\theta)}{\mathrm{d}\theta} \\ Y = \displaystyle\sum_{n=1}^{\infty}\sum_{m=0}^{n}\left[\left(\frac{R}{r}\right)^{n+2}(g_n^m \cos m\lambda - h_n^m \sin m\lambda) + \left(\frac{r}{R}\right)^{n-1}(j_n^m \sin m\lambda - k_n^m \cos m\lambda)\right]\frac{m}{\sin\theta}P_n^m(\cos\theta) \\ Z = \displaystyle\sum_{n=1}^{\infty}\sum_{m=0}^{n}\left[-\left(\frac{R}{r}\right)^{n+2}(n+1)(g_n^m \cos m\lambda + h_n^m \sin m\lambda) + \left(\frac{r}{R}\right)^{n-1}n(j_n^m \cos m\lambda + k_n^m \sin m\lambda)\right]P_n^m(\cos\theta) \end{cases} \tag{6.26}$$

通过高斯分析的结果可以表明，地面地磁场的绝大部分来源于地球内部，外源磁场只占千分之几。高斯级数 $n=1$ 项相当于地心偶极子磁场，剩余的部分称为非偶极子磁场。在非偶极子磁场中，$n=2$ 和 $n=3$ 的项占主要部分。高斯分析的理论意义就在于除了给出地磁场的严格数学表述外，还从理论上证明了地磁场主要来源于地球内部的假设。自高斯理论提出后，许多学者利用各种类型的地磁资料和处理方法进行球谐分析，计算了相应的高斯系数。

6.2.4 地磁场模型

地磁场模型是反映地磁空间分布及时间变化规律的数学表达式。对地磁场的数学描述，是地磁学的重要研究内容。地磁参考场模型又称地磁正常场模型，分全球和区域两种。建立地磁场模型的目的在于，根据有限离散观测资料，以时空连续函数的形式表达地磁场的时空分布，预测没有实测资料的空间和时刻的磁场值。

6.2.4.1　全球地磁场参考模型

全球地磁场参考模型是指地磁场中的主磁场部分，即为式（6.24）中的内源场部分：

$$\mu_0 U = R\sum_{n=1}^{\infty}\sum_{m=0}^{n}\left(\frac{R}{r}\right)^{n+1}(g_n^m \cos m\lambda + h_n^m \sin m\lambda)P_n^m(\cos\theta) \tag{6.27}$$

由式（6.26）得到主磁场三个分量的表达式：

$$\begin{cases} X = \sum_{n=1}^{\infty}\sum_{m=0}^{n}\left(\frac{a}{r}\right)^{n+2}(g_n^m \cos m\lambda + h_n^m \sin m\lambda)\frac{\mathrm{d}P_n^m(\cos\theta)}{\mathrm{d}\theta} \\ Y = \sum_{n=1}^{\infty}\sum_{m=0}^{n}\left(\frac{a}{r}\right)^{n+2}(g_n^m \cos m\lambda - h_n^m \sin m\lambda)\frac{m}{\sin\theta}P_n^m(\cos\theta) \\ Z = -\sum_{n=1}^{\infty}\sum_{m=0}^{n}\left(\frac{a}{r}\right)^{n+2}(n+1)(g_n^m \cos m\lambda + h_n^m \sin m\lambda)P_n^m(\cos\theta) \end{cases} \tag{6.28}$$

对于离散测点的地磁资料，可以把观测资料直接代入式（6.28）中，求解出高斯系数 g_n^m 和 h_n^m。

目前，根据高斯球谐法所构建的常用的全球地磁场参考模型主要有两种，分别为国际地磁参考场（*IGRF*）模型和世界地磁场模型（*WMM*）。

1）*IGRF* 模型

IGRF 是国际上通用的标准地磁模型，是用来描述地球主磁场及其长期变化的系列模型。它是由 *IAGA* 的 *V*－*MOD* 工作小组建立和维护的。由于地磁场长期变化现象的存在，所以在一个模型出来之后，每隔 5 年又根据新的资料对它进行修正，以提高其准确度，其基本情况如表 6.3 所示。

表 6.3　IGRF 模型发展概况

全称	简写	适用时间	确定时段	发布年份
IGRF 13th generation	IGRF－13	1900.0—2025.0	1945.0—2015.0	2019
IGRF 12th generation	IGRF－12	1900.0—2020.0	1945.0—2010.0	2014
IGRF 11th generation	IGRF－11	1900.0—2015.0	1945.0—2005.0	2009
IGRF 10th generation	IGRF－10	1900.0—2010.0	1945.0—2000.0	2004
IGRF 9th generation	IGRF－9	1900.0—2005.0	1945.0—2000.0	2003
IGRF 8th generation	IGRF－8	1900.0—2005.0	1945.0—1990.0	1999
IGRF 7th generation	IGRF－7	1900.0—2000.0	1945.0—1990.0	1995
IGRF 6th generation	IGRF－6	1945.0—1995.0	1945.0—1985.0	1991
IGRF 5th generation	IGRF－5	1945.0—1990.0	1945.0—1980.0	1987
IGRF 4th generation	IGRF－4	1945.0—1990.0	1965.0—1980.0	1985
IGRF 3rd generation	IGRF－3	1965.0—1985.0	1965.0—1975.0	1981
IGRF 2nd generation	IGRF－2	1955.0—1980.0	—	1975
IGRF 1st generation	IGRF－1	1955.0—1975.0	—	1968

利用 IGRF 研究地磁场具有以下优点：

（1）最新的国际地磁参考场 IGRF－13 包括 1900—2025 年间的地磁场数学模型，可以使用和分析不同年代取得的地磁测量资料，从而最大限度地发挥所有地磁资料的作用。

（2）IGRF 提供了一个合理的、统一的地磁正常场，从而避免了不同地区地磁场衔接不上的矛盾。

（3）可以计算出任意时间（1900—2025 年）、任意地点和任意高度（地表及近地空间）的地磁场值。

表 6.4 为 1900—2025 年的 IGRF 的球谐系数。

表 6.4　1900—2025 年国际地磁参考场的球谐系数（$N \leqslant 2$）

年代	g_1^0	g_1^1	h_1^1	g_2^0	g_2^1	h_2^1	g_2^2	h_2^2
1900	−31543	−2298	5922	−677	2905	−1061	924	1121
1905	−31464	−2298	5909	−728	2928	−1086	1041	1065
1910	−31354	−2297	5898	−769	2948	−1128	1176	1000
1915	−31212	−2306	5875	−802	2956	−1191	1309	917
1920	−31060	−2317	5845	−839	2959	−1259	1407	823
1925	−30926	−2318	5817	−893	2969	−1334	1471	728
1930	−30805	−2316	5808	−951	2980	−1424	1517	644
1935	−30715	−2306	5812	−1018	2984	−1520	1550	586
1940	−30654	−2292	5821	−1106	2981	−1614	1566	528
1945	−30594	−2285	5810	−1244	2990	−3316	1578	477
1950	−30554	−2250	5815	−1341	2998	−1810	1576	381
1955	−30500	−2215	5820	−1440	3003	−1898	1581	291
1960	−30421	−2169	5791	−1555	3002	−1967	1590	206
1965	−30334	−2119	5776	−1662	2997	−2016	1594	114
1970	−30220	−2068	5737	−1781	3000	−2047	1611	25
1975	−30100	−2013	5675	−1902	3010	−2067	1632	−68
1980	−29992	−1956	5604	−1997	3027	−2129	1663	−200
1985	−29873	−1905	5500	−2072	3044	−2197	1687	−306
1990	−29775	−1848	5406	−2131	3059	−2279	1686	−373
1995	−29692	−1784	5306	−2200	3070	−2366	1681	−413

续表

年代	g_1^0	g_1^1	h_1^1	g_2^0	g_2^1	h_2^1	g_2^2	h_2^2
2000	-29619.4	-1728.2	5186.1	-2267.7	3068.4	-2481.6	1670.9	-458.0
2005	-29554.63	-1669.05	5077.99	-2337.24	3047.69	-2594.50	1657.76	-515.43
2010	-29496.57	-1586.42	4944.26	-2396.06	3026.34	-2708.54	1668.17	-575.73
2015	-29441.46	-1501.77	4795.99	-2445.88	3012.20	-2845.41	1676.35	-642.17
2020	-29404.8	-1450.9	4652.5	-2499.6	2982.0	-2991.6	1677.0	-734.6
2025	-29399.1	-1443.5	4626.6	-2510.6	2975	-3021.8	1674.9	-757

2）WMM 模型

同 IGRF 模型一样，该模型描述的是地磁场中的主磁场部分。WMM 是由美国国家地理空间情报局（NGA）和英国国防地理中心（DGC）提供资助，并由美国国家地球物理数据中心（NGDC）联合英国地质调查局（BGS）共同研制的世界地磁模型。该模型主要为美国、英国国防部、北大西洋公约组织（NATO）和国际海道测量组织（IHO）提供导航及定向服务，同时在民用导航定位系统和航向姿态测量系统中也有着广泛应用。最新一代的 WMM2020 模型是 2019 年 12 月发布的，有效期为 2020.0—2025.0。

下面以 2019 年 12 月发布的 WMM2020 模型为例，介绍 2020 年全球主磁场 D、I、H、Z、T 要素的分布特征。

图 6.8 为 2020 年的世界地磁场等偏线（D）图，其基本特征为从一点出发汇聚于另一点的曲线簇，明显地汇聚于四个点，即两个磁极和两个地极。两条零偏线将全球分为正负两个部分。

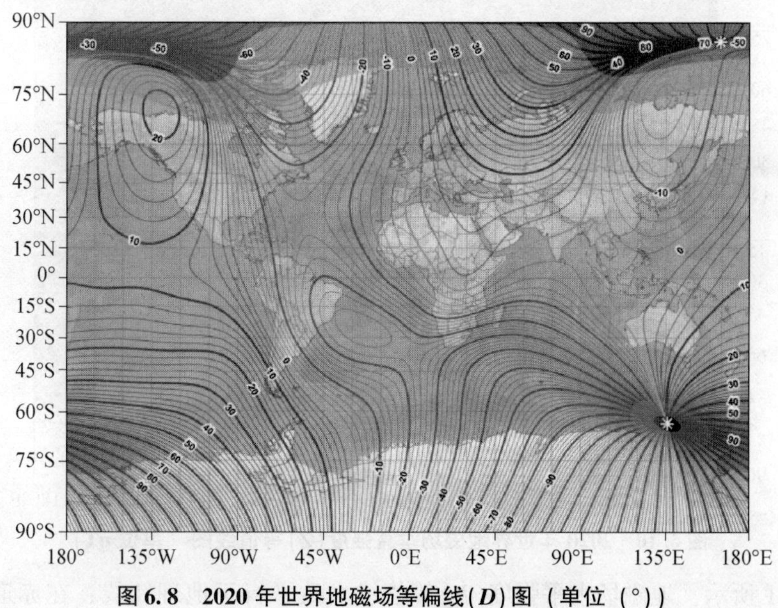

图 6.8　2020 年世界地磁场等偏线(D)图（单位（°））

图 6.9 为世界地磁场等倾线(I)图。由图可知，等倾线与纬线大致平行，零倾线在地理赤道附近，称为磁赤道，它不是一条直线，磁赤道向北倾角为正，向南为负。

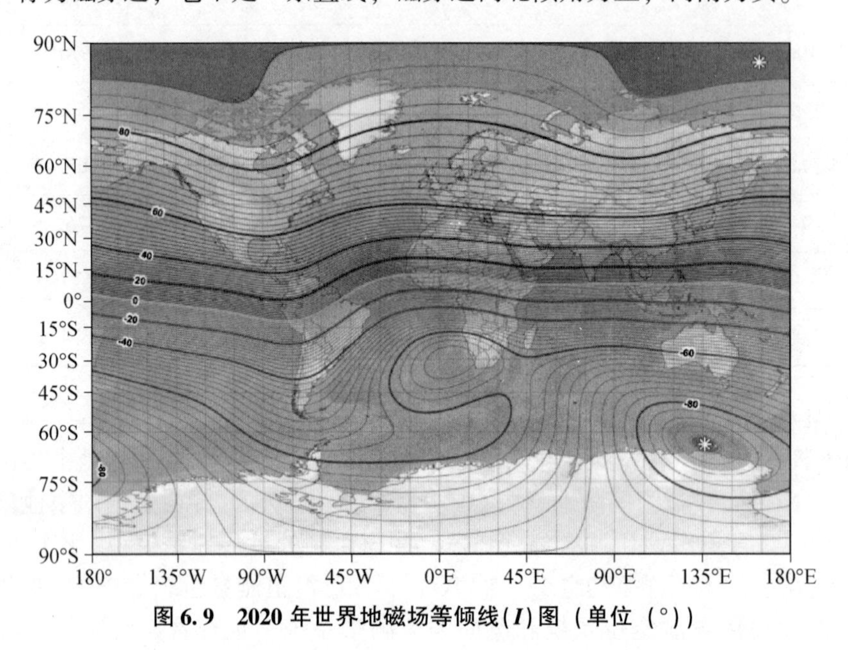

图 6.9　2020 年世界地磁场等倾线(I)图（单位（°））

如图 6.10 所示，地磁场垂直强度(Z)等值线大致平行于地理纬线；在赤道附近（磁赤道上），垂直分量 $Z=0$，随着纬度的增大，Z 的绝对值逐渐增大，在两磁极附近 Z 的绝对值最大，约为 60000nT。

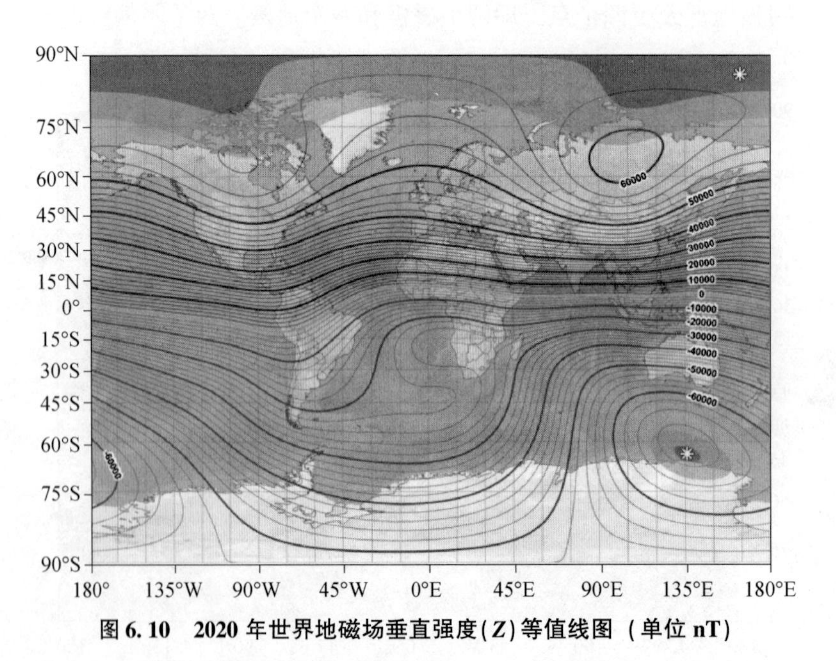

图 6.10　2020 年世界地磁场垂直强度(Z)等值线图（单位 nT）

如图 6.11 所示，地磁场水平强度(H)等值线大致平行于地理纬线；在赤道附近（磁赤道上），水平分量 H 最大，约为 40000nT，向两极 H 逐渐减小，在两极附近 H 趋向于零。

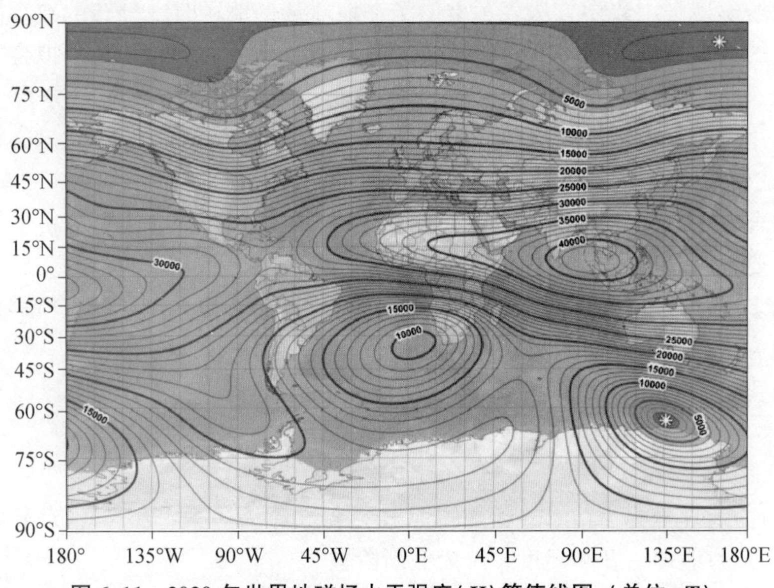

图 6.11　2020 年世界地磁场水平强度(H)等值线图（单位 nT）

如图 6.12 所示，总场强度等值线分布特征：等值线与纬线近似平行，其值在磁赤道处为 30000～40000nT，向两极增大，在两极为 60000～70000nT。

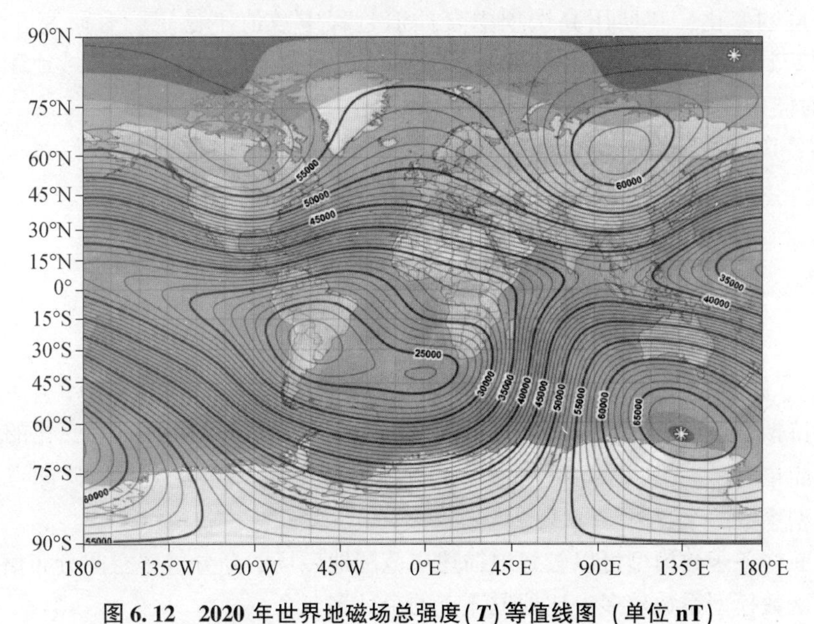

图 6.12　2020 年世界地磁场总强度(T)等值线图（单位 nT）

6.2.4.2　区域地磁场模型

全球地磁场模型能较为全面准确地反映地磁场中的主要成分——地磁正常场在全球的宏观分布特征，但由于模型阶次的限制，建模过程中滤除了地磁场的细节信息。由全球地磁场模型构建的数字地磁图对来源于地壳的磁异常是反映不出来的。为了描述某一关注区域地磁场的高分辨率细节信息，国内外学者通过分析近百年的大地磁测、航空磁测及海洋磁测资料，研究了各种区域地磁场模型。

区域地磁场模型是用数学方法表示地磁场在地球某一地区时空分布的数学模型。计算区域地磁场模型的数学方法有很多，可以概括为两大类：第一大类是纯数学拟合方法，常用的为多项式拟合、曲面样条函数拟合等；第二大类是基于位场理论的矩谐分析、球冠谐分析等。下面对常用的四种模型进行简单介绍。

1）多项式模型

多项式拟合方法是建立局部地磁场最先采用，现在仍被广泛应用的分析方法。其表达方式就是将地磁要素以多项式表示为经度、纬度的函数，或平面坐标的函数，经典的多项式拟合方法有泰勒多项式、勒让德多项式、切比雪夫多项式等。其中，泰勒多项式是最经典、应用最为广泛的方法，国内外使用泰勒多项式拟合地磁场的做法十分普遍。

泰勒多项式模型的数学表达式为

$$G(L,\lambda) = \sum_{n=0}^{N}\sum_{k=0}^{n} A_n^k (L - L_0)^{n-k} (\lambda - \lambda_0)^k \tag{6.29}$$

式中：$G(L,\lambda)$为地理坐标为(L,λ)点处的地磁要素；A_n^k 为系数；L_0、λ_0 为泰勒展开点的纬度和经度；L、λ 为地理纬度和经度；N 为截断阶数。

多项式模型最大的优点是计算简单、使用方便、精度较高，可以拟合磁偏角、磁倾角等非线性分量，因此在矿产资源开发、石油勘探等实际应用中具有较高的小尺度磁场建模能力；其缺点是不满足地磁场位势理论，而且只能表示地磁场的二维信息，不能描述地磁场随高度的变化，在使用高次项拟合插值过程中数值不稳定。有研究在二维泰勒多项式模型的基础上，引入高度信息建立了三维泰勒多项式模型来描述区域地磁场。

2）曲面样条函数模型

1972 年，Harder 等给出表示地磁场二维空间分布的曲面样条函数模型：

$$\begin{cases} G(x,y) = A + Bx + Cy + \sum_{i=1}^{N} D_i r_i^2 \ln(r_i^2 + \varepsilon) \\ \sum_{i=1}^{N} D_i = \sum_{i=1}^{N} x_i D_i = \sum_{i=1}^{N} y_i D_i = 0 \end{cases} \tag{6.30}$$

式中：$G(x,y)$表示在当地水平坐标系中坐标为(x,y)点的地磁要素值；$r_i^2 = (x - x_i)^2 + (y - y_i)^2$ 为待拟合点(x,y)与第 i 个原始测点的距离；ε 为控制曲面曲率变化的因子，当磁场分布比较简单时，$\varepsilon = 10^{-4} \sim 10^{-6}$；$A$、$B$、$C$、$D_i$ 为待定系数；N 为地磁测点个数。曲面样条函数模型系数的个数为$(N+3)$。

利用曲面样条函数模型可以较好地描述小范围地磁场的高分辨率空间分布信息；其缺点是曲面样条函数模型系数较多，比地磁测点的个数多 3 个。

3）矩谐模型

1981 年，Alldredge 提出用矩谐分析方法描述区域地磁场的三维空间分布，表示中波长磁异常的分布。矩谐分析实际上是针对地表某一矩形区域在直角坐标系求解拉普拉斯方程。因此该方法满足地磁场位势理论。

在矩谐分析中，直角坐标系中的磁位表达式为

$$U(x,y,z) = Ax + By + Cz + \sum_{q=0}^{N_{\max}}\sum_{i=0}^{q} [A_{ij}\sin(ivx)\cos(jwy) + B_{ij}\sin(ivx)\sin(jwy) +$$

$$C_{ij}\cos(ivx)\cos(jwy) + D_{ij}\cos(ivx)\sin(jwy)]\mathrm{e}^{uz} \tag{6.31}$$

式中：$j = q - i$；$v = 2\pi/L_x$；$w = 2\pi/L_y$；L_x、L_y 为矩形区域南北和东西方向的边长；$u = \sqrt{(iv)^2 + (jw)^2}$；$A$、$B$、$C$、$A_{ij}$、$B_{ij}$、$C_{ij}$、$D_{ij}$ 为矩谐模型系数；$N_{\max}$ 为模型最大截断阶数，矩谐模型中待定系数的个数为 $2N_{\max}(N_{\max}+1)+3$。

磁场三分量可由下式表示：

$$\begin{cases} B_X = -A + \sum\limits_{q=0}^{N_{\max}} \sum\limits_{i=0}^{q} iv[A_{ij}\sin(ivx)\cos(jwy) + B_{ij}\sin(ivx)\sin(jwy) - C_{ij}\cos(ivx)\cos(jwy) - \\ \quad D_{ij}\cos(ivx)\sin(jwy)]\mathrm{e}^{uz} \\ B_Y = -B + \sum\limits_{q=0}^{N_{\max}} \sum\limits_{i=0}^{q} jw[A_{ij}\cos(ivx)\sin(jwy) - B_{ij}\cos(ivx)\cos(jwy) + C_{ij}\sin(ivx)\sin(jwy) - \\ \quad D_{ij}\sin(ivx)\cos(jwy)]\mathrm{e}^{uz} \\ B_Z = -C - \sum\limits_{q=0}^{N_{\max}} \sum\limits_{i=0}^{q} u[A_{ij}\cos(ivx)\cos(jwy) + B_{ij}\cos(ivx)\sin(jwy) + C_{ij}\sin(ivx)\cos(jwy) + \\ \quad D_{ij}\sin(ivx)\sin(jwy)]\mathrm{e}^{uz} \end{cases} \tag{6.32}$$

矩谐分析通过构建区域大小的矩形平面来近似球面，在矩形区域内进行谐和分析其不同阶的系数反映不同波长的磁场，便于对局部地磁场进行建模；其缺点在于当研究范围扩大时，由于未考虑球面曲率，模型误差将会显著提高。

4）球冠谐模型

1985 年，Haines 提出采用球冠谐分析方法描述区域地磁场的三维空间分布，即在无限球面的锥体内求解拉普拉斯方程，是球谐分析的自然延伸，其位场表达式为

$$U(r,\theta,\lambda) = a \sum_{k=0}^{K_{\max}} \sum_{m=0}^{k} \left(\frac{a}{r}\right)^{n_k(m)+1} (g_k^{\ m}\cos m\lambda + h_k^m \sin m\lambda) P_{n_k(m)}^m(\cos\theta) \tag{6.33}$$

式中：r、λ、θ 分别为球冠坐标系中的径向距离、经度和余纬；a 为地球半径，一般取 $a = 6371.2\mathrm{km}$；$P_{n_k(m)}^m(\cos\theta)$ 是非整数阶 $n_k(m)$ 和整数次 m 的施密特缔合勒让德函数；g_k^m 和 h_k^m 为冠谐模型系数；$K_{\max}$ 为冠谐分析中最大截断阶数，冠谐模型的系数个数为 $(K_{\max}+1)^2$。

磁场三分量表示为

$$\begin{cases} X = \sum\limits_{k=0}^{K_{\max}} \sum\limits_{m=0}^{k} \left(\frac{a}{r}\right)^{n_k(m)+2} (g_k^{\ m}\cos m\lambda + h_k^m \sin m\lambda) \dfrac{\mathrm{d}P_{n_k(m)}^m(\cos\theta)}{d\theta} \\ Y = \sum\limits_{k=0}^{K_{\max}} \sum\limits_{m=0}^{k} \dfrac{m}{\sin\theta} \left(\frac{a}{r}\right)^{n_k(m)+2} (g_k^{\ m}\sin m\lambda - h_k^m \cos m\lambda) P_{n_k(m)}^m(\cos\theta) \\ Z = -\sum\limits_{k=0}^{K_{\max}} \sum\limits_{m=0}^{k} [n_k(m)+1] \left(\frac{a}{r}\right)^{n_k(m)+2} (g_k^{\ m}\cos m\lambda + h_k^m \sin m\lambda) P_{n_k(m)}^m(\cos\theta) \end{cases} \tag{6.34}$$

球冠谐分析满足地磁场的位势理论，并能够表示地磁场的三维结构，克服了矩谐分析中以直角坐标代替球坐标的近似，直接通过构建区域大小的球冠形区域，在球冠形区域内进行谐和分析，建立地磁场模型。针对传统球冠谐分析在 r 方向上拟合不佳的缺陷，有研究提出了修正球冠谐分析方法。目前球冠谐分析已广泛应用于主磁场及长期变化、古地磁长期变

化、外源场、岩石圈磁场等区域地磁场建模工作中。

不同的模型计算方法各有其适用范围，同时模型的优劣与计算方法的选择和使用有关。在实际应用中要根据需要选择最合适的区域地磁场模型。

6.3 地磁场的测量

地磁测量是测量地磁要素及其随时间和空间的变化，为地磁场的研究提供基本数据。随着科技水平的不断进步，地磁测量仪器的精度和智能化水平不断提高，人类测量地磁的方式也从陆地和海洋测磁扩展到了航空和卫星测磁。

6.3.1 磁力仪

用于测量地磁场强度和方向的仪器统称磁力仪。

6.3.1.1 定义

磁力仪，又称磁力计、磁强计。由于地磁场属于弱磁场，因此测量地磁场的磁力仪属于弱磁场磁测仪器。

1833 年，高斯发明了第一台磁强计。从 20 世纪至今，磁力仪经历了从简单到复杂、从机械式到利用现代物理原理与电子技术的发展过程，目前被广泛应用于地磁场的测量和地球物理勘查中测量各种类型的磁异常。

6.3.1.2 分类

（1）按照工作原理，磁力仪可分为三类：一种是基于磁铁与地磁场之间相互力矩作用原理的机械磁力仪；一种是基于电磁感应原理的磁通门磁力仪；最后一种为量子磁力仪，是利用微观世界中与磁场有关的现象仪器的统称，包括质子、光泵、超导磁力仪等。

（2）按其测量的地磁场参数及其量值，磁力仪可分为两种：一是相对测量仪，无须知道测点磁场的实际数值，只需测得测点相对于某一固定点的相对变化值。如机械磁力仪、磁通门磁力仪都属于相对测量仪。二是绝对测量仪，可直接测得各点的实际磁场值。

（3）按测量磁场的磁测环境分类，可分为地面磁力仪、航空磁力仪、海洋磁力仪、卫星磁力仪以及井中磁力仪。

6.3.1.3 技术指标

技术指标是反映仪器总体性能的技术参数，不同原理、构造的磁力仪技术指标不尽相同，下面介绍一下评价磁力仪的几项通用技术指标。

（1）绝对准确度（Absolute Accuracy）：简称准确度，是指测量值与真值之间的差值，表示了磁力仪绝对磁场测量的精度。

（2）分辨率（Resolution）：又称分辨力，规定测量范围内可能检测出的磁场最小变化量的能力，即将磁力仪置于足够缓慢变化的磁场中时，其相邻两个磁场值的变化量。注意要和显示分辨率（磁力仪输出/显示数据的有效位数）区分。

（3）灵敏度（Sensitity）：指对同一磁场强度进行重复读数的相对不确定度的一个统计数值，是衡量重复测定磁场离散程度的一个统计数值。灵敏度数值越小，仪器越灵敏。一般把仪器的本底噪声认为是“灵敏度”。

（4）量程（Range of Measurement）：指磁力仪所能正常工作的环境磁场的范围。地磁场的大小在 30000 ~60000nT，测量地磁场的磁力仪的量程需要覆盖这个范围。

（5）采样率（Sampling Rate）：指磁力仪每秒输出/显示的磁场值的个数，单位是 Hz。采样时间是采样率的倒数，单位是 s 或 ms。采样率决定了相邻两个数据点的时间间隔，决定了磁测作业的效率。在快速行进的观测方式中对磁力仪的采样率要求较高。

（6）带宽（Bandwidth）：指所测定磁场的频率范围，反映的是磁力仪对快速变化的磁场的反应能力，带宽越高表示磁力仪对磁场的变化响应越快。

（7）探测盲区（Dead Zones）：即死区，磁力仪探头主轴方向与地磁场方向在处于某些夹角区域时，磁力仪无法进行正常的测量，该夹角区域称为“探测盲（死）区”。死区只发生在观测地磁场标量的仪器中（如质子、光泵磁力仪）。

（8）梯度容忍度（Gradient Tolerence）：即最大可工作梯度，就是指磁力仪能正常工作的最大磁场梯度，单位是 nT/m。当所测量磁场的梯度超过此最大值时，磁力仪的输出将产生混乱。

（9）漂移（Drift）：是指在实际磁场没有变化的情况下，磁力仪的输出随时间或温度的改变。漂移既可能是传感器引起的漂移，也可能是电子电路引起的漂移。

此外，评价磁力仪的指标还有尺寸、功耗、成本、工作温度范围，我们在选择磁力仪时，要综合考虑各种指标，选出最适合的磁力仪。

6.3.1.4　典型磁力仪介绍

1）机械式磁力仪

机械式磁力仪是一种应用最早的磁测仪器，是利用磁铁在磁场作用下机械平衡原理，测定磁场变化的一种磁力仪，由于对磁场的测量类似于秤的原理，又名“磁秤”。

1915 年，阿道夫·施密特刃口式磁秤问世，20 世纪 30 年代末出现凡斯洛悬丝式磁秤，它们成为广泛使用的两种地面磁测仪器。机械式磁力仪属于相对测量仪器，因其测量地磁场要素的不同，分为垂直磁力仪及水平磁力仪。前者测定垂向强度 Z 的相对差值，后者测定平面向量水平强度 H 在两个方位上的相对值。下面介绍悬丝式垂直磁力仪的工作原理。

悬丝式垂直磁力仪的核心部分由磁系组成。磁系主要是一根圆柱形磁棒，磁棒放置在磁东西方向，即磁棒的摆动面严格垂直于磁子午面，故不受地磁场水平强度的影响。磁系的重心位置位于磁棒下方偏向 S 面的一侧。打开仪器开关后，磁棒绕轴摆动。它受到地磁场垂直强度力、重力及悬丝扭力三个力矩的作用，当力矩相互平衡时，磁棒会停止摆动，如图 6.13 所示。Z 的变化 ΔZ 会引起 θ 角的变化（$\Delta\theta$）。据此用光学系统放大并读出偏转角的变化即可知地磁场垂直分量的变化。

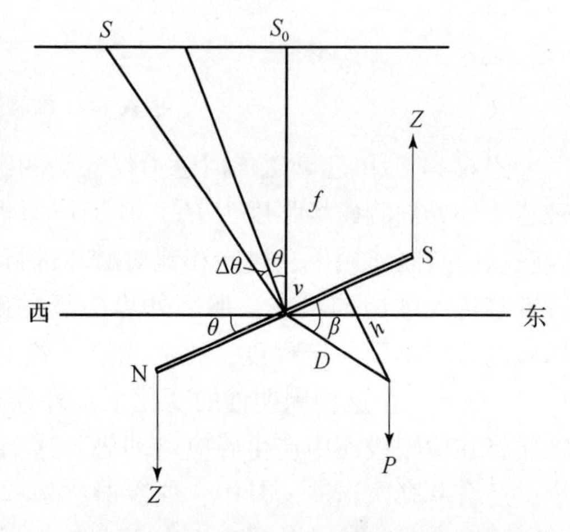

图 6.13　悬丝式垂直磁力仪工作原理

我们假设在基点上，地磁场垂直分量为 Z_1，

仪器读数为 S_1；在测点上，地磁场垂直分量为 Z_2，仪器读数为 S_2。则它们之间的垂直分量差值为

$$\Delta Z = Z_2 - Z_1 = \varepsilon(S_2 - S_1) \tag{6.35}$$

上式表明，悬丝式垂直磁力仪可以测量两点之间地磁场的相对变化，即用于相对测量。式中 ε 是一个常数，它代表每一个读格的磁场值，叫作格值。

我国 20 世纪 60 年代引进机械式磁力仪，北京地质仪器厂 1958 开始一直到 1991 年，连续生产了 11 种型号的机械式磁力仪。目前，机械式磁力仪由于精度较差，已很少使用。

2）磁通门磁力仪

磁通门磁力仪，又称磁饱和磁力仪，它是利用高磁导率的软磁性材料（如坡莫合金）作磁芯，根据其在外磁场的作用下的磁饱和特性及电磁感应现象测定外磁场的装置。磁通门磁力仪于 1933 年左右发明，第二次世界大战期间，因其有足够的灵敏度，曾用于探测潜艇。自 20 世纪 70 年代，由于高磁性材料和微电子技术的不断发展，在地磁场观测、地球物理探矿、军用舰艇消磁、空间探测、地下未爆物体探测、无损探伤等方面得到广泛应用。

磁通门磁力仪所选用的材料坡莫合金，即铁镍合金，是一种高磁导率、矫顽力小的软磁性材料，在外磁场的作用下，极易达到磁化饱和。正是这种特性，使其在磁通门磁力仪上得到了应用。

磁通门磁力仪的探头通常是由高磁导率、低矫顽力的磁芯、激励线圈和检测线圈组成。根据磁芯结构的差异，又将磁通门传感器分为单磁芯型磁通门传感器、双磁芯型磁通门传感器、环形磁芯型磁通门传感器和跑道磁芯型磁通门传感器等，其工作原理是相同的。下面以单芯型磁力仪为例，介绍磁通门磁力仪的工作原理，如图 6.14 所示。

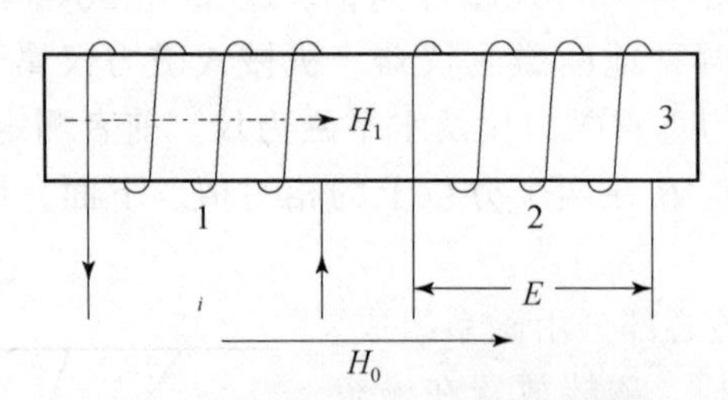

图 6.14 单芯型磁通门传感器结构

图 6.14 为单芯型磁通门磁力仪探头的结构示意图，1 为激励线圈，2 为感应线圈，3 为磁芯，外界被测磁场强度为 H_0。其工作原理概括为：在激励线圈中的周期性交变电流和环境磁场的共同作用下，过饱和地对磁芯进行磁场调制。如果励激电流逐渐增加至足够大，使得磁芯进入过饱和状态，那么外界磁场的磁力线会排斥出磁芯，即磁通的“门”被关闭；如果电流减小到一定程度，磁芯未进入饱和，则此时外界磁力线又将穿过磁芯，即磁通的“门”打开。在这种周期性的变化下，外界磁场的磁力线反复穿过磁芯和被排斥，其产生的磁通将在检测线圈中产生感应电动势。这个感应电动势不仅含有和励激电流同频率的基波分量，还含有高次谐波。其中，偶次谐波是和环境磁场存在某种确定的数量关系的。当没有环境磁场存在时，输出信号中没有偶次谐波分量；当存在环境磁场，并且当环境磁场远小于磁芯的饱和磁化强度时，偶次谐波和环境磁场近似成线性关系，通过检测偶次谐波就可以得到

对应外磁场的大小。

单磁芯型结构简单，但由于变压器效应产生的感应电动势在感应线圈中输出，将会大大影响传感器的精度。因此目前在实际应用中往往采用环形或跑道型探头，两侧激励线圈匝数相同，绕向相反，这样便会使两侧的变压器效应感应电动势抵消，减小对测量值的干扰。目前，国内外主流的磁通门产品为二次谐波磁通门或偶次谐波磁通门。

磁通门磁力仪的主要特点：一是非常适合在零磁场附近和弱磁场条件下应用；二是探头体积小、重量轻并且功耗低；三是能够直接测量磁场在空间上的三个分量，并适于在高速运动系统中使用，因此已经发展为空间磁场探测任务中最广泛使用的仪器之一。

国外磁通门技术起步较早，相关技术及研制水平较为成熟。其中具有代表性的厂家及研发产品主要有英国 Bartington 公司的 Mag 系列、美国的 TMF65 型、日本的 MB－162、加拿大的 MF－100B、乌克兰的 LCISR LEMI 系列以及德国生产的 Magson GmbH 系列等，主要性能参数如表 6.5 所示。

表 6.5　国外代表性磁通门传感器及主要参数

仪器名称	分辨率/nT	噪声水平/(pT/$\sqrt{Hz}$@1Hz)	测量范围/nT	测量范围精度
Mag－03	0.1	10	±100000	<0.0015%
TMF65	0.1	20	±50000	<0.003%
MF－100B	0.4	—	x，y：±40000 z：±70000	<0.005%
MB－162	0.1	—	±50000	<0.0014%
LCISR LEMI	0.1	—	>±65000	<0.15 nT/℃
MagsonGmbH	0.01	10	±65000	0.01 nT

目前国内也有多家单位开展磁通门传感器的研究，达到了较高的技术水平。具有代表性的仪器有：中国科学院地球物理研究所研制的 CTM－302 型三分量高分辨率磁通门磁力仪、中国地震局地球物理研究所研制的 DCM－1 型数字地磁脉动观测系统、上海海事大学 Magwell磁电实验室的 TF 系列三分量数字记录磁通门传感器、北京航勘仪器厂的 FVM－400 磁强计、上海恒通磁电科技有限公司的 HT203 磁强计、武汉大学的 HT－03D 磁强计、中国船舶集团第七一〇研究所的 MS－03AS 磁强计等。部分参数如表 6.6 所示。

表 6.6　国内代表性磁通门传感器及主要参数

仪器名称	分辨率/nT	噪声水平	测量范围/nT	测量范围精度
DCM－01	1	0.05nT（P－P）	0～60000	<0.5%
CTM－302	0.1	0.07nT（P－P）	x，y：±50000 z：±70000	
TF	0.5	—	±100000	—
FVM－400	1	—	±100000	±0.25%

续表

仪器名称	分辨率/nT	噪声水平	测量范围/nT	测量范围精度
HT203	1	—	0 ~ 200000	±2%
HT-03D	1	0.2nT(P-P)	±85000	—
MS-03AS	0.1	15pT/$\sqrt{\text{Hz}}$@1Hz	±100000	—

3）质子磁力仪

质子磁力仪，又称质子旋进、核子旋进磁力仪，是利用氢质子的拉莫尔旋进效应制成的弱磁测量仪器。质子磁力仪于20世纪50年代中期问世，在航空、海洋及地面等领域得到了广泛应用，具有灵敏度、准确度高的特点。

质子磁力仪一般是由仪器主机、探头、探头支杆、电池盒及线缆等组成。其探头为圆柱体有机玻璃容器，里面装满富含氢的工作物质，容器置于线圈中。其基本原理如下：质子磁力仪使用的工作物质为蒸馏水、酒精、煤油、苯等富含氢的液体。当没有外界磁场作用于含氢液体时，其中质子磁矩无规则地任意指向，不显现宏观磁矩。若垂直地磁场 T 的方向，加一个强人工磁场 H_0（远远大于地磁场 T），则样品中的质子磁矩，将按 H_0 方向排列起来，如图6.15（a）所示，此过程称为极化。然后切断外磁场 H_0，地磁场则对质子有 $\mu_p \times T$ 的力矩作用，试图将质子拉回到地磁场方向，由于质子自旋，因而在力矩作用下，质子磁矩 μ_p 将绕地磁场 T 的方向作旋进运动（称为拉莫尔旋进），如图6.15（b）所示。它好像是地面上倾斜旋转着的陀螺，在重力作用下并不立刻倒下，而是绕铅垂方向作旋进运动。

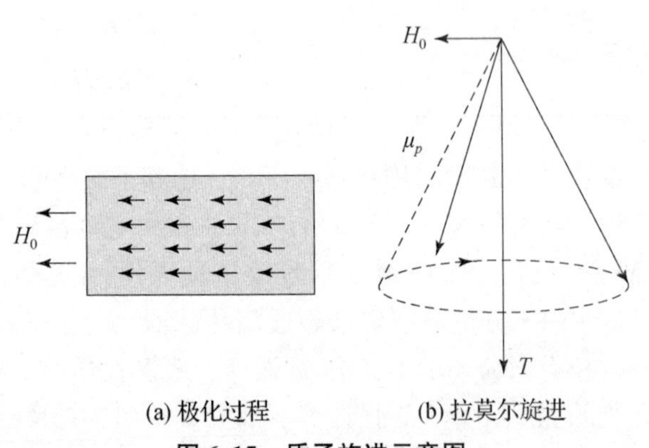

图6.15　质子旋进示意图

理论物理分析研究表明，氢质子旋进的角速度 ω 与磁场 T 的大小成正比，其关系为

$$\omega = \gamma_p T \tag{6.36}$$

式中：γ_p 为质子的自旋磁矩与角动量之比，叫作质子磁旋比（或回旋磁化率），它是一个常数。

$$\gamma_p = (2.6751987 \pm 0.0000075) \times 10^8 \text{T}^{-1}\text{s}^{-1} \tag{6.37}$$

又因 $\omega = 2\pi f$，则有

$$T = \frac{2\pi}{\gamma_p} \cdot f = 23.4874f \tag{6.38}$$

式中：T 以 nT 为单位。由式（6.38）可见，只要能准确测量出质子旋进频率 f，乘以常数，就是地磁场 T 的值。

目前，国际上经典的质子磁力仪产品主要有：美国 Geometrics 公司生产的 G－857 型、捷克 Satisgeo 公司生产的 PMG 型以及加拿大 GEM 公司生产的 GSM－19T 型。其主要技术指标如表 6.7 所示。

表 6.7　三种质子磁力仪产品技术指标

仪器名称	分辨率/nT	测量范围/nT	绝对精度/nT
G－857	0.1	20000～90000	±0.5
PMG－2	0.1	20000～100000	±1
GSM－19T	0.01	20000～120000	±0.2

我国于 20 世纪 60 年代初开始研制质子磁力仪，目前主流的国产质子磁力仪有北京仪器厂的 CZM 型、重庆奔腾公司的 WCZ－1 型、廊坊瑞星公司的 PM 型等。近几年北京仪器厂对质子磁力仪进行改进，推出了 CZM－4 型质子磁力仪，其测量精度为 ±1nT，分辨率为 0.1nT，已接近国际水平。

质子磁力仪由于利用了原子与磁场作用的固有进动频率作为测量基准，因此测量可靠性强，准确度高，不受外界温度、湿度等环境因素的影响；同时该技术较为成熟，结构简单，成本较低。但同时也具备一些明显的缺点，如耗电量大、只能间断测量、测量精度较低。

为了克服传统质子磁力仪的不足，Overhauser 磁力仪应运而生。Overhauser 磁传感器是基于质子传感器的测量原理发展而来的，是以质子与电子的双共振现象为基础的磁场测量传感器。Overhauser 磁力仪和质子磁力仪之间的区别有：一是工作物质不同。Overhauser 传感器主要是自由基溶液，目前均为氮氧自由基类化合物溶液。二是测量方式不同。普通质子磁传感器需要通过直流磁场直接激发质子进行测量磁场，而 Overhauser 传感器是先利用高频激发电子，让处于激发状态的电子对质子进行激发（即间接激发质子）的方式测量磁场，由于利用间接激发方式可使质子激发程度大大增加，所以传感器输出信号的信噪比大大提高，因此 Overhauser 传感器测量磁场的分辨率、灵敏度和绝对精度等指标相比于传统的质子传感器有了很大的提高，同时其功耗却比传统的质子传感器低很多。所以，Overhauser 传感器更适用于对功耗要求较高的野外磁场长期观测、卫星测磁、外太空测磁、海底磁场长期观测等领域，符合弱磁测量仪器的发展趋势。

4）光泵磁力仪

光泵磁力仪，又称电子旋进磁力仪，它是以工作物质原子在磁场中产生塞曼效应为基础，结合光泵作用和磁共振效应研制而成的测量磁场的仪器。光泵磁力仪的种类较多，按照采用磁共振元素的不同而分为氦（He）磁力仪、碱金属（Rb、Cs、K）磁力仪等；按照采用的电路不同可分为自激式磁力仪和跟踪式磁力仪。

光泵磁力仪测量磁场的基本原理就是基于上述元素在特定的条件下，能发生磁共振吸收现象（称为光泵吸收），而发生这种现象时的电场频率与样品所在地的外磁场强度成比例关系。只要能准确测定这个频率，即可获取准确的外磁场强度。

下面以氦（He）光泵磁力仪为例，介绍一下光泵磁力仪的工作原理。

在氦光泵磁力仪中，利用高频放电，使 He 原子由基态过渡到亚稳态。由光泵灯发射特定波长的光照射亚稳态的原子气室，使其激发跃迁。经过光泵时间 τ_p 后，亚稳态能级上的原子几乎全部集中在 $m_j = +1$ 的磁次能级上，实现了 He 原子磁矩在光作用下的定向排列。这种利用光能将原子的能态泵激到同一能级上的过程，叫作光泵作用。

当通过光泵作用使原子实现光学取向后，可通过加入一射频场引入磁共振作用，当其频率等于原子跃迁频率时，出现磁共振，透过原子气室的特定光被大量吸收，此时光电检测器上光电流发生变化。发生共振时的电磁场频率 f 和被测处的外磁场有如下关系：

$$f = \frac{\gamma_s}{2\pi}T = 28.02356T \tag{6.39}$$

式中：γ_s 为 He 的磁旋比；频率 f 的单位为 Hz；磁场 T 的单位为 nT。

由式（6.39）可知，在氦光泵磁力仪中，只要测得发生磁共振时的共振频率 f，就可求得被测磁场 T。该磁共振频率可以通过检测透过吸收室的光强变化而间接测量得到。

目前，市场占有率较高的国外光泵磁力仪产品是美国 Geometrics 公司生产的 G－858 型便携式地面铯光泵磁力仪、G－882 型海洋铯光泵磁力仪，以及加拿大 Scintrex 公司生产的 CS－3 型高精度铯光泵磁力仪和 CS－L 型高分辨率铯光泵磁力仪，其中，G－882 主要是美国海军用来清除爆炸性的军用废弃物，CS－3 型磁力仪是航空物探系统的选型产品，在矿产勘探、油气勘探、磁力台站监测、工程和考古领域都有应用涉及。它们的部分技术指标如表 6.8 所示。

表 6.8　四种光泵磁力仪产品技术指标

仪器名称	灵敏度/(pT/ $\sqrt{\text{Hz}}$@ 1 Hz)	测量范围/nT	绝对精度/nT
G－858	1	20000 ~ 100000	±0.5
G－882	4	20000 ~ 100000	±3
CS－3	0.6	15000 ~ 105000	±0.25
CS－L	0.6	15000 ~ 105000	±0.25

在我国，研制氦光泵磁力仪的主要科研单位是航空物探遥感中心和中国船舶集团公司第七一五研究所。航空物探遥感中心的代表产品主要有航空用的 HC－2000K 型和 HC－90K 型氦光泵磁力仪、地面用的 HC－90D 型和 HC－95 型氦光泵磁力仪，其中 HC－2000K 型的灵敏度达到了 $5\text{pT/Hz}^{1/2}$。七一五所的代表产品也是氦光泵磁力仪，主要有 RS－HGB4A、RS－DGB4A和 RS－YGB6A 三种型号，它们的应用领域分别是航空、地面和海洋，另外还有无人机上搭载的 RS－HGB10 型航空磁力仪和 RS－GB8 型磁场梯度仪，最高精度可达 1pT。

光泵磁力仪是目前实际生产和科学技术应用中灵敏度较高的一种磁测仪器，具有以下特点：一是灵敏度高，噪声水平低，可以达到 pT 量级；二是频率效应高，适用于需要快速测量磁场的场合；三是可测量地磁场的总矢量 $\boldsymbol{T}$ 及其分量，并能进行连续测量。因此光泵磁力仪在地球物理勘探、宇宙磁场测量、军事测磁等众多领域有着广泛应用。

5）超导磁力仪

超导磁力仪，又称超导量子干涉仪，是一种基于超导状态下物质的量子隧穿特性，通过使用超导回路与约瑟夫森结实现微弱磁场测量的高灵敏度磁力仪，是目前投入使用且性能最高的磁力仪。

荷兰物理学家昂内斯（H. K. Onnes）于 1911 年发现了超导现象，距今已一百年，他还发明了液氦制备技术，50 年后，超导特性才开始应用于测量磁场。1962 年，英国剑桥大学年仅 22 岁的约瑟夫森（B. Josephson）从理论上预言，当超导电子对（Cooper Pair）通过超导体—绝缘体—超导体的薄夹结构时，当绝缘体的厚度薄到几纳米的程度时，将会发生隧穿效应，绝缘体将无法阻隔电子的传递，形成无损的超导电流，1963 年美国贝尔实验室的科学家从实验上证明了约瑟夫森的预言，这种现象叫作约瑟夫森效应，此结构被称为约瑟夫森结。而他因此在 1973 年成为诺贝尔物理学奖得主。

超导磁力仪基本原理是基于超导约瑟夫森效应和磁通量子化现象。其测量器件是由超导材料制成的闭合环，有一个或两个约瑟夫森结。结的截面积很小，只要通过较小的电流（10^{-4} ~ 10^{-6}A），接点处就达到临界电流 I_c（超过 I_c 超导性被破坏，即结所能承受的最大超导电流）。当含有约瑟夫森结的超导体闭合环路通以大于临界电流 I_c 的外加电流时，会发生量子干涉现象，使得结两端电压对外磁通量的改变非常敏感，加上锁向放大器就会对磁场进行测量。简而言之，超导磁力仪是一种磁场对电压的转换器，可将测量的磁场以电压值的形式输出。根据工作原理分类，超导磁力仪有两种，一种是由两个约瑟夫森结组成的直流超导量子干涉仪 DC - SQUID 和由一个约瑟夫森结组成的射频超导量子干涉仪 RF - SQUID，如图 6.16 所示。

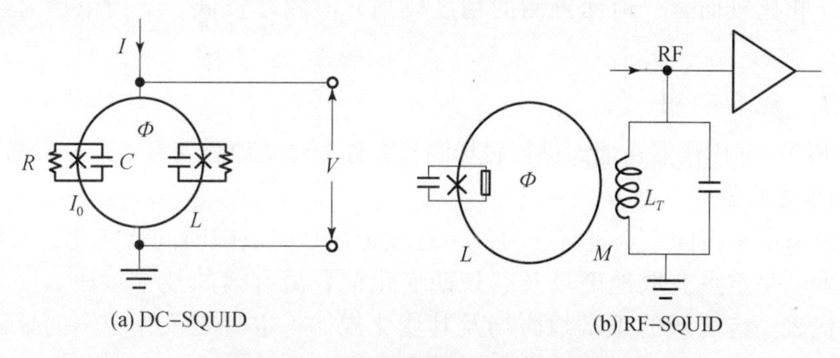

图 6.16　两种超导量子干涉仪示意图

超导磁力仪的优点：一是灵敏度高，可达 fT 量级；二是测量范围宽，可从零场测量到数千特斯拉；三是响应频率高，可以从直流到几千兆赫。这些特性使其应用范围远远超过常用的磁通门磁力仪和质子磁力仪。但由于超导磁力仪工作时需要冷却装置，导致系统的体积、功耗和成本都较大。所以，基于微纳米加工技术的超导磁力仪探头微型化一直是研究的热点。根据所使用的超导材料不同，可分为低温超导磁力仪和高温超导磁力仪。低温超导材料需工作于液氦温度（4.2K，－268.95℃），因此现阶段的研究和应用较少。目前研究的重点是高温超导磁力仪。

表 6.9 对上述介绍的五种磁力仪进行了总结。

表 6.9　五种磁力仪比较

名称	原理	特点
机械式磁力仪	磁铁与地磁场之间相互力矩作用达到平衡	应用最早，精度较差，目前很少使用
磁通门磁力仪	利用软磁性材料在外磁场的作用下的磁饱和特性及电磁感应现象	体积小、重量轻、功耗低，可同时测量三分量
质子磁力仪	根据质子的拉莫尔旋进效应	稳定性好，可靠性强，结构简单，技术成熟；功耗高，不能连续测量
光泵磁力仪	以工作物质原子在磁场中产生塞曼效应为基础，结合光泵作用和磁共振效应	灵敏度高（pT 级），响应频率高，既可以测总场，也可以测分量
超导磁力仪	超导量子干涉，超导回路输出电压与外磁场大小有关	投入使用的性能最高（fT 级）；需要冷却装置，体积、成本、功耗大

6.3.2　测量方式

按照测量的空间区域不同，地磁测量可分成地面磁测、海洋磁测、航空磁测、卫星磁测、井中磁测等。地面磁测又可分成台站测量和野外测量。野外测量主要为了研究地磁场的空间分布，而地磁台站的观测主要是记录地磁场随时间的变化。不同的磁测方式各有其优缺点，相比较而言，地面磁测的精度较高，但效率较低。下面依次对各种磁测方式进行介绍。

6.3.2.1　地面磁测

地面磁测即指利用仪器在地面进行磁场测量，分为台站地磁测量和野外磁测。

1）台站地磁测量

台站地磁测量是在固定点进行长时间、连续记录地磁场随时间的变化，并维持精确的绝对测量标准，是定点获取地磁场及其长期变化信息最有效的技术手段。一个台站的观测数值应能代表一定区域的正常地磁场及其变化规律，也就是说，观测的地磁要素绝对值应符合地磁场正常场（以国际地磁参考场或中国正常场为准）的一般分布规律，观测的地磁日变形态应符合地磁静日变化 S_q 的正常时空分布规律。为了达到这一要求，在选择地磁台址时应该做到：台站周围不存在磁性异常地质体、电导率异常区和人工电磁干扰源。

1870 年俄国人在北京建成第一个地磁台。1874 年由法国人在上海徐家汇（今佘山）建立地磁台，至今仍在正常工作，成为世界上有着百年以上台龄的古老地磁台之一。在 1957—1958 年的国际地球物理年期间，我国先后建成了北京、长春、广州、拉萨、武汉、兰州和乌鲁木齐地磁台，连同佘山台，被称为“老八台”，初步构成了我国地磁站网的基本框架。

目前，我国地磁站网由基准网、基本网和流动网三级构成，主要任务是为地震监测预报提供地磁场及其动态演化数据，同时服务于地球科学研究、国防建设和其他社会应用。

基准网的主要功能是监测全国地磁基本场及其长期变化。基准网现有 46 个基准台站，在中东部地区平均站间距约 600km，在西部地区站点分布相对稀疏。

基本网的主要功能是在全国地磁基本场基础上监测变化磁场及其短周期变化。基本网现有 97 个基本站，在中东部地区平均站间距约 200km，在西部地区站点分布相对稀疏。

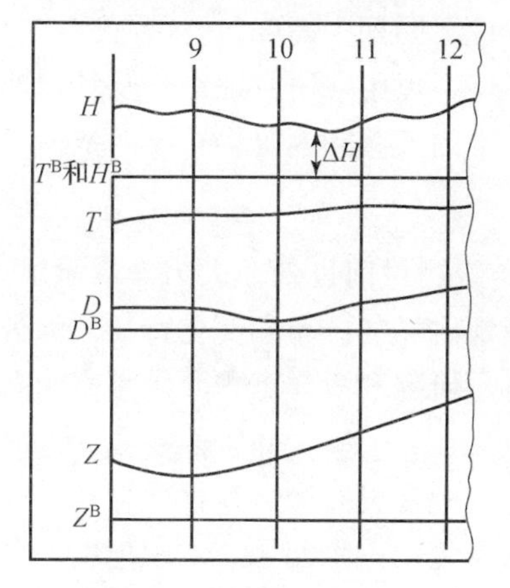

图 6.17　标准磁照图格式

地磁台站都配有相对和绝对地磁测量仪器，按照地磁观测技术规范的要求，各地磁台站于每周一、四进行 2 次绝对观测，测定 D、I、T 绝对值；使用 $H = T \times \cos I$ 和 $Z = T \times \sin I$ 关系式，计算得到 H 和 Z 绝对值，进而计算相对观测仪 D、H、Z 的基线值。地磁场某一要素随时间的变化是由地磁记录仪测量并连续记录在相纸上，所得的记录图称为磁照图，图上记录的地磁要素变化曲线称为磁变曲线，每个要素有一条基线，图 6.17 所示为磁照图的格式。

2）野外磁测

第二类地面磁测的方式就是在野外流动磁测，大多数出于磁法勘探的目的；同时通过野外磁测数据，也可以弥补地磁台少、分布不均匀的缺陷。

在进行野外磁测时，通常有以下四个步骤。

（1）基点、基点网的建立。为了提高观测精度，控制观测过程中仪器零点位移及其他因素对仪器的影响，并将观测结果换算到统一的水平，在磁测工作中要建立基点。基点分为总基点、主基点及分基点。总基点和主基点主要作用为观测磁场的起算点。当测区面积很大需要划分几个分工区进行工作时，必须设立一个总基点；若干个分工区的主基点，形成一个基点网。分基点的主要作用为测线观测时控制仪器性能的变化。基点布置图如图 6.18 所示。

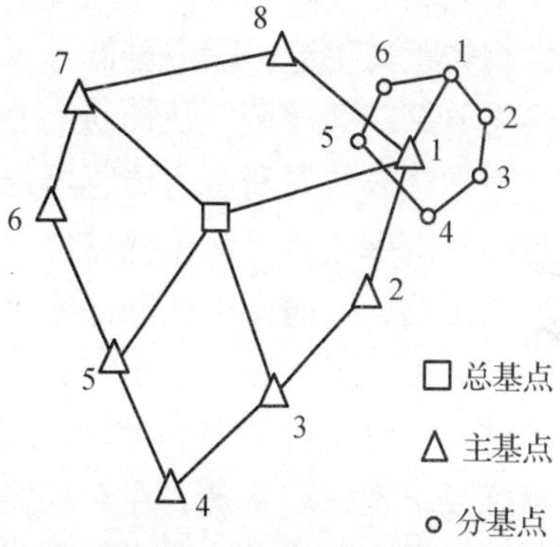

图 6.18　基点布置图

对各类基点的选择需有严格要求。在组成基点网或分基点网后，必须用高精度仪器进行联测，联测时要求在日变幅度小和温差较小的早晨或傍晚前短时间内进行闭合观测，若主基点（或分基点）很多，可以分成具有公共边的若干个闭合环进行联测，可以选用多台仪器一次往返观测，或用一台仪器多次往返观测。

（2）磁场的日变观测。在高精度磁测时如不设立分基点网进行混合改正，则必须设立日变观测站，以便消除地磁场周日变化和短周期扰动等影响，这是提高磁测质量的一项重要措施。

日变观测站，必须设在正常场（或平稳场）内温差小、无外界磁干扰和地基稳固的地方，观测时要早于出工的第一台仪器，晚于收工的最后一台仪器。日变观测站仪器采用自动记录方式，记录时间应不大于 0.5min。

（3）测线磁场观测。要按照磁测工作设计书规定的野外工作方法技术严格执行。针对不同磁测精度、不同观测仪器和不同校正方法，采用不同的野外观测方法，但每天测线观测都是始于基点而终于基点，对建立分基点网的，要求测量过程中 2 ~ 3h 闭合一次分基点观测。

（4）质量检查。质量检查的目的是了解野外所获得异常数据的质量是否达到了设计的要求。这是野外工作阶段贯彻始终的重要环节。磁测的质量检查评价以平稳场的检查为主。检查观测应贯穿于野外施工的全过程，做到不同时间、同点位、同探头高度。

在所有的地磁测量中，陆地磁测资料的精度最高，它不仅可以用来研究地磁场及其长期变化，而且也为研究固体地球物理学、地质和地球物理勘探中的某些问题提供重要的依据。

6.3.2.2 海洋磁测

海洋是地球最广阔的区域，占地球表面积的 71%，海洋磁测目前也处在大力发展阶段。海洋磁测的任务就是通过各种不同的技术手段获取海洋区域地磁场的分布和变化特征，为进一步研究、解释和应用海洋地磁场提供基础信息，在海洋科学研究和海洋工程开发等方面有重要作用。

目前海洋磁测技术可以分为四类，分别是船载式磁测、水中拖曳磁测、浮标磁测和海底基站磁测。船载式磁测最容易实现，但船磁干扰是一个无法避免的关键问题。水中拖曳磁测即航行器与被拖曳的磁测装置相隔一定的距离，于水中保持一定的深度，航行过程中实时传输测量系统获取的探测信号，根据拖曳装置在水中的深度又可分为水面和水下拖曳。为了能减小或避免海浪对磁场测量结果的影响，可以采用水下装置的定深拖曳方式进行磁场测量，即根据磁测的实际需求，使拖曳装置处于接近海底的位置，这样磁测仪器的工作位置与海底磁性物体距离更近，噪声更低，灵敏度也更高。浮标磁测是将内部安装有测量仪器的浮标投放到需要探勘的海域，从而进行磁场观测的方法。浮标磁测系统主要由海底锚系、海面浮标、声学释放装置和磁力传感器组成。海面浮标作为能源与通信的中间节点，通过光电复合缆与海底潜标连接，为传感器供电和双向传输数据。浮标磁测的测量效果容易受到海面自然环境的影响，同时安全性和保密性也相对较差，通常用于可控海域或时间较紧张的情况中。海底基站磁测是将磁测系统安置在海底固定位置的磁场观测方法，海底基站磁测具有探测质量稳定、信号灵敏度高等优势。由于海底观测所面对的特殊自然环境，对基站设备的相应技术指标要求也比较特殊，在对稳定性、功耗和存储能力等有很高要求的同时，还要求基站装置的耐压性、防腐性、防水性和设备集成度等能达到很高的标准。

目前，海洋磁测主要采用光泵或质子磁力仪进行水下磁测。美国 Geometrics、加拿大 Scintrex、英国 Bartington 等几家外国公司海洋磁力仪产品发展起步早、种类多、可靠性好，几乎占据了全球绝大部分市场。国内海洋磁测工作起步较晚，近年来，国内各科研院所和高校加紧了海洋磁力仪设备的研发，由基本的总磁场测量到矢量场测量，都取得了突出成果。

6.3.2.3 航空磁测

航空磁测是将仪器搭载到近地表飞行器（飞机或无人机）上以测量磁场变化信息，主要用于完成资源勘查、航磁填图、地质灾害监测等任务。

航空磁测主要分为两类：对地磁总强度或梯度的标量测量和矢量（三分量或梯度张量）测量。21 世纪以前，航空磁测技术以地磁场总场强度或总场梯度测量为主，随着磁法勘探理论和方法的不断发展，21 世纪以来，开始进行航空磁场分量测量和航空梯度张量测量。与总场测量相比，矢量测量可同时获取地磁场模量大小和方向信息，有效减少反演中的多解性，有助于对磁性体的定量解释，提高地下矿体探测分辨率和定位精度。目前航空矢量磁测使用的磁力仪为磁通门磁力仪和超导磁力仪。由于矢量磁测数据包括磁场值和磁场方向，而飞行测量完成的数据需要校正到地理坐标系下才可作进一步处理和解释，因而需要获取飞行时的系统姿态和方位，最终的磁测精度取决于磁力仪的精度和姿态测量系统的精度。

21 世纪初，与三分量磁测同时发展的另一项矢量磁测技术——航空全张量磁梯度测量成为各国地球物理学家研究和开发的热点。航空全张量磁梯度测量地磁场 3 个分量的空间变化率共计 9 个元素，其突出优点包括：由梯度张量算出的不变量等值线图易于解释，可利用偶极子 - 追踪算法精确确定磁偶极子的深度和水平位置，因此通过全张量磁梯度测量数据可以实现地下磁性地质体和矿体的高精度三维定位，并获取其空间分布信息。由于磁通门磁力仪灵敏度较低，进行梯度测量时传感器之间的基线距离要求很大，因此对系统结构要求高，测量精度难以保证，故而灵敏度更高的矢量磁传感器超导磁力仪成为磁梯度张量测量系统的首选。

6.3.2.4　卫星磁测

卫星磁测是将仪器搭载在人造地球卫星上对地球磁场进行长期观测，主要用于研究全球地磁场模型、地球内部构造、电离层和磁层电流等科学问题。磁测卫星是地磁测量的重要工具，它不仅能获取高质量、全球覆盖的测量数据，结合最新的软硬件技术，还可以进行全天候、全天时、不间断、高精度的磁场测量。

卫星地磁测量始于 1958 年苏联的 SPUTNIK - 3 卫星，星上搭载一台用于地磁测量的磁通门磁力仪。表 6.10 总结了一些地磁卫星的基本情况信息。

表 6.10　地磁卫星基本情况介绍

卫星名称	所属国家和组织	发射时间	轨道高度/km	磁测相关载荷	测量精度（标量/矢量）/nT
SPUTNIK - 3	苏联	1958 年 5 月 15 日	约 250	磁通门磁力仪	约 100
COSMOS - 49	苏联	1964 年 10 月	261 ~ 288	质子磁力仪	约 22
POGO2、4、6	美国	20 世纪 60 年代	910 ~ 1510	铷光泵磁力仪	6
MAGSAT	美国	1979 年 10 月 30 日	200 ~ 550	铯光泵磁力仪	1.5
				磁通门磁力仪	3.0
Oersted	丹麦	1999 年 2 月 13 日	638 ~ 849	Overhauser	0.5
				磁通门磁力仪	1.0
CHAMP	德国	2000 年 7 月 15 日	455 ~ 300	Overhauser	0.5
				磁通门磁力仪	1.0
SAC - C	阿根廷、美国等	2000 年 11 月 18 日	702	氦光泵磁力仪	1.0
				磁通门磁力仪	2.0

续表

卫星名称	所属国家和组织	发射时间	轨道高度/km	磁测相关载荷	测量精度（标量/矢量）/nT
Swarm	欧洲空间局	2013 年 11 月 22 日	低轨 450	Overhauser	0.15
			高轨 550	磁通门磁力仪	0.5
张衡一号	中国	2018 年 2 月 2 日	507	CPT 原子磁力仪	0.15
				磁通门磁力仪	1

从表 6.10 中可以看出，随着地磁卫星载荷设备精度的提高，所得到的磁测数据的精度也呈现出依次提高的趋势。为了使磁测数据中包含更多的地壳磁场信息，反演出高精度的地磁场模型，卫星轨道逐渐由椭圆轨道演变为近圆形轨道，轨道的高度变化范围从几百千米到近千千米。

我国近期在卫星磁测领域发展迅速，2018 年 2 月，我国第一颗近地轨道电场磁场监测试验卫星——张衡一号在酒泉成功发射，其科学目标是监测全球空间电磁场、电离层等离子体、高能粒子沉降等，为地震机理研究、空间环境监测和地球系统科学研究提供新的技术手段。张衡一号 01 卫星运行于高度 507km 的太阳同步轨道，轨道倾角 97.4°，轨道回归周期 5 天，设计寿命 5 年。有效载荷配置包括星上装载高精度磁强计、感应式磁力仪、电场仪、等离子体分析仪、朗缪尔探针、GNSS 掩星接收机、信标发射机和高能粒子探测器。基于张衡一号 01 卫星获取的高精度测磁数据，我国建立了全球参考地磁场模型 CGGM 2020.0。该模型经 IAGA 评估，符合 IGRF 建模精度要求并入选新一代 IGRF 模型 IGRF 2020.0。全球参考地磁场模型 CGGM 2020.0（图 6.19）是 IGRF 一个多世纪以来唯一由中国科学家牵头且唯一完全采用中国数据制作的全球参考地磁场模型。

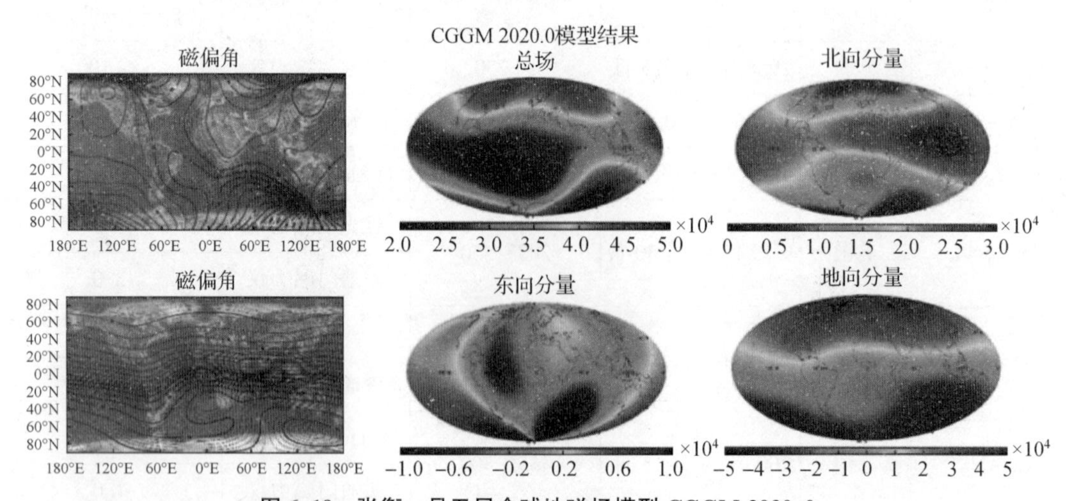

图 6.19 张衡一号卫星全球地磁场模型 CGGM 2020.0

6.3.2.5 井中磁测

井中磁测是通过井中磁力仪在钻孔中测量地磁场变化信息，寻找磁性矿体特别是盲矿体的一种物探方法。该方法是以研究岩（矿）石磁性特征为物理基础，包括磁场强度测量和磁化率测量两部分。

井中测磁由单分量测磁发展成目前的三分量测磁，井中三分量磁力仪是目前最常用的磁测仪器。三分量磁力仪的特点是可以同时测得磁场的三个互相垂直分量 ΔZ、ΔX、ΔY。它既能测得磁场的大小，又能确定磁场的方向，与井中总场测量及其他井中单分量（通常为只测 ΔZ 分量）磁测比较，所测得的信息量更大。通过对测得的数据进行处理，分析磁异常分量特征，推断矿体的赋存情况，确定矿顶、矿尾的位置；根据异常向量指向，确定矿体与钻孔的相对方位并估算出距离，是寻找磁铁矿床、金属矿床非常有效的技术手段。

磁化率测量是测定被钻孔所打到的岩（矿）石体的磁化率参数，该方法可以提供连续的磁化率参数，而且为磁场强度测量的分析提供依据。

井中磁测是地面磁测向井下的发展，具有探测范围大、能提供各种磁场信息和良好的空间定位能力等优点。该方法可以提供井及其周围一定空间范围内地下地质体磁性、空间分布、构造和空间磁场变化规律等资料；同时避免了地面磁测中受人为干扰与浅层磁性不均匀的影响，且纵向分辨率高，是深部找矿的一种重要的地球物理方法。

习　题

1. 简述地磁场的球谐分析方法。
2. 通过全球地磁场参考模型介绍主磁场 D、I、H、Z、T 的全球分布特征。
3. 简述几种常用的区域地磁场模型。
4. 简述磁通门、质子、光泵、超导磁力仪的工作原理及优缺点。
5. 简述不同地磁场测量方式的特点。

第7章　时间基准

7.1　主要时间参考系统

时间是物质存在和运动的基本特征之一，通常，时间可以通过时间坐标系统中的时刻和时间间隔来描述。时刻表示时间坐标轴上的点，代表某一事件发生的瞬间；时间间隔表示两个时刻之间的距离，代表某一事件持续时间长短。这样，人们可以根据时刻和时间间隔来区分事件发生的先后顺序和持续的时长。

得到准确的时间需要稳定可靠的高精度频率。频率是周期的倒数，定义为在单位时间（1s）周期变化的次数，它的单位是赫兹（Hz），国际单位制（SI）中赫兹是时间单位秒的导出单位。如果在一段时间 T 内周期性变化了 N 次，则频率可以由表达式 $f = N/T$ 计算得出。反之，根据时间和频率的倒数关系，可以对频率测量然后求出周期，也就是时间间隔。因此，通常认为时间和频率是等价的。

时间基准产生和保持标准时间的技术系统，包括时刻的参考标准和时间间隔的尺度标准。时间基准应当具备两个关键因素：一是稳定性，即时间标准的频率和周期要非常稳定，始终相同，很少受到外界条件变化的影响；二是复现性，即时间标准无论何时无论何地都可以重复观测和试验，而且其结果还应该保持一致。

制定时间基准和频率基准首先要寻找频率极其稳定精确可重复的周期现象。长期以来，人们一直以地球自转的周期运动作为时间基准。这一方面是由于地球自转的周期运动与人类的生活密切相关；另一方面是受当时科学技术的限制，认为地球自转的周期是十分稳定的，又因周而复始的日出日落，十分方便测量。

1927年，美国科学家马里森利用石英晶体的压电效应发明了电子式的石英钟，其精度超过了世界上最好的机械钟，每天的误差小于0.1ms。石英钟的出现是具有重要意义的，因为人们由此证实了地球自转的不稳定性。也就是说，过去一直认为是稳定不变的地球自转周期实际上并不稳定，因而将其作为时间标准的参照物的地位得以动摇。人们不断提高石英钟的稳定性、寻找周期更为稳定的天体运动作为参照物，原子钟的发明等迎来了人们对时间认识的不断提高，也迎来了时间标准的一系列变革。

根据稳定性和复现性原则，先后选用下面三种物质运动形式来建立时间参考系统：

（1）转动体的自由转动，主要是地球的自转运动，它是建立世界时的基础。

（2）开普勒运动，如行星绕太阳的运动，它是建立力学时的基础。

（3）谐波振荡运动，如电子、原子的谐波振荡等，它是建立原子时的基础。

7.1.1　世界时

世界时是一种基于地球自转这一物理现象的时间标准。正是由于人们生活在地球上，日常生活和生产活动与地球自转密切相关，“日”的概念就是这样得来的。各种天体东升西落的现象就是地球自转所造成的，因此地球自转自然成为最早用来作为计量时间的标准。

人们最早是以真太阳的周日视运动来计量时间的，即所谓真太阳日。真太阳日就是太阳两次通过观测者天顶所用的时间。可以说古代日晷测量的就是真太阳日。

近代科学证明不是太阳围绕地球转动，而是地球自转造成了太阳周日视运动的现象，而地球除自转外，还围绕太阳作公转。公转的轨道不是圆，而是椭圆。这使得地球自转一周的时间（一个恒星日）比一个真太阳日要短。地球在椭圆的公转轨道上的公转角速度是不一样的，如在近日点附近速度最快，每天 61′多，而在远日点附近速度最慢，每天只有 57′多，这导致了一年中真太阳日不是一样长短。

众所周知，地球绕太阳公转的轨道平面称为黄道，黄道平面与赤道平面并不重合，而是有一个 23°27′的夹角。所以即使地球是在一个圆轨道上绕太阳匀速公转，由于黄道面和赤道面不重合，我们观测到的真太阳日也是不一样长短。

真太阳日虽然直观，测量也较方便，但是它的不均匀性是明显的，一年四季它的长短是在变化的，最长和最短的真太阳日相差达 51s，显然不适宜用它作为时间标准。为此 19 世纪末，美国天文学家纽康（S. Newcomb）在详细研究了真太阳视运动的观测资料后提出了平太阳的概念。

所谓平太阳就是天球上一个假想的点，它在赤道上运动的速度是均匀的，且与真太阳的平均速度一致，它的赤经与真太阳的黄经相差尽量小。平太阳的赤纬 $\delta_m = 0$，赤经的数值表达式为

$$\alpha_m = 18\text{h}38\text{m}45\text{s}.836 + 8640184\text{s}.524T + 0\text{s}.0929T^2 \tag{7.1}$$

式中：α_m 为赤经；T 为从 1900.0 年算起的儒略世纪数，1 个儒略世纪等于 36525 个平太阳日。

平太阳两次通过格林尼治天文台天顶的时间间隔为一个平太阳日，而一个平太阳日为 24 个平太阳时，即 86400 平太阳秒。以平子夜作为 0 时开始的格林尼治平太阳时，称为世界时，简称 UT，通常将直接测定的世界时称为 UT0。世界时由于引入平太阳的概念，解决了真太阳日作为时间标准的不均匀性，因此得到了世界各国的广泛认同，一直沿用至今。

地球表面的观测者，虽然处在不同的地方，但只要知道观测点的精确经度值，就可将通过天文观测得到的地方平时换算到世界时。其条件是地球的自转轴不变，即地极是两个固定的点。

19 世纪末，天文观测发现地球的自转轴并不是固定不变的，而是在地球体内有一微小的摆动。自转轴的摆动使得地球表面的地极有相应的移动，地极的这种微小移动称为极移。地球的经、纬度是在地极不动的条件下确定的，极移使地球任何地方的经、纬度都发生了小的变化，而经度的变化与该地的经、纬度值有关系。这就造成了不同地方的观测者把所测得的地方平时按固定不变的经度归算到世界时，它们的结果是不同的。

加上极移改正的世界时称为 UT1，即

$$UT1 = UT0 + \Delta\lambda \tag{7.2}$$

式中：$\Delta\lambda$ 为极移改正。

$$\Delta\lambda = (X\sin\lambda - Y\cos\lambda)\tan\varphi \tag{7.3}$$

式中：λ、φ 为观测点的经纬度；X、Y 为地极坐标。

1927 年发明的石英钟于 20 世纪 30 年代开始用于守时，并在实际测试中发现了地球自转速率的不均匀性。虽然理论上对此早有预言，但毕竟是石英钟的发明导致了这一预言被证

实，因此地球自转速率不均匀性成了20世纪天体测量中的一项重要发现。

地球自转速率的变化是一个非常复杂的问题，它的特征和机制可以说至今尚未完全清楚。从现象来看，地球自转速率的变化包含长期变慢的趋势、周期性变化的规律以及不规则的变化。观测表明，地球自转速率的周期性变化中包含有一年、半年、半月等多种周期，通常把周年和半年周期变化合称为季节性变化。季节性变化是由地球表面上的气团随季节移动引起的，即气团的移动使地球自转速率发生季节性的变化。通常春季自转速率较慢，秋季较快。由此引起一年里日长约有1ms的变化。季节性变化一般可以预测并对其影响加以修正，使得世界时变得更加均匀。对UT1加上自转速率季节性变化改正后的世界时称为UT2。

$$\mathrm{UT2} = \mathrm{UT1} + \Delta T_S = \mathrm{UT0} + \Delta\lambda + \Delta T_S \tag{7.4}$$

式中：ΔT_S为地球自转速率的季节性改正，单位为秒。

ΔT_S推荐的改正公式为

$$\Delta T_S = 0.022\mathrm{s}\sin 2\pi t - 0.012\mathrm{s}\cos 2\pi t - 0.006\mathrm{s}\sin 4\pi t + 0.007\mathrm{s}\cos 4\pi t \tag{7.5}$$

式中：t为从1月1日算起的年的小数。从式中可以看出ΔT_s中周期为半年和一年的改正项。

1955年前采用的时间标准是世界时UT0，而从1956年至1960年时间标准为UT2。

世界时是科学意义上最早的时间基准，长期以来在人们对地球自转的不稳定性尚无确切的认识前，一直是公认的时间标准。地球自转由于种种内、外因素的影响，它的不稳定性已经动摇了其在现代科技迅速发展的社会里作为时间基准的地位。但是正因为人类生活在地球上，人们的活动与地球密不可分，所以不论技术如何发展，世界时仍具有难以替代的作用和地位。UT0是直接测量得到的世界时，误差较大，其应用也很有限，UT2是经人为改正使其尺度变得均匀一些的世界时，在当时曾发挥过作用，但现在应用也十分有限。而直接反映地球表面一点相对于天球参考系的精确位置的UT1却是应用最多的世界时。导弹与航天试验、精密导航和定位、测地等都离不开它。

7.1.2 历书时

以地球自转为基础的世界时，虽然经过极移和地球自转速率季节性改正得到了UT2，但是其中仍包含由地球自转速率不规则变化而造成的时间尺度的不均匀性。由世界时定义的秒长的不确定性，影响到对频率及相关物理量的精确计量。在天文历书的编算中，根据力学理论计算的天体位置需要用的时间引数要求均匀的时间，世界时已不符合这一要求。科技的进步已需要人们寻找新的时间基准。一种描述天体运动的方程式中所采用的时间，或者说是天体历表中所用的时间，是由天体力学的定律所确定，应该是一种均匀的时间。因此人们将时间基准由以地球自转为基础的世界时转到以地球公转为基础的历书时。

国际天文联合会决定自1966年起用历书时（ET）取代世界时作为时间标准。

原则上，太阳系中任何一个天体，只要精确掌握了它的运动规律，都可以用来定义历书时。19世纪末，美国天文学家纽康根据长期积累的地球绕太阳公转运动的观测资料，编制了太阳历表，至今仍是最基本的太阳历表。因此人们把由纽康编制的太阳历表作为历书时定义的基础。

历书时的定义选择太阳历表有两方面的原因：一是人们是生活在地球上，太阳是人类最熟悉的天体；二是原来的时间标准是世界时，而根据定义，世界时所反映的是平太阳的运动规律，而平太阳的严格定义就来自纽康编制的太阳历表，因此选择太阳历表也就使历书时容易与世界时建立联系。

在定义历书时时，为了便于实际应用，要考虑到与世界时的衔接，防止应用时产生混乱和麻烦。因此要求：

（1）从世界时过渡到历书时不应产生时刻的突跳。

（2）历书时的秒长与世界时的秒长尽量一致。

据此，历书时的定义是：起始历元为 1900 年年初太阳几何平黄经等于 279°41′48″. 04 的瞬间，这就是纽康所选定的 1900 年 1 月 1 日格林尼治平午的瞬间。它就是 1900 年 1 月 1 日历书时 12h。

历书时的基本单位是 1900 年 1 月 1 日历书时 12h 瞬间开始的回归年，它可由纽康太阳历表中关于太阳几何平黄经公式来确定：

$$L = 279°41'48''.04 + 129602768''.13T + 1''.089T^2 \tag{7.6}$$

式中：L 为太阳几何平黄经；T 为儒略世纪数（每儒略世纪含 36525 历书日）。

太阳平黄经增加 360°为一回归年，因此 1900 年 1 月 1 日历书时 12h 瞬间开始的回归年包含的秒数为

$$\frac{360 \times 60 \times 60}{129602768.13} \times 36525 \times 86400 = 31556925.9747\text{s}$$

由此可知，历书时秒的定义为 1900 年 1 月 1 日历书时 12h 瞬间开始的回归年长度的 1/31556925. 9747。

历书时所采用的其他时间单位如世纪、年、月、日和时、分、秒及它们之间的换算关系与世界时相同。由历书时的定义可知，历书时的时刻在 1900 年 1 月 1 日 12h 与世界时是一致的，没有突跳。历书时的秒长实际上等于平太阳时的秒长。这一秒长是根据纽康太阳历表给出的经验公式得出的。因为这一公式是纽康用 19 世纪的观测资料分析得到的，可以认为历书时秒长是 19 世纪实测平太阳时的平均秒长。

以地球公转为基础的历书时，由于其稳定性(10^{-9})比世界时好，当时认为它是一种均匀的时间标准，因此从 1966 年起在天文历书中被广泛采用。

历书时虽比世界时好，但从历书时的定义和它的测量方法可知对它的精确测量需要耗费大量的时间，也就是说，它的实时性远比世界时差。这就使它无法用于如航天、频率计量等现代科学技术有高实时性要求的场合。

历书时从理论上来说并不是真正的均匀的时间标准。这是因为从原则上讲，每一种基本历表都可以有其自身的历书时，如由观测月亮测量的历书时就与由太阳运动所定义的历书时有不一致的地方。此外历书时的定义关联到一些天文常数，天文常数系统的改变就会导致历书时的不连续。

由于历书时存在上述缺点，国际天文联合会 1976 年通过决议，自 1984 年起采用力学时取代历书时。

所谓力学时是统指天体动力学理论及其历表所用的时间，本质上它是理论上的类时变量，在广义相对论中时间尺度被看作四维时空参考系的一个坐标。由于时空弯曲，这些坐标的尺度单位对于地方测量量之间不存在普遍的常数关系。这一点与牛顿力学参考框架中的情况不同。后者的尺度单位在每一个地方都等于测得的距离和时间。在广义相对论

中被测量与坐标尺度单位之间的关系与测量者在时空中的位置有关，例如时间尺度就取决于钟的位置。

目前天文中常用的力学时有两种：一种是相对于太阳系质量中心的运动方程组以及由此得出的历表，引数用质心力学时（TDB）表示；另一种是用于地心视位置历表的引数，称为地球力学时（TDT）。

TDT是建立在国际原子时（TAI）基础上的，并规定TAI时刻1977年1月1日0h00m00s为TDT的1977年1月1日0h00m32.184s时刻。32.184s是当时ET与TAI之差的估算值，这是为了使TDT能与ET相衔接，便于历表的使用。

由定义可知：

$$\mathrm{TDT} = \mathrm{TAI} + 32.184\mathrm{s} \tag{7.7}$$

TDT与世界时之差为

$$\Delta T = \mathrm{TDT} - \mathrm{UT1} = 32.184\mathrm{s} + \mathrm{TAI} - \mathrm{UT1} \tag{7.8}$$

TDT与协调世界时UTC之差为ΔTT

$$\Delta TT = \mathrm{TDT} - \mathrm{UTC} = 32.184\mathrm{s} + \mathrm{TAI} - \mathrm{UTC} \tag{7.9}$$

目前出版的历书（如《中国天文年历》）所用的时间为地球力学时。

7.1.3 原子时

世界时准确度低（约10^{-8}）、历书时准确度比世界时高，但测量十分费时，误差也较大（约10^{-9}），而现代科学技术、生产和生活对时间频率准确度提出越来越高的要求。世界时和历书时已越来越不能满足人们日益增高的需求，迫切需要寻找更为准确的时间标准，于是人们把目光从宏观世界转向微观世界。

20世纪物理学得到了迅速发展，尤其是量子力学揭示了物体微观世界的运动规律。现在人们都知道原子具有复杂的内部结构，它由一个原子核和若干个围绕原子核运动的电子组成。原子能量的大小由原子核和电子以及电子之间的相互作用的状态所决定。相互作用的状态不同，原子能量的大小就不同。与宏观世界能量可连续取不同值不一样，量子力学的研究表明原子能量只能取某些特定的离散的数值，这些离散的数值称为能级，它们对应某些特定的相互作用或运动状态。能量最低的能级称为基态能级，其余能级称为激发态能级。当原子由于某种原因从一个能级跳到另一个能级，从而发射或吸收两个能级差的能量的过程称为原子跃迁。发射和吸收的能量以某一频率的电磁波的形式表现出来，其频率和能级差的关系为

$$f = \frac{E_m - E_n}{h} \tag{7.10}$$

式中：f为发射或吸收的无线电波的频率；E_m、E_n为原子的两个不同能级对应的能量；h为普朗克常数，$h = 6.626 \times 10^{-34}\mathrm{J \cdot s}$。由于原子的能级是高度确定的，因而由式（7.10）可知原子跃迁时发射或吸收的无线电波的频率也是高度确定的。这就是寻找新的时间标准的物理基础。

如何利用原子跃迁现象实现对频率的精密控制，物理学家为此付出了艰辛的努力。1948年，世界上第一台氨分子频率标准问世，但是由于其谱线太宽，频率控制的效果不明显而影响了它的应用。1955年，英国皇家物理实验室研制成功世界上第一台铯原子频率标准，其准确

度已达 10^{-9}，开创了实用原子频率标准的新纪元，也为时间标准由宏观世界向微观世界的过渡打下了基础。

原子频标问世后，不同种类、不同机制的原子频标相继研制成功，尤其是铯原子频标的准确度和稳定度不断得到改进和提高。从 1955 年开始，铯原子频标的准确度差不多每 5 年提高一个量级，如 1960 年达到 10^{-10}，1965 年达到 10^{-11}，到 1970 年已做出准确度 10^{-12}的铯原子频标，当前准确度可达 10^{-19}。

正是在原子频标的准确度获得迅速提高，并大大超过了世界时和历书时的准确度的时候，新的时间标准——原子时（AT）的诞生也就是顺理成章的事了。

首要的工作是建立原子频标频率和时间的联系。众所周知，频率就是 1s 时间间隔周期运动的次数。科学家们在 1954—1958 年期间花了几年的时间来测定历书时 1s 时间间隔铯原子频标的振荡频率，结果为 9192631770Hz ± 10Hz。可见其测量误差仅为 10^{-9}，已达历书时的极限。

1967 年 10 月，第 13 届国际计量会议通过了秒长的定义：位于海平面上的铯（Cs133）原子基态两个超精细能级间在零磁场跃迁辐射振荡 9192631770 周所持续的时间为一个原子时秒。

2019 年 5 月，启用新的国际单位制秒长定义为：铯（Cs133）原子基态两个超精细能级间跃迁辐射振荡 9192631770 周所持续的时间为一个原子时秒。

宏观世界的时间标准容易以某一特殊事件的发生时刻作为时刻的起算点或者说历元。原子频标的振荡频率很高，周期很短，理论上可以以某一相位作为历元，但实现起来十分困难。因此定义原子时时选定 1958 年 1 月 1 日 0h UT 的瞬间作为原子时的起点，即在那一刻 UT - AT = 0，以后原子时独立运行。但是由于技术上的原因，当时并未实现 UT - AT = 0 这一条件，事后测试结果表明在那一刻 UT - AT = 0.0039s，这一差值作为历史事实一直被保留下来。

7.1.3.1　国际原子时

单个原子时所决定的原子时有不同的误差，同时由于相对论的影响，单钟所决定的原子时还应加上与地域有关的修正。为了保持全世界时间尺度的统一，国际计量局（BIPM）联合数十个国家和地区的时频实验室来共同建立 TAI。

目前，全世界约有 80 个国家时频实验室或天文台的 450 台原子钟参与 BIPM 的 TAI 比对和综合原子时计算。分布在世界各地时频实验室的原子钟通过内部时间比对和远程时间比对，将数据汇集到 BIPM，BIPM 通过原子钟比对数据的综合处理，得到自由原子时（EAL），EAL 具有最优的频率稳定性，但相对于秒基准的频率准确度上缺少约束，因此，需要再根据频率基准装置对 EAL 进行频率驾驭，最终得到 TAI。目前，有 10 多台频率基准装置对 EAL 进行频率驾驭，其中有 9 台为铯频率基准装置，分别由法国、德国、意大利、日本、美国维持。基准时间产生的基本流程如图 7.1 所示。

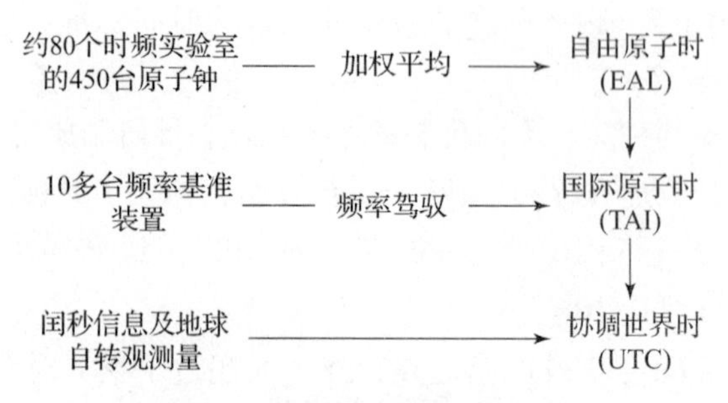

图 7.1　协调世界时基本处理流程

TAI 可适应最高要求的应用，TAI 的综合性能主要体现在以下 5 个方面。

1）连续性

时间作为一个连续量，一旦中断便难以找回，TAI 是国际时间的最高基准，对连续性的要求更高，因此连续性是 TAI 尺度要求的首要指标。

2）可靠性

可靠性主要体现在时间系统的实现上，时间系统必须保障长期的正常运行，才能提供有效的时间参考基准。TAI 是通过全世界的数十个钟组共同保持，不会因为个别钟组故障而影响系统整体功能，可靠性能够得到充分的保障。

3）可用性

可用性主要体现在用户对时间的使用方面。由于 TAI 代表的是纸面时，不能直接为用户使用，因此，一般要通过主钟系统输出实时信号和钟差改正数，并连接到各类授时系统，通过授时信号为用户提供时间服务，如卫星授时、长波授时、网络授时等方式。

4）频率稳定度

频率稳定度主要反映了频率的均匀性。单个原子钟通常频率抖动较大，通过原子钟组的平均可以获得更高的频率稳定度，TAI 的 ALGOS 算法就是基于加权平均的方法而设计的，当前，TAI 的频率稳定度约为 0.4×10^{-15}（20 ~ 40 天）。

5）频率准确度

频率准确度主要反映了频率与秒定义的一致性。秒定义通过频率基准装置实现，TAI 通过与频率基准装置的比对和驾驭修正，来保证与原子时秒的高度一致性，当前，TAI 的频率准确度约为 2×10^{-15}。

7.1.3.2　地方原子时

根据原子时的基本定义，由世界各国家或地区的时频实验室利用自身的高性能氢、铯等原子钟建立和保持的原子时，称为地方原子时，地方原子时一般记为 TA(k)。

为满足生产、生活、国防建设多方面的需要，世界上大多数国家都建有自己的时频实验室，用于建立和产生地方原子时。许多国家和地方的时频实验室还直接参与国际比对，用于 TAI 的保持。

中国的时频实验室主要有中国科学院国家授时中心、中国计量研究院、北京无线电计量研究所等单位，分别建立了各自的守时系统，保持的地方原子时分别记为 TA（NTSC）、TA（NIM）、TA（BIRM），并参与国际原子时的时间比对和计算。此外，还有国防部门建立和维持的时频系统为国防建设服务，如军用标准时间。

7.1.4 协调世界时

协调世界时是在世界时和原子时之间通过“协调”产生的一种时间尺度，具体来说，就是时间尺度单位为原子时秒长，但在时刻上又采用闰秒调整方式使之与世界时尽量接近。

在 1972 年以后，UTC 的“协调”方案明确：UTC 与 TAI 保持相同的基本速率，UTC 与 TAI 之间只相差整数秒，UTC - UT1 的差值范围最大为 0.9s。闰秒通常安排在 6 月 30 日或 12 月 31 日的最后 1min，必要时也可安排在 3 月 31 日或 9 月 30 日的最后 1min。1975 年以后，按照新修订方案，作为候补日期，如果有必要，每个月末最后 1s 都可实施闰秒。闰秒有两种方式，增加 1s（相对正常计时推迟 1s）称为正闰秒，减少 1s（相对正常计时提前 1s）称为负闰秒。

闰秒信息可从 BIPM 发布的时间公报中获得，也可从卫星导航系统导航电文信息中提取。各卫星导航系统都提供了 GNSS 时（GNSST）与 UTC/UTC（A）的时差信息，GNSST 包括 GPS 时（GPST）、GLONASS 时（GLONASST）、伽利略系统时（GST）、北斗时（BDT）等。

协调世界时和国际原子时的实现过程基本相同，只需要在 TAI 的基础上增加必要的闰秒调整。UTC 的实现和发布也是由 BIPM 负责，UTC 与各个时频实验室的时差信息大约每月发布一次，为了提高 UTC 信息的实时性，BIPM 当前开展了快速 UTC 的计算和发布试验工作，UTCr 约每周更新一次，稳定度等主要性能接近 UTC 水平。

此外，各个国家和地区时频实验室在给 BIPM 上报原子钟数据计算 TAI 和 UTC 的同时，也可建立实验室自身的地方原子时 TA(k)和协调世界时的物理实现 UTC(k)，以方便所在国家和地区的使用。美国、俄罗斯、法国、英国、中国、日本等国家都建立了先进的时频实验室，建设高性能的守时系统和授时系统，研究新型原子频标和光频标技术。

7.1.5 军用标准时间

由中国人民解放军标准时间频率中心保持的协调世界时为中国人民解放军标准时间。军用标准时间是由《中国人民解放军标准时间管理规定》明确的在各类军事活动中统一使用的时间参考标准。

中国人民解放军所有单位组织实施作战行为、军事训练、战备值勤、科学试验等军事行动和各类保障活动必须使用军用标准时间。军用标准时间的基本单位为国际法定计量单位秒，采用高性能原子钟组，与协调世界时 UTC 时间偏差保持在 100ns 以内，具有准确、连续、实时、稳定、可靠等良好性能。军用标准时间守时系统主要由高性能原子钟组、信号测量设备、信息处理设备和信号生成与控制设备组成。

军用标准时间采用卫星、长波和网络等多种手段进行发播，为用户提供标准时间服务。

7.2 时间频率基本信号与测量

7.2.1 时间信号类型

在各类时间设备或系统中，常用标准型时间信号主要有秒脉冲信号、美国靶场仪器组（IRIG）提出的 IRIG - B 码信号。此外，还有在秒脉冲基础上根据需要设计的各种变体，如

100PPS、2046PPS 等，基于网络的 NTP 授时、PTP 授时等。

7.2.1.1 秒脉冲信号

时间信号中所说的秒脉冲信号指的是一秒一次的方波电脉冲信号，也称为 1PPS 信号。脉冲信号是一种离散信号，形状多种多样，与普通模拟信号（如正弦波）相比，波形之间在时间轴上不连续（波形与波形之间有明显的间隔）但具有一定的周期性，常见的脉冲波有方波、三角波等。脉冲信号可以用来表示信息，也可以用来作为载波，比如脉冲调制中的脉冲编码调制、脉冲宽度调制等，还可以作为各种数字电路、高性能芯片的时钟信号。描述秒脉冲信号的常用指标参数有脉冲幅度、脉冲宽度、脉冲上升沿宽度、脉冲下降沿宽度(t_f)等指标，如图 7.2 所示。

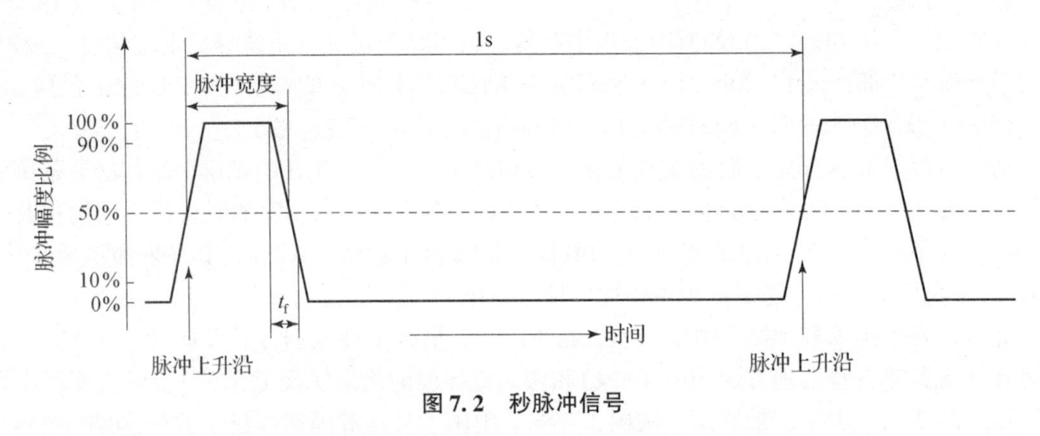

图 7.2 秒脉冲信号

（1）脉宽是指脉冲信号所持续的时间，其取值为上升沿和下降沿的 50% 处。

（2）占空比指脉冲宽度与脉冲周期的比值，例如 100ms 脉宽 1s 周期脉冲信号占空比 10%。

（3）周期指相邻两个脉冲对应点之间的时间长度，周期的倒数就是这个脉冲的频率。

（4）脉冲幅度指脉冲的最大幅度。

（5）上升沿和下降沿宽度是上升时间和下降时间都在转换前和转换后 10% 与 90% 的静态电压电平之间测得。

7.2.1.2 IRIG－B 码信号

IRIG（靶场仪器组）是美国靶场司令委员会的下属机构。IRIG 执行委员会由美国各靶场代表，三军代表，国防部、国家航空航天局和国家标准局等代表组成，主要职责是负责靶场间的信息交换，制定标准、协调设备的研制和协调靶场间的相互配合。它所制定的 IRIG 标准，许多已成为国际通用标准，在欧洲、亚洲、澳大利亚等许多国家和地区得到了广泛应用。

IRIG 时码按传输方式来区分主要有两大类：一类是并行时码，采用并行信号方式传输，传输数据为二进制，传输距离较近；另一类是串行时码，采用串行信号方式传输，传输距离相对较远。串行时码又可细分为 6 种格式，即 A、B、D、E、G、H，它们的主要差别是时码的帧速率、码元速率、信息格式等不同，详细区别如表 7.1 所示。

表 7.1　IRIG 的 6 种格式

格式	时帧周期	码元速率	二十进制信息位数	时间信息
IRIG - D	1h	1 个/min	16	天(d)、h
IRIG - H	1min	1 个/s	23	天(d)、h、min
IRIG - E	10s	10 个/s	26	天(d)、h、min、10s
IRIG - B	1s	100 个/s	30	天(d)、h、min、s
IRIG - A	0.1s	1000 个/s	34	天(d)、h、min、s、0.1s
IRIG - G	0.01 s	10000 个/s	38	天(d)、h、min、s、0.1s、0.01s

IRIG - B 即为其中的 B 型码，B 型码的时帧速率为 1 帧/s，可传递 100 位信息，且具有以下优点：携带信息量大、分辨力高、传输距离远，B 码是当前 IRIG 时码中应用最广泛的一种。为了便于传递，可用标准正弦波载频进行幅度调制。标准正弦波载频的频率与码元速率严格相关。B 码的标准正弦波载频频率为 1kHz。同时，其正交过零点与所调制格式码元的前沿相符合，标准的调制比为 10∶3。调制后的 B 码通常称 IRIG - B（AC）码，未经幅度调制的通常称 IRIG - B（DC）码。

B 码信号是每秒一帧的时间串码，一帧串码中包含 100 个码元，频率为 1kHz，故每个码元占用 10ms 时间，其基本的码元是“0”码元、“1”码元和“P”码元，如图 7.3 所示。

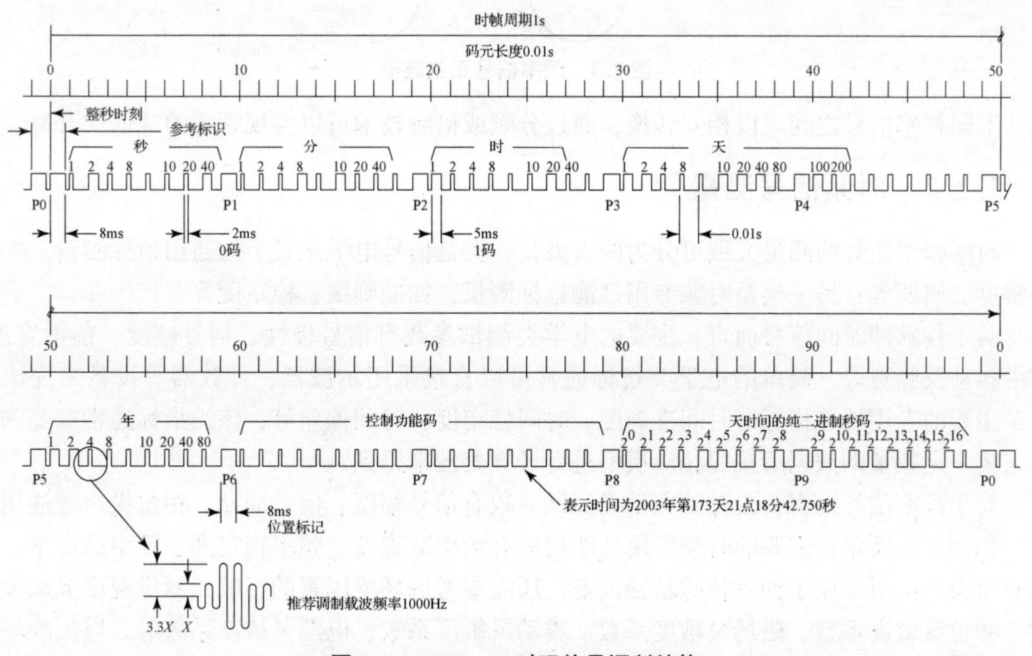

图 7.3　IRIG - B 时码信号调制结构

连续两个“P”码元表明整秒的开始，第二个“P”码元的脉冲前沿是“准时”参考点，定义其为“Pr”。若从“Pr”开始对码元进行编号，分别定义为第 0，1，2，…，99 码元。每10个码元有一个位置码元，共有10个，定义其为P1，P2，…，P9，P0。

B码时间格式的时序为秒-分-时-天，所占信息位为秒7位、分7位、时6位、天10位，其位置在P0~P5之间。“秒”信息位于第1，2，3，4，6，7，8码元，“分”信息位于第10，11，12，13，15，16，17码元，“时”信息位于第20，21，22，23，25，26码元，“天”信息位于第30，31，32，33，35，36，37，38，40，41码元。天、时、分、秒用BCD码表示，低位在前，高位在后，个位在前，十位在后，个位和十位间有一个脉冲宽度为2ms的索引标志码元。

时间码IRIG-B作为一种重要的时间同步传输方式，因其良好的同步性能和易用性，成为时统应用设备的标准码型，广泛应用于电信、电力、金融、国防等重要行业或部门。

7.2.2 频率信号类型

频率信号一般指不同周期的连续正弦波或余弦波信号，最常用的标准型频率信号为5MHz、10MHz、100MHz的正弦波或余弦波，波形如图7.4所示，各类原子钟、各类时统服务器输出的频率信号一般都是这类信号。在不同的领域，也存在自己的专用信号，如卫星导航领域，常以10.23MHz为基础频率产生载波和测距码。

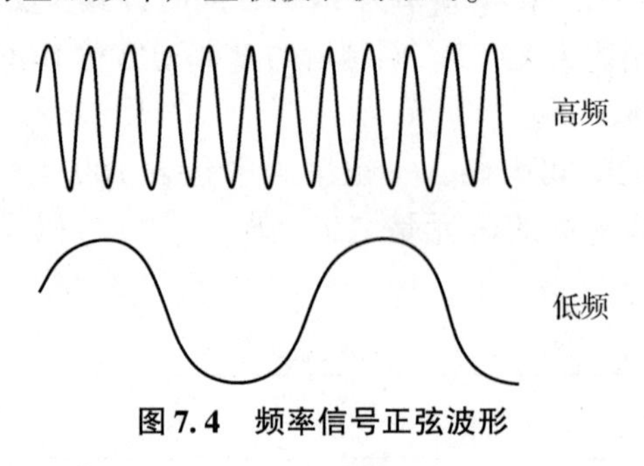

图7.4 频率信号正弦波形

不同频率信号之间可以相互转换，通过分频或倍频技术可以实现频率的减低或升高。

7.2.3 时频信号测量

时间频率信号的测量大致可分为两大类：一类是信号电学意义上的通用指标测量，如信号幅度、周期等；另一类是时频专用性能指标测量，如准确度、稳定度等。

对于秒脉冲时间信号而言，主要的电学类测试参数有信号极性、信号幅度、前沿宽度、前沿抖动及脉宽等，简单的电学类指标通常可以直接采用示波器、计数器等设备来完成测量；主要的专用性能指标有时间准确度、时间稳定度、时间偏差等，该类指标通常需要测量并采集一定数量的数据后按照相应模型进行计算处理来得到。

对于频率信号而言，主要的电学类测试参数有信号幅度、信号周期、相位噪声等通用指标，如图7.5所示；主要的时频专用性能指标有频率准确度、频率稳定度、频率漂移率、频率分辨力等；对于原子钟等特殊精密设备，还需要考虑环境因素的影响，测量温度灵敏度系数、相位灵敏度系数、磁场灵敏度系数、震动灵敏度系数、电源灵敏度系数等，以反映环境变化对时间频率信号指标的影响。

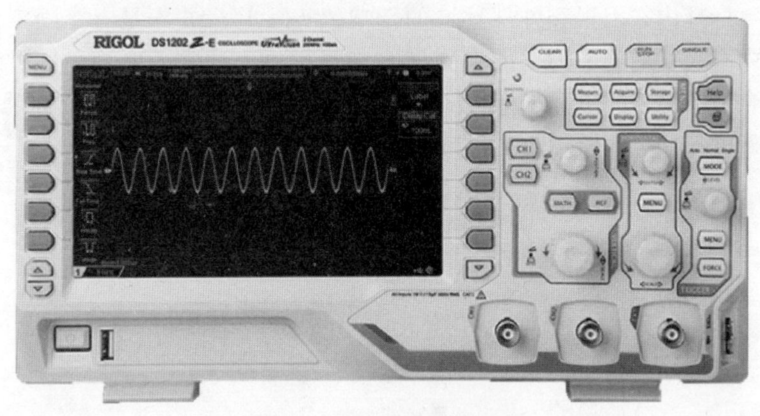

图 7.5　示波器测量频率信号

7.2.4　时频信号的性能指标

频率基准、时间基准以及时间传递设备或技术的精度需要基于一系列的量化指标进行衡量和评价。

7.2.4.1　时间准确度

时间准确度是用来定量表征被测时间与标准时间偏离程度的指标量。例如，某台时频终端通过北斗系统授时获得的时间为 t_i，对应的标准时间为北京卫星导航中心（BSNC）保持的 UTC（BSNC），则由此对应的时间偏差的计算公式为

$$\Delta t = t_i - \mathrm{UTC(BSNC)} \tag{7.11}$$

为获得时间准确度指标，通常需要对连续测量的时差数据进行统计处理，采用合适的统计量来估计该指标，常用的统计量有峰峰值、统计方差、平均值等类型，该统计量应根据实际情况来选用并在指标数据中进行说明。对于导航卫星授时系统而言，授时准确度指标通常采用 95% 置信度下的统计方差来表示，通常情况下导航卫星授时可优于 100ns。

7.2.4.2　频率准确度

频率准确度是用来定量表征被测频率与标准频率偏离程度的指标量。它是频率源、频率标准、频率基准输出频率基本性能的表征，反映了输出频率实际值与其标称值的偏差。频率准确度是一个无量纲值，且通常需要对计算结果取绝对值，计算公式如下：

$$A = \frac{f_x - f_0}{f_0} \tag{7.12}$$

式中：A 为频率准确度；f_x 为被测频率信号的实际频率值；f_0 为标称频率值。

从上述定义公式可以看出，被测频率 f_x，偏离 f_0 越大，A 值就越大，所以频率准确度的确切称谓应为频率不准确度，不过由于习惯，就一直这样称呼下来了。如果频率准确度计算结果 A 值越小，则对应的频率准确度越高。

频率准确度从其定义看，是描述频率标准设备输出的实际频率值与其标称输出频率值的相对偏差。但在实际测量时，无法直接获得理想的标称频率信号，往往以更高性能的参考频率标准信号来代替标称频率，并且要求参考频率标准的准确度应比被测频率高一个量级以上。

由于受频率标准内在因素和外部环境的影响，实际上 f_x 并不是一个固定不变的值，而是在一定范围内有起伏的值。为了准确测量 f_x 的准确度，通常需要一个尽可能稳定的测量环境，并采用合适的采样间隔和采样长度，最后对多组测量结果进行统计处理。常用频率源对应的频率准确度如图 7.6 所示。

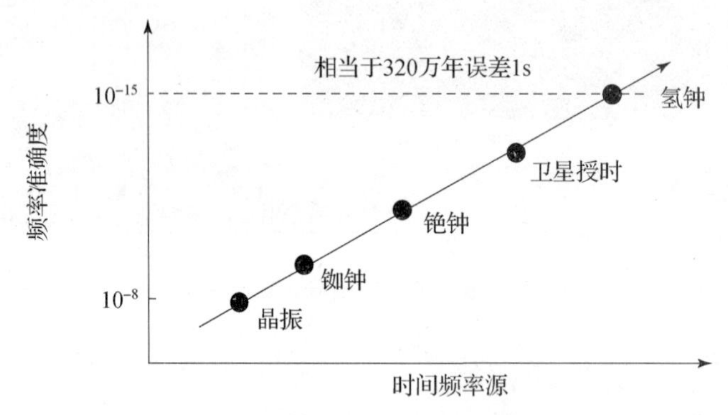

图 7.6　常用频率源频率准确度分布

7.2.4.3　频率稳定度

频率稳定度是用来描述频率源输出频率信号受各类噪声影响而产生的随机起伏的程度。频率源或频率标准作为一种电子设备，在连续运行时其输出的频率信号会受到内部各种物理器件、电子器件噪声及外部环境的影响，导致输出频率不是一个固定、稳定的值，而是在一定范围内随机起伏。

频率准确度与频率稳定度是两个相互独立的概念，频率准确度可以简单地理解为一段时间内频率中心值偏离标称值的大小，频率稳定度可以简单地理解为一段时间内频率值自身的收敛或发散程度。

根据稳定度时间间隔的长短，一般可分为频率短期稳定度（如 1ms ~ 100s 稳定度等）和中长期稳定度（如 1000s ~ 30 天稳定度等），它们反映了频率信号在不同时间间隔上的波动水平。频率稳定度可从时域和频域两个方面来测量和计算，频率稳定度最常用的表达式是阿伦方差。阿伦方差的计算公式如下：

$$\sigma_y(\tau) = \sqrt{\frac{\sum_{i=2}^{n-1}[y_{i-1}(\tau) - y_i(\tau)]^2}{2(n-1)}} \tag{7.13}$$

式中：y_i、y_{i-1} 为频率观测值；τ 为观测间隔；n 为观测数据个数。

7.2.4.4　频率漂移率

频率漂移率是指频率源在长期运行过程中输出频率在单位时间内的平均线性变化量。频率漂移产生的主要原因是受到内部元器件的老化以及环境变化的影响。由于许多时频设备中频率漂移是由其关键器件石英晶振随运行时间的老化所造成的，因此也常把频率漂移称为频率老化率。

在进行频率漂移率测量时，被测件在经过足够的预热时间以后，在一定的时间内，这种漂移通常可近似为线性。漂移率计算的单位时间间隔根据实际情况可取一日、一周、一月甚至一年，分别称为日漂移率、周漂移率、月漂移率、年漂移率。一般来说，石英晶体振荡器、铷原子频标、氢原子频标需要给出日漂移率（或老化率）。而对于铯原子频标，在很长时间内（如数月或数年），看不出其存在显著的频率漂移现象，一般不使用频率漂移率指标来说明其性能。常见频率源的频率漂移率如表 7.2 所示。

表 7.2　常见频率源的频率漂移率

类别		频率漂移率
高稳定晶体振荡器	Symmetricom 1050A	1.0×10^{-10}/天
铷原子频标	星华时频 XHTF－1003	5×10^{-12}/天
	Perkin Elmer RFS－10	$<3\times10^{-11}$/月
	KVARZ CHI－82	2×10^{-13}/天
氢原子频标	上海天文台 SOHM－4	$<1\times10^{-14}$/天
	NIST HI	$<1.5\times10^{-16}$/天
	KVARZ VCH－1003A	$<1\times10^{-16}$/天

频率漂移率的测量与频率准确度的测量方法类似，在选定合适的频率参考基准后，可以使用频标比对器、时间间隔计数器等设备来测量和计算。在实际工作中，可以将频率漂移率和频率准确度放到一起同步测量和计算；若采集的为频差数据，进行线性拟合，常数项可作为频率准确度，一次项系数可作为频率漂移率；若采集的为时差数据，进行二次多项式拟合，一次项系数可作为频率准确度，二次项系数的 2 倍可作为频率漂移率，如下式所示：

$$\Delta T = a_0 + a_1 t + a_2 t^2 = a_0 + At + \frac{1}{2}Dt^2 \tag{7.14}$$

式中：A 为频率准确度；D 为频率漂移率。

7.2.4.5　频率复现性

频率复现性通常指频率源连续两次开机后，输出频率的准确度符合程度。许多频率源不是长期连续运行，一般用时通电开机，不用时关机，因此在多次开关机过程中其输出频率的一致性需要采用频率复现性指标来定量描述。

假定频率源连续工作 T_1 时段期间测量得到的频率值为 f_1，关机 T_2 时段后开机，再连续工作 T_3 时段期间频率测量值为 f_2，则频率复现性计算公式为

$$R = \frac{f_2 - f_1}{f_0} \tag{7.15}$$

一般情况下，对于原子频标，$T_1 = T_3 > 24\text{h}$，$T_2 = 24\text{h}$。

此外，还有采用开机特性、日频率波动、频率重调度、环境特性等相关指标来表征频率复现特性。

7.2.4.6　相位噪声

由于存在噪声叠加，频率源输出信号的谱分布不是一条理想的单一谱线，而是以含有边带的形式扩展到中心载频的两边。在频率分析中，把频率源输出信号的随机相位（或频率）起伏统称为相位噪声。相位噪声通常用各种谱密度来表征，比较常用的相位噪声表征量有相

位起伏谱密度 $S_{\phi}(f)$、频率起伏谱密度 $S_{\Delta f}(f)$、相对频率起伏谱密度 $S_{y}(f)$、单边带相位噪声 $\iota(f)$ 等。

在很多情况下，单边带相位噪声应用最广泛，因为用户实际关心的是代表噪声的边带功率与代表信号的载波功率之间的比值。单边带相位噪声是指偏离载频 f 处，信号的一个相位调制边带的功率谱密度与载波功率之比，其表达式为

$$\iota(f)=\frac{P_m}{B_n P_c} \tag{7.16}$$

式中：P_m 为偏离载频的相位调制边带的平均功率，W；P_c 为载波功率，W；B_n 为测量系统的等效噪声分析带宽，Hz。相位噪声的单位为 dBc/Hz，其含义如图 7.7 所示。

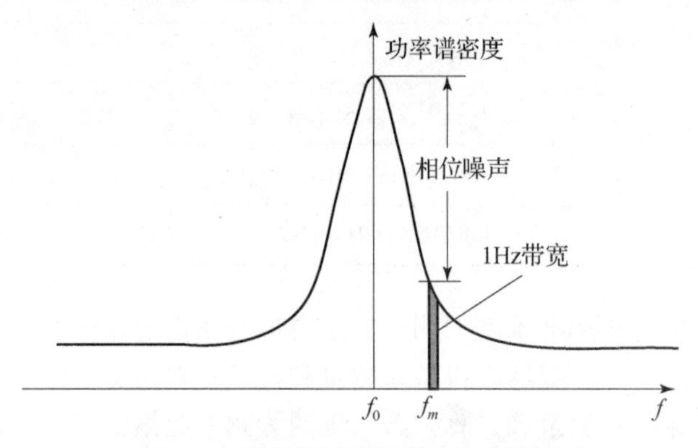

图 7.7 频率信号相位噪声含义说明

相位噪声可通过频谱仪、鉴相器、锁相环等设备来进行测量，最简单的方法是直接采用专用相噪仪来直接获取频率源的相位噪声指标。时钟源的相位噪声指标与卫星导航系统中的导航信号生成质量直接相关。

7.2.4.7 其他指标

在实际应用中，常用的时间频率指标还有以下类型：

（1）时间类，包括脉冲信号输出幅度、脉冲信号宽度、脉冲信号上升沿宽度、脉冲信号前沿抖动等，通常可以采用示波器、计数器等常用仪器设备来测量。

（2）频率类，包括频率信号输出幅度、谐波失真、非谐波失真、阻抗、周期等，通常采用示波器、频谱仪等常用设备来测量。

7.3 卫星导航系统的时间系统

高精度的时间频率系统是卫星导航系统工作的基础条件，全球各大卫星导航系统均通过高精度时间频率系统产生并保持自身的系统时间，支撑卫星导航系统的运行。同时，卫星导航系统作为时间基准的发播系统，其自身的时间需要与世界通用的协调世界时（UTC）保持同步，这是对卫星导航系统同时具备定位导航、时间频率服务能力的基本要求。

根据国际电信联盟（ITU）授时系统发播标准，要求授时系统的时间与 UTC 同步在 100ns 以内，这就要求卫星导航系统的系统时间与 UTC 进行同步，即实现溯源功能。同时，多 GNSS 组合导航也要求实现导航系统时间与 UTC 的同步，这样，在进行钟差计算、星历外

推和伪距测量等处理时，不同导航系统间可以采用统一的时间参考，便于后期处理。

7.3.1　卫星导航系统时间定义

当前全球卫星导航系统主要包括中国的北斗、美国 GPS、俄罗斯 GLONASS 以及欧盟 Galileo，其时间定义如下：

7.3.1.1　北斗时

北斗时（BDT）是北斗系统的时间基准，它由北斗系统主控站的高精度原子钟组维持，通过 UTC（BSNC）与国际 UTC 建立联系。北斗时采用 TAI 秒为基本单位，时间起点选为 2006 年 1 月 1 日（星期日）UTC 零时，BDT 为连续时间尺度，不闰秒。在北斗系统卫星无线电导航业务（RNSS）中，BDT 用“整周计数（WN）”和“周内秒（SOW）计数”表示。BDT 和 TAI 的差异为 TAI - BDT = 33s + C_1（C_1 是两者之间的秒小数位差值）。

7.3.1.2　GPS 时

GPS 时（GPST）是 GPS 运行的参考时间。GPST 属于原子时系统，是一个连续的时间尺度，采用国际原子时秒长，时间起点为 1980 年 1 月 6 日（星期日）UTC 零时，以周和周内秒来计数，无闰秒调整。GPS 时溯源到 UTC（USNO）。TAI - GPST = 19s + C_2（C_2 是两者之间的秒小数位差值）。

7.3.1.3　GLONASS 时

GLONASS 时（GLONASST）是 GLONASS 的时间基准，基于 GLONASS 同步中心的中央同步设施维持，同样采用国际原子时秒长。GLONASST 溯源到 UTC（SU）。与其他卫星导航系统不同的是，GLONASS 采用 UTC 作为时间参考，需要进行闰秒校正。当前，TAI - GLONASST = 37s + C_3（C_3 是两者之间的秒小数位差值）。

7.3.1.4　Galileo 系统时

Galileo 系统时（GST）是伽利略全球导航系统的基准时间，它与 GPST 类似，是一个连续的原子时，不闰秒，与国际原子时的时差也与 GPST 相同，GST 溯源到国际伽利略时（GT1），GT1 由欧洲几个主要的守时实验室共同维持。TAI - GST = 19s + C_4（C_4 是两者之间的秒小数位差值）。

7.3.2　卫星导航系统时间物理实现

卫星导航系统的时间系统一般由原子钟组、时差数据采集系统、综合原子时、系统时间信号产生等部分组成。系统组成示意如图 7.8 所示。

原子钟组一般由 3 台以上的原子钟组成，原子钟组输出信号由时间间隔计数器或比相仪测量出各钟之间的钟差数据，同时选择稳定性较好的原子钟信号作为系统工作的实时信号。另外由星钟比对链路获得的卫星钟差数据和由站钟比对链路获得的地面站钟差数据也同步汇集，所有钟差数据由综合原子时处理，计算得到卫星导航系统的纸面时。综合出的纸面时驾驭系统时间信号产生设备，在主钟信号的驱动下，生成卫星导航系统的各种时间和频率信号。

原子时系统保持的系统时间还需要向 UTC 溯源，系统的溯源数据由溯源链路获取，溯源链路可通过卫星双向、导航卫星共视或光纤时间传递手段实现。通过对溯源数据的处理得到与 UTC 的时间偏差，并通过一定的控制策略对系统的时间进行驾驭，以维持与 UTC 的一致。

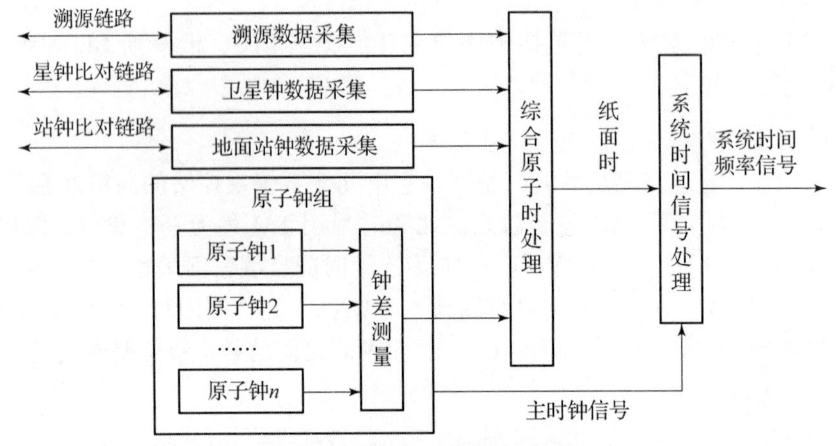

图 7.8 GNSS 时间系统的组成

7.3.3 卫星导航系统内的时间传递技术

精密时间传递技术是实现高精度时间服务的关键，它是分布在世界各地的守时实验室之间、守时实验室和用户之间、各应用系统内部站点之间进行时间比对的必要手段。通过精密时间传递，就可以将高精度的时间逐级传递到各个用户。

目前卫星导航系统内主要的远距离时间传递方法分为星地时间传递技术和站间时间传递技术两类。

7.3.3.1 星地时间传递技术

根据目前卫星导航系统架构和设计，卫星导航系统时间相关的操作除了包含系统时间产生、站间时间传递、卫星钟差解算和卫星钟差预报等操作外，还包含星地时间传递，其目的是实现星载原子钟与地面站原子钟的时间同步，最终维持导航卫星载荷和地面运控设备在统一的时间基准下工作，本质是实现导航系统卫星的时间向地面时间的溯源。虽然不同的卫星导航系统使用了星地时间传递方法来实现星地的时间同步，但是所采用的方法有所不同，归纳起来，其主要的方法有倒定位法、伪距与激光测距法和星地双向无线电测距法。

1）倒定位法

倒定位法与卫星导航定位原理类似。不同的是利用四个或四个以上位置已知的地面站，以地面站为基准解算出卫星的位置和钟差，从而实现星地同步的目的。该方法在测量星地钟差的同时，还能对卫星位置进行精确测定。这是 GPS 星地同步的主要方法。同步精度在 10ns 以内。

2）伪距与激光测距法

伪距与激光测距法基本原理是由时间同步站对卫星发送的导航信号进行伪距测量，再利用激光链路对地面站到卫星的真实星地距离进行测量。伪距测量量与星地距离之差，即为星地钟差。激光双向测距法的同步精度很高，可以达到 1 ~ 2ns。但激光测距受天气因素影响大，可靠性差，也可采用应答式雷达双向测距的方法，来获得星地距离。GLONASS 采用应答式雷达辅助法作为星地时间同步的主要手段，同步精度约为 10ns。

3）星地双向无线电测距法

星地双向无线电测距法是卫星可见弧段内，地面站接收卫星下行测距信号，对星地伪距进行测量，这个伪距就包含了星钟与地面钟的钟差。同时卫星接收上行注入信号，也测量出了包含星地钟差的伪距，并通过下行信号传回地面，从而计算出卫星钟与地面钟的偏差。这种双向测量法的主要优点在于其路径具有对称性，可以消除大气传播时延误差。同步精度优于 1ns。该方法是北斗和 Galileo 首选的星地时间同步方法。

7.3.3.2　站间时间传递技术

1）搬运钟技术

搬运钟是最早使用的一种时间传递方法，美国惠普公司和史密松天文台于 1967 年进行了第一次飞机搬运钟试验。美国海军天文台在 1971 年做了环球飞机搬运钟试验。中国科学院陕西天文台与美国海军天文台在 1984 年也进行过飞机搬运钟试验，都取得了较好的结果。

搬运钟的原理是通过一个公共的原子钟 C，分别与处于两地的原子钟 A 和原子钟 B 进行比对，从而得出钟 A 和钟 B 的钟差。先将钟 C 与钟 A 比对得到钟差 a，再将钟 C 搬到钟 B 所在地与钟 B 进行比对得到钟差 b。两个钟差相减，再结合自身的性能和外部影响因素修正即可得到 A、B 两个原子钟的钟差。

搬运钟方法适用于中近距离的时间比对。影响搬运钟时间比对的条件较多，包括搬运钟性能、钟参数估计方法、钟搬运时间、钟差测量精度、环境因素等的影响，随着更高精度比对技术的出现，搬运钟比对方法的应用范围逐渐减小。

2）卫星双向时间传递技术

卫星双向时频传递（TWSTFT）是通过地球同步通信卫星进行时间频率量传递的方法。该技术是参与时间比对的两个地面站通过同一卫星，将各自地面站的时间信息发送到对方站，同时接收对方站发送的时间信息，获得两站之间的比对测量结果。由于两站之间发射接收信号的路径基本相同，可以有效抵消传输路径上各类时延误差，因而时间传递精度较高，可达到 1ns 量级。随着卫星通信技术和小型卫星地面站的发展，卫星双向时间传递技术逐渐获得广泛应用，并于 1999 年开始被用于国际原子时计算中，成为 BIPM 计算 TAI 和 UTC 的重要手段，卫星双向时间传递的基本原理如图 7.9 所示。

图 7.9 中，地面站 A 与地面站 B 约定在整秒时刻向对方发送测时信号。地面站 A 的整秒时刻为 t_{AT}，地面站 B 的整秒时刻为 t_{BT}。A 接收到 B 站信号时刻为 t_{AR}，B 接收到 A 站信号的时刻为 t_{BR}。信号从 A 站到达 B 站时间 Δt_{A-B} 和 B 站到 A 站的时间 Δt_{B-A} 相同。两站发射时间差 Δt_1 等于接收时间差 Δt_2。两站发出信号时刻与接收信号时刻之间的时间间隔 Δt_{AA} 和 Δt_{BB} 可以精确测量。由图可知 $\Delta t_{BB} = \Delta t_1 + \Delta t_{AA} + \Delta t_2 = 2\Delta t_1 + \Delta t_{AA}$，可得 $\Delta t_1 = \dfrac{\Delta_{BB} - \Delta_{AA}}{2}$。

卫星双向时间传递作为一种远距离高精度时间传递技术，在卫星导航系统地面站时间同步中广泛采用，解决了地面监测站、主控站和注入站之间的时间同步问题。虽然各领域使用的卫星双向时间传递技术内涵一致，但是在信号频段、卫星状况、地面站设备等具体实现形式方面，仍然存在一定的差异，因此，在实际处理中，必须从理论分析、建模和试验研究等多方面对各误差项进行系统化、定量化的分析，评估各种因素对卫星双向时间同步的影响，进而构建与之相适应的误差模型，提升卫星双向时间传递的性能。

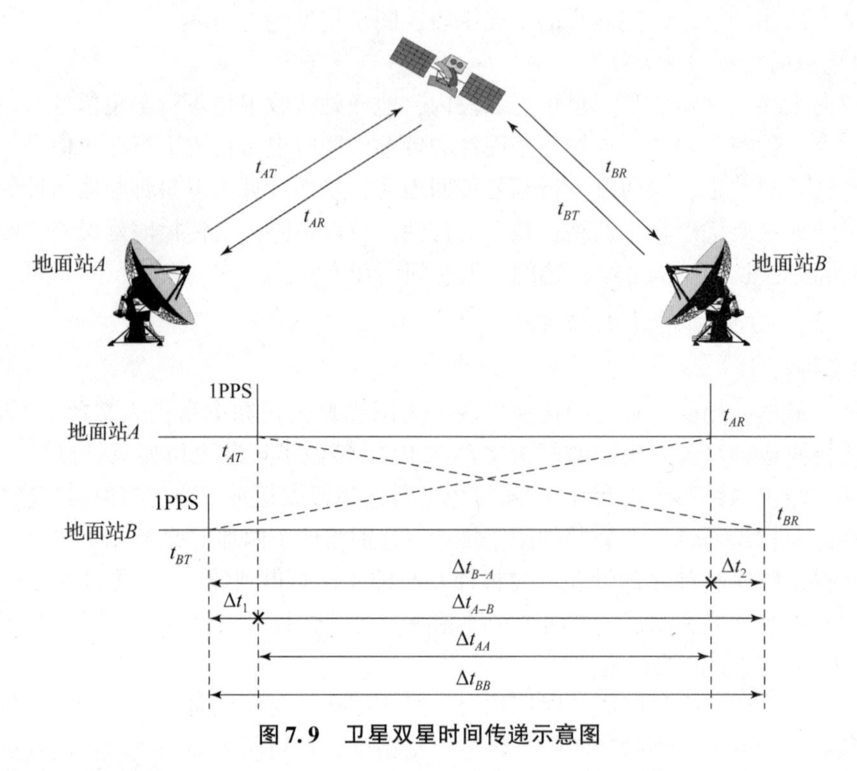

图 7.9　卫星双星时间传递示意图

3）光纤时间传递技术

光纤时间传递技术是将标准时间频率信号进行电光转换发射后，通过光纤传输给用户使用，用户通过光纤转换，使其恢复后的时间频率信号与本地的时间频率信号进行比对测量，最终实现高精度的时间频率传递。光纤时频传递具有单向、双向两种模式。

单向模式如图 7.10 所示。钟 A 产生的时频信号（时间信号通常为 1PPS，频率信号通常为 10MHz 正弦/方波信号）经过光强度调制转换为光信号之后，通过光纤进行传输（也可根据实际需要，附加编码等操作，再送入光纤）。接收端的信号再次转换为电信号格式，经放大和整形后，通过时间间隔计数器/鉴相器与本地钟 B 的时间/频率信号进行比对，即可得到本地钟 B 与远距离钟 A 的钟差和频率差。该传递方式需确定信号在光纤中的传播时延。通常情况下，该时延是比较容易确定的，但是该传递方式的精度将受到光纤温度变化等非理想因素带来的时延不稳定性的限制。

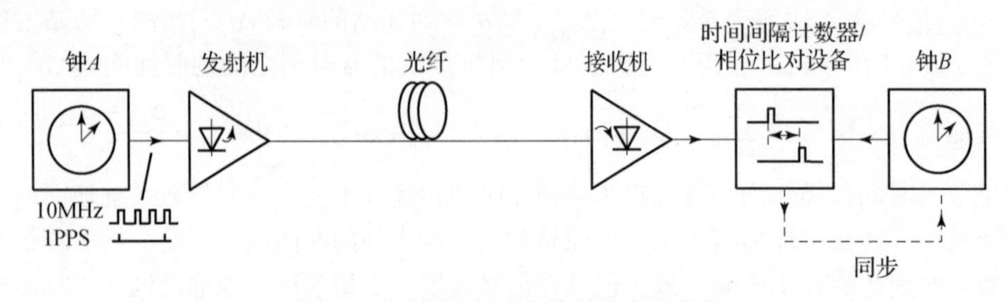

图 7.10　单向光纤时频传递技术示意图

由于单向模式在光信号传输时延不确定性方面的局限，要获得更高的传递精度，需采用双向光纤时频传递技术，其基本架构如图 7.11 所示。双向模式基本工作原理是甲、乙

两站主钟 A 和 B 通过同一光纤在约定时刻对发时间信号，并借助时间间隔计数器测量本地时间信号产生直至接收到对方时间信号之间的时间间隔。甲、乙两站测量的时间间隔分别为

$$
\begin{aligned}
T_A &= -t_{\mathrm{clk}A} + t_{\mathrm{clk}B} + \tau_{BA} \\
T_B &= t_{\mathrm{clk}A} - t_{\mathrm{clk}B} + \tau_{AB}
\end{aligned}
\tag{7.17}
$$

式中：τ_{AB} 和 τ_{BA} 分别为两个方向的光纤传输时延；$t_{\mathrm{clk}A}$ 和 $t_{\mathrm{clk}B}$ 为钟 A 和钟 B 的钟差。为了简化表达式，发射机、接收机处理时延及光纤两端双工器时延未予以体现，实际中需精确标定。

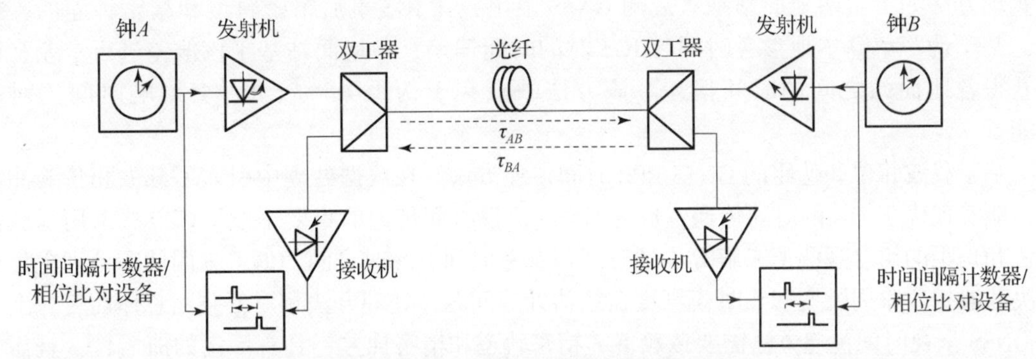

图 7.11　双向光纤时频传递技术示意图

两站事后交换测量数据，可计算出 A、B 两钟的钟差。单向光纤时频传递精度受光纤传输时延热相关性影响较大，约为 38ps(K · km)$^{-1}$。当光纤长度在几千米之内时，可获得较理想的传递精度。因此，相比于单向模式，双向模式降低了光纤温度变化的影响。

光纤时频传递的优势在于具有较高的传递精度。但也存在两点局限：一是光纤长度(覆盖范围)。当光纤长度超过几百千米时，路径损耗及光纤噪声等问题凸显，信噪比严重下降，精度难以保证。该问题可通过增加双向光纤放大器及增加中继站的方式解决。二是高成本。目前光纤时频传递需要布设专用光纤，费用昂贵。

4）GNSS 时间传递技术

GNSS 时间传递方法包含了 GNSS 单向时间传递、GNSS 共视时间传递、GNSS 全视时间传递和精密单点定位（PPP）时间传递。

GNSS 单向时间传递实现方法如下：基于地面接收机测量的 GNSS 伪距信息，扣除卫星与接收机天线相位中心之间的几何距离、大气层延迟偏差和卫星钟偏差，获得本地钟和 GNSS 时间的相对钟差，根据导航电文获取 GNSS 时和 UTC 之间的时间偏差，从而求得本地钟和 UTC 的钟差。基于上述实现过程可知，GNSS 单向时间传递受到大气延迟偏差和星载原子钟性能的影响较明显，授时精度可优于 50ns。由于单向授时接收机的成本低、信号具备全球连续覆盖性，能满足多数用户实时的时间服务需求。

GNSS 共视时间传递实现方法如下：基于地面站的两台接收机 RA 和 RB，同时观测同一颗 GNSS 卫星，根据 GNSS 单向时间传递可得地面接收机钟 CA（接收机 RA）与 GNSS 时间的钟差，以及接收机钟 CB（接收机 RB）与 GNSS 时间的钟差，通过两个钟差相减得到地面接收机钟 CA 和 CB 的相对钟差，实现 GNSS 共视时间传递。本质上 GNSS 共视时间传递采用站间差分的形式，消除星载钟的影响，同时大大减弱卫星位置偏差、电离层延迟误差和对流

层延迟误差的影响，能实现纳秒级的时间同步需求，目前该方法已成为 TAI 和 UTC 的时间传递的重要手段。

然而，GNSS 共视时间传递仍然存在一些缺陷，主要体现在：一是 GNSS 卫星共视性能与两站共视卫星的数目密切相关，共视的卫星数目越少，精度越差。二是为了实现两站间的时间传递，必须严格依据共视时刻表进行观测，而且还需在共视比对站间建立数据传输网络实现事后数据交换。三是标准的 GNSS 时间传递采用时间频率咨询委员会（CCTF）定义的 GNSS 时间传输标准（CGGTTS），存在 16min 的滞后，实时性不高。

为了弥补 GNSS 共视时间传递受共视卫星数目的限制，GNSS 全视时间传递应运而生，其实现方法如下：两地面站独立观测 GNSS 卫星，在 IGS 事后精密轨道和精密钟差的支撑下，基于伪距解算本地参考时间与 IGS 时的时间偏差，各地面站基于该偏差进行求差，即可获得各地面站之间的时间偏差。该方法缺点在于伪距噪声较大，会影响时间比对的性能。

基于载波相位和伪距的 GNSS PPP 时间传递方法，在数据处理中引入了载波相位观测数据，能实现优于 1ns 的时间传递，成为 GNSS 全视时间传递的重要手段。该方法采用了载波相位和伪距的组合观测值来解算本地时间与参考时间 IGS 时之间的偏差，因此，处理中需要解决载波相位整周跳变和实时模糊度在线估计等问题，处理方法相对复杂。总体而言，上述的 GNSS 全视时间传递方法需要依赖 IGS 精密轨道和精密钟差，具有一定的滞后性，且需要在全视比对站间建立数据交换链路，实时性较差。

7.4 常用授时技术

为使本地时间与标准时间实现统一，需要将标准时间通过一定方式传送出去。通过一定方式将包含这种尺度的时间信息传送出去，供应用者使用的这一整套工作称为授时，有些国家常称其为时间服务。授时服务为用户提供三种基本信息：一是日期和一天中的时刻，告诉人们某事发生于何时；二是精密时间间隔，告诉人们事件发生经历“多长”的时间；三是精准频率，标注某些事件发生的速率。

古代的授时方法主要是利用人类的视觉和听觉，如打更报时、晨钟暮鼓、午炮报时、落球报时等。相对于听觉授时，视觉授时的传播距离更远，速度更快，但受限于障碍物遮挡。现代授时技术受益于无线电技术的发展，常用的授时技术手段主要包括短波无线电授时、长波无线电授时、电话授时、电视授时、网络授时和卫星授时等。

7.4.1 导航卫星授时

授时是全球卫星导航系统三大基本服务之一。在卫星导航系统授时中，用户时钟与星载钟的精确时间同步、星载钟与系统时间的精确同步、系统时间与 UTC 的精确同步是实现系统高精度授时的关键所在。在 GNSS 系统中，空间段卫星星座和地面段监控站中使用原子钟频率标准，使得卫星时钟与 UTC 同步到纳秒量级成为可能。

卫星导航系统提供两种授时服务方式：一种是卫星无线电导航业务（RNSS），称为 RNSS 单向授时。RNSS 单向授时由用户终端接收卫星无线电信号，自主完成时差的计算。另一种是卫星无线电测定业务（RDSS），包括 RDSS 单向授时和 RDSS 双向授时。RDSS 单向授时由用户终端接收卫星转发的无线电信号，自主完成时差的计算。RDSS 双向授时服务，授时无法由用户终端独立完成，需由 RDSS 地面控制中心配合进行时延和时差的计算，我国的北斗提供 RDSS 单向与双向授时服务。

RNSS 单向授时是用户终端接收卫星信号，由基本观测量和导航电文计算钟差，修正本地时间，使本地时间和 UTC 同步；北斗 RDSS 单向授时通过被动接收的方式完成，用户终端不需要与地面控制中心进行交互，通过接收导航电文及相关信息，自主计算出钟差并修正本地时间，使本地时间和 UTC 同步；北斗 RDSS 双向授时是一种特许用户主动申请的授时模式，用户终端通过卫星与地面控制中心进行交互，向控制中心发射定时申请信号，由地面控制中心来计算用户终端的时差，再通过出站信号经卫星转发给用户终端，修正终端的本地时间，使本地时间和 UTC 同步。

RNSS、RDSS 单向授时与 RDSS 双向授时相比，有一个显著特点，当提供 RNSS、RDSS 单向授时服务时，用户终端自主实现定时，不占用导航卫星与地面控制中心的信道及计算资源，用户服务数量不受限制。RDSS 双向授时由地面控制中心完成用户终端定时计算，用户终端需要与地面控制中心进行双向的数据交互，会占用导航卫星与地面控制中心的信道及计算资源，是一种授权服务，用户服务数量有一定限制。

7.4.1.1 RNSS 单向授时方法

对于 RNSS 授时用户，都需要 GNSS 接收机产生一个与 UTC 同步的秒脉冲信号（1PPS），为了产生这个信号，必须处理 4 种时标：卫星钟钟面时间（t^s）、GNSS 系统时间（t_{GNSS}）、标准时间 UTC(k)（t_{UTC}）以及用户接收机钟面时间（t_u），授时原理框图如图 7.12 所示。

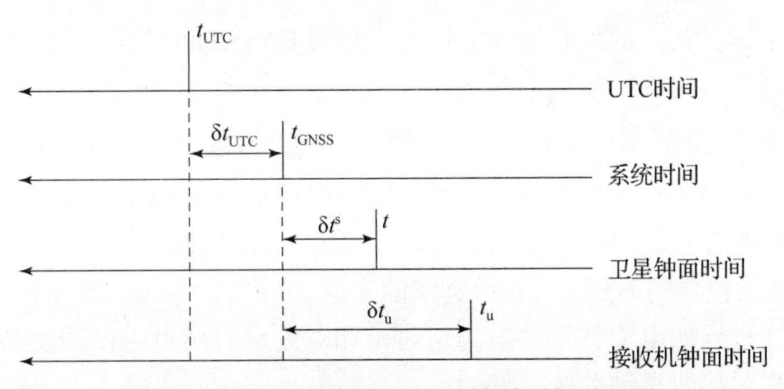

图 7.12 RNSS 单向授时中 4 类钟时标关系图

每颗卫星钟相对于系统时间的钟差 $\delta t^s = t^s - t_{GNSS}$，可通过导航电文中的模型参数 $\{a_{f0}, a_{f1}, a_{f2}\}$ 计算获得，该模型是在一个时间间隔内的二次函数，在时刻 t_{GNSS} 对应的卫星钟差如下式所示：

$$\delta t^s = a_{f0} + a_{f1}(t_{GNSS} - t_{OC}) + a_{f2}(t_{GNSS} - t_{OC})^2 + \Delta t_r - T_{GD} \tag{7.18}$$

式中：t_{OC} 是模型以 GNSST 为基础的参考时间；$\Delta t_r = F e_s \sqrt{a_s} \sin E_k$ 为相对论参数，其中，$F = -4.442807633 \times 10^{-10} \mathrm{s/m^{1/2}}$，$e_s$ 为卫星轨道偏心率，a_s 为轨道长半径，E_k 为偏近点角；T_{GD} 为星上设备时延差。

GNSST 相对于 UTC 的偏移量 $\delta t_{UTC} = t_{GNSS} - t_{UTC}$，GNSST 与 UTC 的瞬时偏差可以通过以下的公式计算获得：

$$\delta t_{\mathrm{UTC}} = A_0 + A_1(t_{\mathrm{GNSS}} - t_{\mathrm{OU}}) + \Delta t_{\mathrm{LS}} \tag{7.19}$$

参数$\{A_0, A_1, t_{\mathrm{OU}}, \Delta t_{\mathrm{LS}}\}$的值通过导航电文获得。

GNSST 相对于 UTC 的偏移量可以使用上述方法获得，下面需要计算地面用户授时接收机的钟差 δt_{u}。

1）RNSS 单星授时方法

GNSS 单星授时技术是指在已知授时接收机所处位置坐标的前提下，GNSS 授时接收机通过只接收单颗卫星信号，从而获得卫星时钟和接收机时钟的偏差，最终实现用户授时服务的方法，其示意图如图 7.13 所示，这种技术机动灵活，不受卫星几何精度因子的影响，适用于静态用户授时。

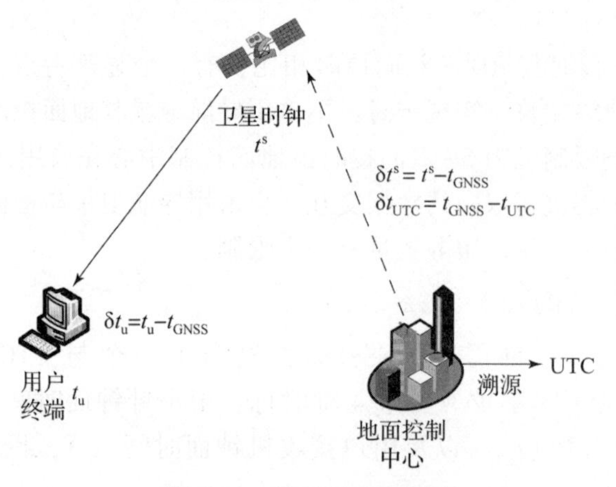

图 7.13　单星授时示意图

由于观测点坐标已知，假设在历元 t 时刻，利用 GNSS 授时接收机在已知坐标的观测点上观测卫星，得到相应的伪距观测方程为

$$\rho = \sqrt{(x - X_{\mathrm{s}})^2 + (y - Y_{\mathrm{s}})^2 + (z - Z_{\mathrm{s}})^2} - c\delta t^{\mathrm{s}} + c\delta t_{\mathrm{u}} + \delta_{\mathrm{ion}} + \delta_{\mathrm{tro}} + \delta_{\mathrm{mul}} + \varepsilon \tag{7.20}$$

式中：(x, y, z)和$(X_{\mathrm{s}}, Y_{\mathrm{s}}, Z_{\mathrm{s}})$分别表示接收机和卫星在历元时刻的坐标；$\delta t^{\mathrm{s}}$ 和 δt_{u} 分别表示卫星钟差和接收机钟差；δ_{ion}表示电离层时延；δ_{tro}表示对流层时延；δ_{mul}表示多径效应产生的时延；ε 表示其他未包含的时延；c 表示真空的光速。

卫星钟差可通过导航电文获得，电离层时延和对流层时延可以使用模型进行修正，可由伪距观测值得到授时接收机钟差为

$$\delta t_{\mathrm{u}} = \frac{1}{c}(\rho - \sqrt{(x - X_{\mathrm{s}})^2 + (y - Y_{\mathrm{s}})^2 + (z - Z_{\mathrm{s}})^2} - \delta_{\mathrm{ion}} - \delta_{\mathrm{tro}} - \delta_{\mathrm{mul}} - \varepsilon) + \delta t^{\mathrm{s}} \tag{7.21}$$

由上式可知，在测站坐标已知的情况下，只需观测一颗卫星即可获得 GNSS 授时接收机钟差，从而实现授时服务，并可看出，GNSS 授时接收机钟差的精度水平主要取决于接收机的伪距测量精度、观测点的位置精度、卫星的星历精度、卫星钟差的精度、对流层时延改正以及电离层时延改正的精度等。

2）RNSS 多星授时方法

多星授时主要用于两种场合：一种是接收机位置已知（静态），另一种是接收机位置未知（动态）。对于前者，利用多星冗余观测，采用平均或加权平均的方法来获得钟差，可提高钟差的精度；对于后者，观测方程中授时接收机坐标为未知量，利用至少 4 颗卫星可以同

时获得授时接收机的三维坐标和钟差。

（1）静态多星授时。一般情况下，可同时观测到的 GNSS 卫星数目不止一颗，在位置已知时可以选择不同的卫星分别授时，充分利用冗余的观测量更好地改善定时精度。对多个单星授时的数据进行简单的平均处理，也可采用加权平均算法实现多个单星授时的数据的融合，进一步提高授时精度和稳定度。

在实际应用中，通常可以观测到多颗卫星。设某一时刻可以观测到 $N(N>1)$ 颗卫星，该时刻用户时间与 GNSS 系统时间的真实时间差为 Δt，每颗卫星的本地时差测量值为 Δt_i，测量误差为 ε_i，则有 $\Delta t_i = \Delta t + \varepsilon_i$。假定测量误差 ε_i 服从均值为 0、方差为 σ_i^2 的高斯分布，且每颗卫星的测量误差相互独立。此时，可以通过测量时差 Δt_i 得到真实时间差 Δt_i 的最大似然估计 $\Delta \hat{t}_i$ 为

$$\Delta \hat{t}_i = \sum_{i=1}^{N} w_i \Delta t_i \tag{7.22}$$

式中：$w_i = \dfrac{1/\sigma_i^2}{\sum\limits_{j=1}^{N} 1/\sigma_j^2}$，且有 $\sum\limits_{i=1}^{N} w_i = 1$。

通过授时接收机自主完好性监测提供的信息，动态选择各卫星所测时整的权值。由于 N 颗卫星之间相互独立，采用正确的加权算法将获得比任何单颗卫星更精确、稳定的时差。

权重的选取是为了尽可能地发挥时差测量误差较小卫星的优势，以提高该星在时差测量计算中所占的比例。但是如果时差测量误差小的卫星权重太大，则会使得最终计算得到时差测量结果对性能好的卫星依赖性增大，如果该星出现不可预料的问题，将使得计算出测量时差表现出某种的不连续。为了防止此问题的发生，需要对权的最大值作一定的限制。

（2）动态多星授时。多星授时技术是指授时接收机在接收 4 颗及以上卫星信号的情况下，通过建立伪距方程，解算出授时接收机时钟与系统时间的钟差，对钟差平滑滤波后，根据钟差量对接收机时钟进行修正，产生授时信号。该技术不需用户提供位置坐标，适用于动态、静态用户授时。

当接收机位置未知时，授时接收机需要至少同时观测 4 颗卫星获得授时接收机的坐标和钟差，利用这种方法可以同时对授时接收机进行定位和授时，如图 7.14 所示，其基本方程式和卫星导航定位公式相同。

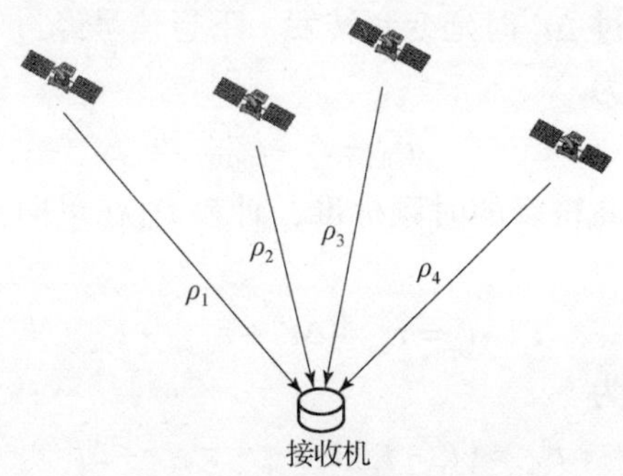

图 7.14　动态多星授时示意图

$$\begin{cases}\rho_1 = \sqrt{(x-X_{s1})^2+(y-Y_{s1})^2+(z-Z_{s1})^2} - c\delta t_{s1} + c\delta t_u + \delta_{ion1} + \delta_{tro1} + \delta_{mul1} + \varepsilon_1 \\ \rho_2 = \sqrt{(x-X_{s2})^2+(y-Y_{s2})^2+(z-Z_{s2})^2} - c\delta t_{s2} + c\delta t_u + \delta_{ion2} + \delta_{tro2} + \delta_{mul2} + \varepsilon_2 \\ \rho_3 = \sqrt{(x-X_{s3})^2+(y-Y_{s3})^2+(z-Z_{s3})^2} - c\delta t_{s3} + c\delta t_u + \delta_{ion3} + \delta_{tro3} + \delta_{mul3} + \varepsilon_3 \\ \rho_4 = \sqrt{(x-X_{s4})^2+(y-Y_{s4})^2+(z-Z_{s4})^2} - c\delta t_{s4} + c\delta t_u + \delta_{ion4} + \delta_{tro4} + \delta_{mul4} + \varepsilon_4 \end{cases} \tag{7.23}$$

式中：(x,y,z)表示接收机在历元时刻的坐标；(X_{si},Y_{si},Z_{si})，$i=1\sim4$，表示可视范围内某4颗卫星在历元时刻的坐标；δt_{si}为卫星钟差；δt_u 表示接收机钟差；δ_{ioni}为电离层延迟；δ_{trdi}为对流层延迟；δ_{muli}为多径效应；ε_i 为其他未包含误差；c 表示真空中的光速。

当同时观测的卫星数目多于4时，可以列出冗余方程，利用最小二乘算法解算出接收机坐标和钟差，提高定位和授时精度。

7.4.1.2　北斗 RDSS 单向授时方法

在用户位置已知的情况下，可采用北斗 RDSS 单向授时。地面控制中心向导航卫星发送导航信号，经卫星转发器变频向服务区域广播，用户终端解算本地时钟和 UTC 的钟差，完成单向授时功能。流程框图如图 7.15 所示。

图 7.15 北斗 RDSS 单向授时流程框图

时序关系图如图 7.16 所示。

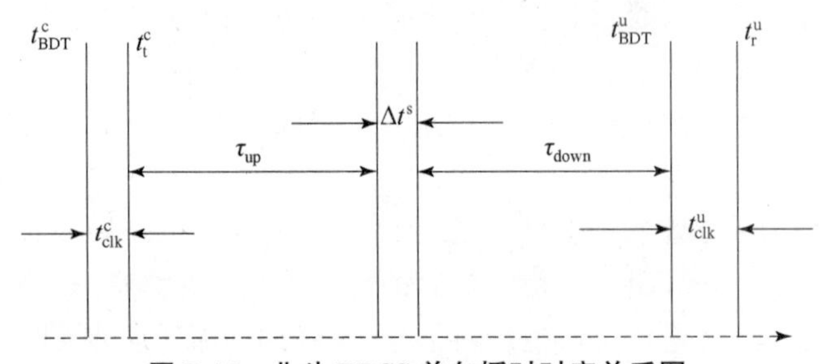

图 7.16　北斗 RDSS 单向授时时序关系图

图 7.16 中，t^c_{BDT}表示控制中心上行信号发射时刻对应的北斗系统时间，t^c_t 表示地面站记录的地面控制中心发射信号时刻，t^u_{BDT}表示信号到达用户终端时的北斗系统时间，t^u_r 表示用户终端记录的信号到达用户终端的钟面时。地面控制中心发射上行信号后经过时延 τ_{up}到达卫星转发器，卫星转发器经过 Δt^s 时延变频转发，下行信号经过 τ_{down}时延到达用户终端。

地面控制中心设备钟差为

$$t^c_{clk} = t^c_t - t^c_{BDT} \tag{7.24}$$

地面控制中心一般使用高精度的时频标准，钟差 t^c_{clk}在单向授时中可忽略，则由用户记录的总时延为

$$t^u_r - t^c_t = \tau_{up} + \Delta t^s + \tau_{down} + t^u_{clk} \tag{7.25}$$

从而得到用户终端钟差为

$$t^u_{clk} = (t^u_r - t^c_t) - \tau_{up} - \tau_{down} - \Delta t^s \tag{7.26}$$

上行链路时延 τ_{up}可利用导航电文中卫星位置信息、地面控制中心的位置计算得到；下

行链路的时延 τ_{down} 可利用导航电文中卫星位置信息、用户终端位置计算得到。考虑电离层、对流层、Sagnac 效应、多径效应等对上下链路附加时延的影响，则上下链路时延可分别表示为

$$\begin{cases}\tau_{up}=\sqrt{(x^c-X_r^s)^2+(y^c-Y_r^s)^2+(z^c-Z_r^s)^2}/c+\tau_{ion}^{cs}+\tau_{trop}^{cs}+\tau_{mult}^{cs}+\tau_{Sagnac}^{cs}+\varepsilon^{cs}\\ \tau_{down}=\sqrt{(x^u-X_t^s)^2+(y^u-Y_t^s)^2+(z^u-Z_t^s)^2}/c+\tau_{ion}^{su}+\tau_{trop}^{su}+\tau_{mult}^{su}+\tau_{Sagnac}^{su}+\varepsilon^{su}\end{cases} \tag{7.27}$$

式中：(x^c,y^c,z^c) 和 (X_r^s,Y_r^s,Z_r^s) 分别表示上行链路归算时刻地面控制中心和卫星坐标；(x^u,y^u,z^u) 和 (X_t^s,Y_t^s,Z_t^s) 分别表示下行链路归算时刻用户终端和卫星坐标；τ_{ion} 表示电离层时延；τ_{trop} 表示对流层时延；τ_{mult} 表示由多路径效应引起的时延；τ_{Sagnac} 表示由 Sagnac 效应引起的时延；ε 表示其他未包含在内的时延项，包括地面控制中心的出入站波束零值漂移、卫星和用户设备的硬件时延等；c 表示真空中的光速，值为 2.99792458×10^8 m/s。各时延项上标表示链路的方向，如 cs 表示从地面控制中心到卫星链路，也就是上行链路，而 su 是下行链路。

7.4.1.3　北斗 RDSS 双向授时方法

当用户终端需要进行双向定时服务时，响应其中一颗卫星的询问信号，并向响应的卫星发送入站信号，地面控制中心接收并解调用户终端发出的信号，计算出用户终端的定时时延修正值，将其放置在出站信号中，通过卫星转发给用户终端，用户终端按此数据调整本地时钟。有效的时间信号传播路径分两步：第一步，和单向授时相似，地面控制中心通过卫星将授时信号传至用户终端，用户终端接收卫星信号并记录伪距；第二步，用户以自身时钟发射信号，通过卫星转发至地面控制中心，由地面控制中心接收并解算。北斗 RDSS 双向授时的流程框图如图 7.17 所示。

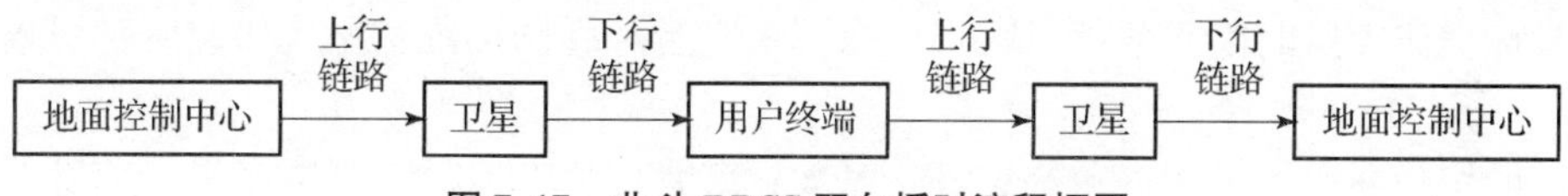

图 7.17　北斗 RDSS 双向授时流程框图

双向授时的计算公式可由单向授时推算，对于第一步，有

$$t_{clk}^u=(t_r^u-t_t^c)-\tau_{up1}-\tau_{down1}-\Delta t_1^s \tag{7.28}$$

对于第二步，有

$$-t_{clk}^u=(t_r^c-t_t^u)-\tau_{up2}-\tau_{down2}-\Delta t_2^s \tag{7.29}$$

式中：各项含义和单向授时相同，上标 u 表示用户，s 表示卫星，c 表示控制中心；下标 r 表示接收，t 表示发射：下标中数字标号 1 表示授时信号传播方向为控制中心经由卫星到用户，标号 2 表示信号传播方向为从用户经由卫星到控制中心。

综上所述，可得，RDSS 双向授时的钟差计算公式为

$$\begin{aligned}t_{clk}^u&=\frac{1}{2}[(t_r^u-t_t^c)-\tau_{up1}-\tau_{down1}-\Delta t_1^s]-\frac{1}{2}[(t_r^c-t_t^u)-\tau_{up2}-\tau_{down2}-\Delta t_2^s]\\&=\frac{1}{2}[(t_r^u-t_t^c)-(t_r^c-t_t^u)]+\frac{1}{2}[(\tau_{down2}-\tau_{up1})+(\tau_{up2}-\tau_{down1})]+\frac{1}{2}(\Delta t_2^s-\Delta t_1^s)\end{aligned} \tag{7.30}$$

其中，τ_{up2} 和 τ_{down1} 路径相似，τ_{down2} 和 τ_{up1} 路径相似，对路径时延中各误差项时延进行求和改正后，再根据上式相减，可使路径时延的误差大幅减小。

7.4.2 陆基无线电授时

7.4.2.1 短波无线电授时

波长在 10 ~ 100m，即频率在 3 ~ 30MHz 的无线电波段为短波波段。短波授时是利用短波无线电信号发播标准时间和标准频率信号的授时手段，其授时的基本方法是由无线电台发播时间信号，用户用无线电接收机接收时号，然后进行本地对时。自 20 世纪初开始无线电授时以来，短波时号一直有着广泛应用。由于其覆盖面广、发送简单、价格低廉、使用方便而受到广大时间频率用户的欢迎。

它具有以下优点：

（1）发射和接收设备简单，成本较低。

（2）信号的覆盖范围大。

（3）在分配的授时频带中可以采用特殊带宽法使时间脉冲得到调制。

（4）在离发射机 160km 之内，接收地波信号的精度大体可以与发射控制精度相同。

但是，它的缺点也很明显，远距离信号经由电离层反射传播，受传播介质影响，接收精度较低。电离层传播的不稳定性决定了时间频率比对精度，接收的载频信号相位随路径长度和传播速度的变化而起伏。这些起伏把频率比对的精度限制在 $\pm 1 \times 10^{-9}$，把定时精度限制在 500 ~ 1000μs。

目前，世界各地有 20 多个短波授时台在工作，各国的短波时号，形式多样，各有所长，共有 48 个短波无线电台发播时号，其中连续 24h 发播的有 12 个国家。亚洲共有 5 个国家发播时号，分别是土耳其、斯里兰卡、印度、印度尼西亚和中国，只有我国是 24h 连续发播时号。国外短波授时台主要包括俄罗斯国家时间频率服务所、美国 NIST 时间频率部、加拿大国家测量标准研究所时间服务部、阿根廷海军天文台和韩国标准和服务研究所时间频率实验室等。

美国的短波时号为 WWV 和 WWVH。WWV 短波台位于美国科罗拉多州，发射 5 个载频信号，分别为 2.5MHz、5MHz、10MHz、15MHz 和 20MHz，其中 5MHz、10MHz 和 15MHz 的发射功率为 10kW，2.5MHz 和 20MHz 的发射功率为 2.5kW。5 个频段为全天 24h 连续发播，其中 00:00 ~ 01:00、30:00 ~ 31:00 为授时台呼号，秒信号为 1kHz 音频信号的 5 个周波，分信号为 1kHz 音频信号的 800 个周波，时信号为 1.5kHz 音频信号的 1200 个周波。WWVH 位于美国夏威夷考爱岛，WWVH 也是 24h 连续发射 5 个载频信号，其中 59:00 ~ 00:00、29:00 ~ 30:00 为授时台呼号，秒信号为 1.2kHz 音频信号的 6 个周波，分信号为 1.2kHz 音频信号的 600 个周波，时信号为 1.5kHz 音频信号的 1200 个周波。

我国的 BPM 短波授时台由中国科学院国家授时中心于 1970 年建成，1981 年经国务院批准，正式开始我国的短波授时服务。1995 年实施第一次升级改造，采用固态发射机替换电子管发射机。2014 年开始进行第二次技术升级改造，采用副载波进行数据调制，增加时码数据发播功能。BPM 短波授时系统由基准传递系统、时频监控系统、发射控制系统、发射系统等组成。

BPM 授时信号以 30min 为周期重复发播 UTC、UT1 时号以及载波、发播台 ID 识别信号，如图 7.18 所示。

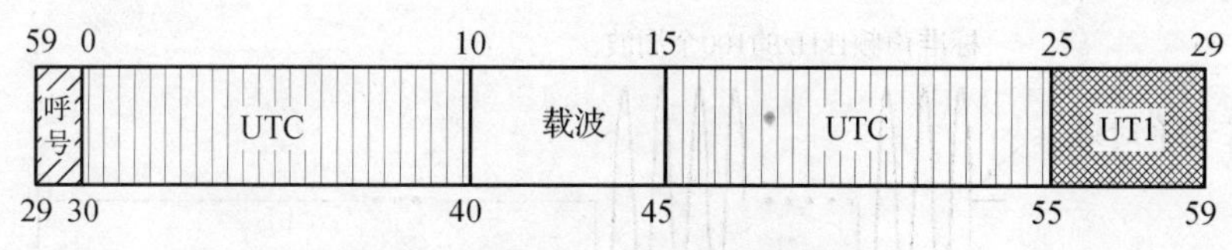

图 7.18　BPM 授时信号发播内容

1）BPM 呼号

每小时的 29:00～30:00 和 59:00～00:00 为 BPM 电台呼号。其中，前 40s 为莫尔斯电码，后 20s 为女声普通话广播。

2）UTC 时号

UTC 秒信号为标准声频 1kHz 调制的 10 个周波，长度为 10ms，第一个周波的起点为 UTC 整秒时刻，如图 7.19 所示。

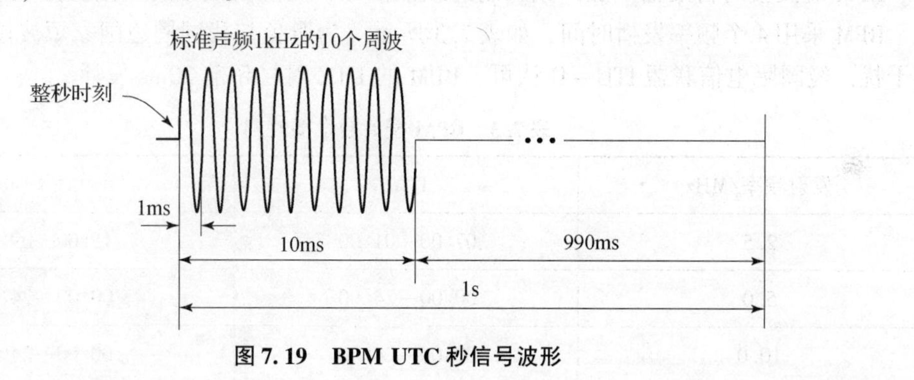

图 7.19　BPM UTC 秒信号波形

UTC 整分信号为 1kHz 调制的 300 个周波，长度为 300ms，第一个周波的起点为 UTC 整分时刻，如图 7.20 所示。

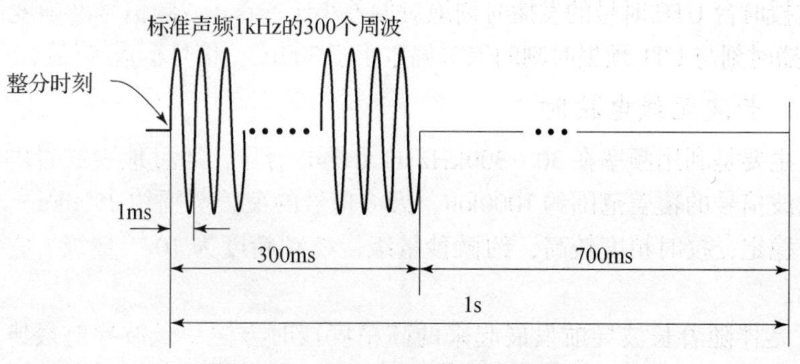

图 7.20　BPM UTC 整分信号波形

3）UT1 时号

BPM 短波授时台直接发播 UT1 时号，按照 UT1 的预报值播发。UT1 秒信号为标准声频 1kHz 调制的 100 个周波，长度为 100ms，第一个周波的起点为 UT1 整秒时刻，如图 7.21 所示。UT1 整分信号为 1kHz 调制的 300 个周波，长度为 300ms，第一个周波的起点为 UT1 整分时刻。

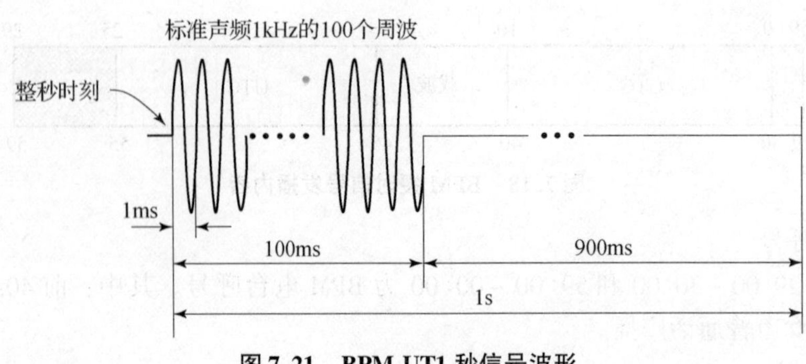

图 7.21 BPM UT1 秒信号波形

4）无调制载波

BPM 短波授时台发播不加声频调制的载频信号，为短波校频用户提供标准频率信号。

BPM 采用 4 个频率发播时间，如表 7.3 所示。为避免与我国周边国家短波授时台信号相互干扰，经国际电信联盟 ITU－R 认可，BPM 的 UTC 时号超前 20ms 发播。

表 7.3 BPM 授时台发播时刻

发射频率/MHz	UTC	北京时间
2.5	07:00—01:00	15:00—09:00
5.0	00:00—24:00	00:00—24:00
10.0	00:00—24:00	00:00—24:00
15.0	01:00—09:00	09:00—17:00

BPM 短波授时台 UTC 时号的发播时刻绝对偏差小于 5μs，载频信号准确度优于 1×10^{-12}，UT1 时号的发播时刻与 UT1 预报时刻的绝对偏差小于 300μs，信号覆盖半径约 3000km。

7.4.2.2 长波无线电授时

长波授时主要是利用频率在 30～300kHz 的无线电信号，通过地表或者电离层进行时间频率传递，地波信号的覆盖范围约 1000km，天波信号的覆盖范围约 2500km。长波授时信号传播路径较为稳定，授时精度较高，约微秒量级，校频精度为 10^{-12} 量级。它的缺点是接收系统较为复杂。

长波授时是伴随着长波导航发展起来的高精度授时方法。长波导航最典型的是罗兰－C 系统，该系统是低频脉冲无线电双曲线导航系统，最初是用于海上航行的船只和舰艇的导航定位。罗兰－C 导航台链通常由 1 个主台和 2 个以上的副台组成，主台以 M 命名，副台以 W、X、Y、Z 命名。用户同时接收主副台的信号，得到本地与主副台的距离差，并绘制两条双曲线的交点即为本地坐标，如图 7.22 所示。我国在 20 世纪 70 年代开始建设专门用于时频传递的罗兰－C 体制长波授时台，呼号为 BPL，信号覆盖我国整个陆地和近海海域。

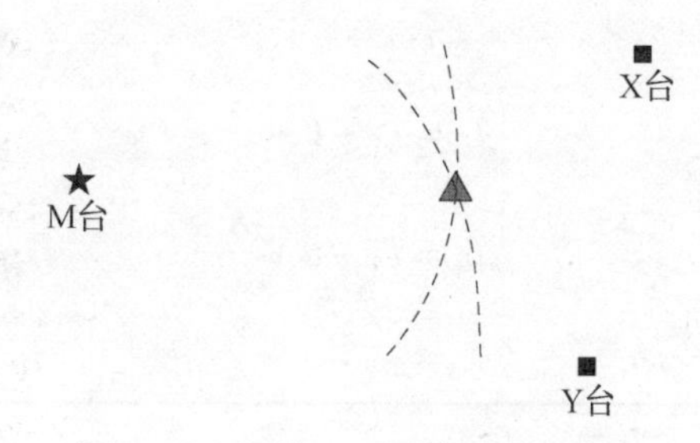

图 7.22　罗兰 – C 导航原理示意图

7.4.3　网络授时

随着计算机网络技术的发展，以互联网为媒介的网络授时技术应运而生。它通过服务器/客户机的交互方式，对计算机内置时间系统进行校准，为网络内所有终端设备时钟同步提供参考信号。目前，网络同步常采用 NTP 和 PTP 两种模式。

7.4.3.1　NTP 授时

以太网在 1985 年成为电气与电子工程师协会（IEEE）802.3 标准后，在 1995 年将数据传输速度从 10Mb/s 提高到 100Mb/s 的过程中，计算机和网络业界也在致力于解决以太网的定时同步能力不足的问题，开发出一种软件方式的网络时间协议（NTP），提高各网络设备之间的定时同步能力。1992 年，NTP 版本的同步准确度可以达到 200μs。网络时间协议最早是由美国 Delaware 大学 Mills 教授设计的。该协议属于应用层协议，主要用于将网络中的计算机时间同步到标准时间。NTP 可以为局域网提供高精度的时间校准，精度约毫秒量级。NTP 有 3 种工作模式：客户机/服务器模式、主/被动对称模式和广播模式。

1）客户机/服务器模式

首先，客户机向服务器发送一个 NTP 数据包，其中包含了该数据包离开客户机的时间戳信息，当服务器接到该包时，依次填入该数据包到达服务器的时间戳信息、交换数据包的源地址和目的地址、填入数据包离开时的时间戳，然后立即把数据包返回给客户机。客户机在接收到相应包时再填入包返回时的时间戳。客户机利用这些时间参数就能够计算出数据包交换的网络时延和客户机与服务器的时间偏差。

2）主/被动对称模式

该模式与客户机/服务器模式大致相同。唯一的区别是该模式下客户端和服务器均可同步对方或被对方同步。该模式取决于双方谁先发出申请，若客户端先发出申请建立连接，则客户端工作在主动模式下，服务器端工作在被动模式下；若服务器先发出申请建立连接，则服务器端工作在主动模式下，客户端工作在被动模式下。

3）广播模式

该模式下服务器不论客户机工作在何种模式，主动发出时间信息，客户机根据此信息调整自身的时间频率，此时网络时延忽略，因此精度相对略低，但基本满足秒级应用需求。

以客户机/服务器模式为例，NTP 授时的基本流程如图 7.23 所示。T_1 为 NTP 包离开客户机时的时间戳；T_2 为服务器收到 NTP 包时的时间戳；T_3 为 NTP 包离开服务器时的时间戳；T_4 为客户端收到 NTP 包的时间戳；δ 为服务器与客户机单次完整通信网络传输时延；θ 为客户机与服务器的时间偏差。

根据图 7. 23 可知

$$\begin{cases} T_2 = T_1 + \theta + \dfrac{\delta}{2} \\ T_4 = T_3 - \theta + \dfrac{\delta}{2} \end{cases} \tag{7.31}$$

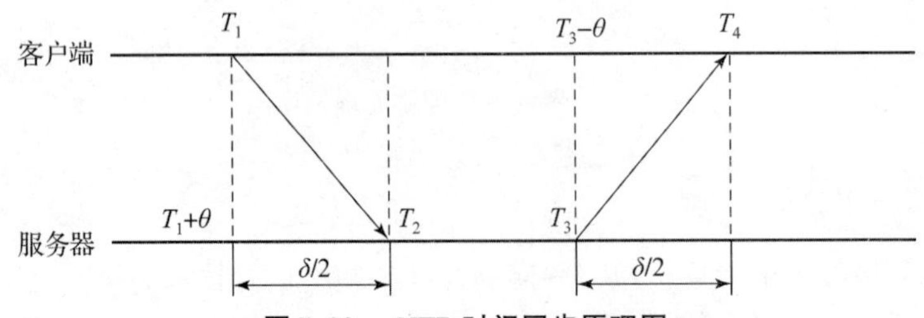

图 7. 23　NTP 时间同步原理图

进一步整理可得网络传输时延、客户机与服务器的时间偏差：

$$\begin{cases} \delta = (T_2 - T_1) - (T_3 - T_4) \\ \theta = \dfrac{(T_2 - T_1) + (T_3 - T_4)}{2} \end{cases} \tag{7.32}$$

NTP 包含两种报文：时钟同步报文和控制报文。控制报文用于需要网络管理的场合，它对于时钟同步功能来说并不是必需的。时钟同步报文是基于 IP 和 UDP 的应用层协议，封装于 UDP 报文中，报文格式见表 7. 4。

表 7. 4　NTP 时钟同步报文格式

2	5	8	12	24	32
LI	VN	Mode	Stratum	Poll	Precision
Root Delay（32）					
Root Dispersion（32）					
Reference Identifier（32）					
Reference Timestamp（64）					
Originate Timestamp（64）					
Receive Timestamp（64）					
Transmit Timestamp（64）					
Authenticator（Optional）（160）					

其中，NTP 时间同步报文主要字段说明如下：

（1）LI（Leap Indicator，闰秒提示）：长度为 2bit，用来指示在当天最后 1min 内是否需要插入或删除一个闰秒。00 表示正常；01 表明最后 1min 有 61s；10 表明最后 1min 有 59s；11 表示时钟没有同步。

（2）VN（Version Number，版本号）：长度为 3bit，标准 NTP 的版本号。

（3）Mode（模式）：长度为 3bit，表示当前 NTP 工作模式，见表 7. 5。

表 7.5　NTP 报文 Mode 字段对应表

Mode 字段值	字段含义
000	未定义模式
001	主动对称模式
010	被动对称模式
011	客户机模式
100	服务器模式
101	广播模式或组播模式
110	表示此报文为 NTP 控制报文
111	预留位，内部使用

（4）Stratum（层）：长度为 8bit，系统时钟的层数，取值范围为 1 ~ 16，它定义了时钟的准确度。层数为 1 的时钟准确度最高，一般为主参考源（如原子钟）。准确度从 1 ~ 16 依次递减，层数为 16 的时钟处于未同步状态。

（5）Poll：长度为 8bit，代表轮询时间，即两个连续 NTP 报文之间的时间间隔。值为 n 代表制定的时间间隔为 ns。

（6）Precision：系统时钟的精度，长度为 8bit。

（7）Root Delay：本地到主参考时钟源的往返时延，长度为 32bit。

（8）Root Dispersion：系统时钟相对于主参考时钟的最大误差，长度为 32bit。

（9）Reference Identifier：参考时钟源的标识，长度为 32bit。

（10）Reference Timestamp：系统时钟最后一次被设定或更新的时间。

（11）Originate Timestamp：NTP 请求报文离开发送端时发送端的本地时间。

（12）Receive Timestamp：NTP 请求报文到达接收端时接收端的本地时间。

（13）Transmit Timestamp：应答报文离开应答者的本地时间。

（14）Authenticator：验证信息。

7.4.3.2　PTP 授时

随着光纤通信技术的迅速发展，时钟同步技术已成为影响和制约通信发展水平的关键因素。目前，分布式计算环境中的通信网络、金融网络、测控网络、工业控制与自动化网络等众多领域均需要在较大范围内保持时间同步及时间的准确性。PTP 授时以其亚微秒级的同步精度，逐渐得到了业界的认可与应用。

PTP（精确时间协议）即网络测量和控制系统的精密时钟同步协议标准，由安捷伦公司发起，IEEE 于 2002 年正式发布其 1.0 版本，2008 年发布 2.0 版本。PTP 起草过程中主要参考以太网进行编制，使分布通信网络具有严格的时间同步，其基本构思是通过硬件和软件的紧密耦合实现网设备（客户机）内时钟与主控机主时钟的同步，从而实现较高精度的时间同步。

PTP 时间同步技术基本原理是在主从时钟之间由主时钟周期性地向从时钟发同步指令，

通过加盖时间戳（报文到达与发出设备时的本地时钟时间）的对时报文在主从时钟之间的交换，从时钟由报文信息计算出主从时钟钟差与路径延迟，从而达到时间同步的目的。

PTP 时间同步的第一步是建立一个主从时钟的组织结构，利用最佳主时钟算法确定各节点时钟的主从关系。主时钟是同步时间的发布者；从时钟是同步时间的接收者，要与主时钟实现时间同步。

第二步从时钟通过与主时钟交换同步报文，实现主从时钟时间同步。同步过程分为两个阶段：偏移测量和延迟测量。主、从时钟之间交互同步报文并记录报文的收发时间，通过计算报文往返的时间差来计算主、从时钟之间的往返总延时，如果网络是对称的（即两个方向的传输延时相同），则往返总延时的一半就是单向延时，这个单向延时便是主、从时钟之间的时钟偏差，从时钟按照该偏差来调整本地时间，就可以实现其与主时钟的同步。

PTP 定义了两种传播延时测量机制：请求应答（Requset_ Response）机制和端延时（Peer Delay）机制，且这两种机制都以网络对称为前提。下面对请求应答机制进行描述。

请求应答方式用于端到端的延时测量。如图 7.24 所示，其实现过程如下：

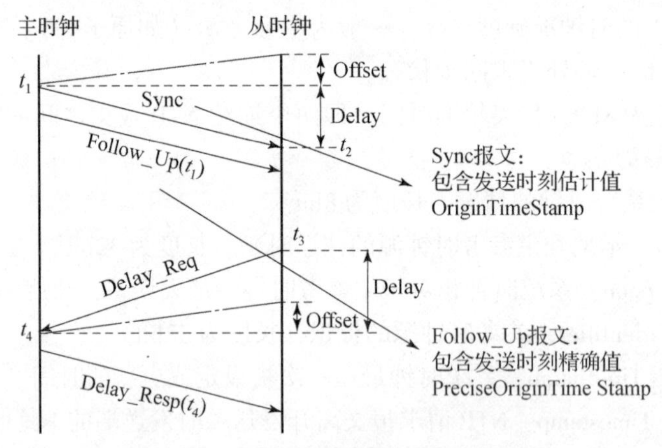

图 7.24　请求应答测量机制实现原理图

（1）主时钟向从时钟发送 Sync 报文，并记录发送时间 t_1，从时钟收到该报文后，记录接收时间 t_2。

（2）主时钟发送 Sync 报文之后，紧接着发送一个携带有 t_1 的 Follow_ Up 报文。

（3）从时钟向主时钟发送 Delay_ Req 报文，用于发起反向传输延时的计算，并记录发送时间 t_3；主时钟收到该报文后，记录接收时间 t_4。

（4）主时钟收到 Delay_ Req 报文之后，回复一个携带有 t_4 的 Delay_ Resp 报文。

此时，从时钟便拥有了 $t_1 \sim t_4$ 这 4 个时间戳，由此可计算出主、从时钟间的往返总延时为 $[(t_2-t_1)+(t_4-t_3)]$，由于网络是对称的，所以主、从时钟间的单向延时为 $[(t_2-t_1)+(t_4-t_3)]/2$。因此，从时钟相对于主时钟的时钟偏差为

$$\text{Offset} = (t_2-t_1) - \frac{[(t_2-t_1)+(t_4-t_3)]}{2} = \frac{[(t_2-t_1)-(t_4-t_3)]}{2} \tag{7.33}$$

此外，根据是否需要发送 Follow_ Up 报文，请求应答机制又分为单步模式和双步模式两种。

（1）在单步模式下，Sync 报文的发送时间戳 t，由 Sync 报文自己携带，不发送 Follow_Up 报文。

（2）在双步模式下，Sync 报文的发送时间戳 t 由 Follow_Up 报文携带。

与请求应答机制相比，端延时机制不仅对转发延时进行扣除，还对上游链路的延时进行扣除。

PTP 授时具备几个方面的显著特点：

（1）NTP 通过软件实现，PTP 需要硬件和软件配合实现。

（2）PTP 授时无需额外的时钟线，仍然使用原来以太网的数据线传送时钟信号，使组网连接简化和降低成本。

（3）时钟振荡器随时间产生漂移，需要标准授时系统作校准，校准过程要缩短且安全可靠。目前常用的有 GNSS 和 IRIG－B（国际通用时间格式码），IRIG－B 每秒发送一个帧脉冲和 10 MHz 基准时钟，实现主控机/客户机的时钟同步。

（4）PTP 授时采用时间分布机制和时间调度概念，客户机可使用普通振荡器，通过软件调度与主控机的主时钟保持同步，并且能够从网络中自动发现其他 PTP 设备，过程简单可靠。

总体而言，PTP 授时通过采用硬件时间戳设计、更紧密合理的时钟结构和优化选择算法实现了比 NTP 授时高得多的精度，可以作为局域网、骨干网授时的重要选择，具备良好的应用前景。

7.4.4　电话授时

电话授时有两种常见的服务类型：基于公共交换电话网（PSTN）传递标准时间信息的有线授时服务方式，它由专用电话定时设备，通过电话线、调制解调器和 PSTN 相连接，即可得到 PSTN 电话报时台的时间服务；另一种是计算机电话时间服务系统。

20 世纪 80 年代美国 NIST 于 1988 年推出计算机电话时间服务系统，授时准确度约 35ms，不确定度优于 5ms。随后，德国、日本等国家也相继开展该服务。1998 年，中国科学院国家授时中心建成了电话授时系统，时间同步准确度优于 5ms。2000 年，中国计量科学研究院也建立了面向全国的电话授时系统。

电话授时采用咨询方式向用户提供标准时间信号：用户通过调制解调器拨打授时系统的电话，授时系统主机收到用户请求后，通过授时端调制解调器将标准时间信息发送给用户，完成授时服务，如图 7.25 所示。时频基准为授时部门保持的原子时基准，它为时间编码提供标准时间和频率信号。时间编码系统产生含有年、月、日、时、分、秒在内的标准时间信息和其他时间信息。NIST 电话授时的 ASCII 码包含有约化儒略日的最后 5 位数字，年的最后 2 位数字，年、月、日、时、分、秒、闰秒信息、UTC 到 UT1 的改正因子等。用户只要配置一个调制解调器和一些简单的软件，就可以通过电话接收标准时码信息。

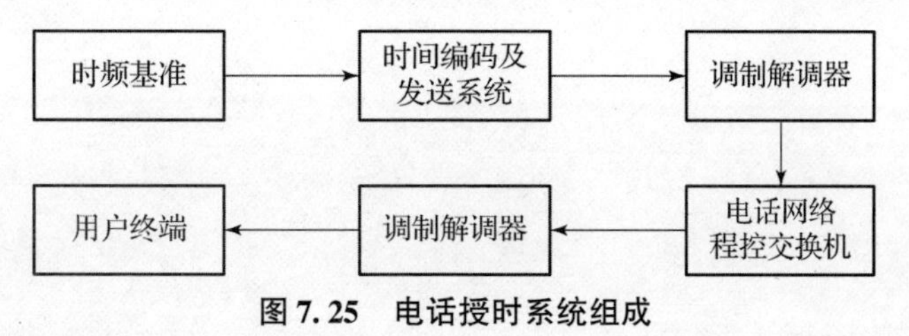

图 7.25　电话授时系统组成

电话授时的关键在于对信道时延的测量，它直接影响电话授时准确度。字符法即利用字符来测量电话信道时延，是目前最常用的信道时延测量方法。首先发送端发送测时延的字符，接收端检测到发送端发送的字符，并返回字符，通过测量发送端发送字符和接收端返回字符时刻的时间差来测量信道往返的时延。由于字符是经过数字调制解调器进入电话信道的，但是调制解调器对字符处理存在一定的时延波动，因而无法准确估计处理时延。另外，两端的处理器检测字符的精度也不高，使得电话授时的精度处于毫秒量级。

习　题

1. 试分析协调世界时与原子时的关系。
2. 简述国际时间计量系统的发展历程。
3. 简述当前协调世界时实现的基本过程。
4. 请给出秒脉冲信号的定义及主要参数。
5. 请简单概括 B 码的基本数据格式。
6. 简述时频信号的性能指标。
7. 简述 GNSS 时间传递技术的主要类型。
8. 简述卫星双向时间传递技术的基本原理。
9. 简述普通用户将 GNSS 时间溯源到 UTC 的基本过程。
10. 请概括 GNSS RNSS 单向授时技术的基本原理。
11. 简述 NTP 授时的基本过程。

缩略语

缩写	英文全称	中文名
AT	Atomic Time	原子时
BCRS	Barycentric Celestial Reference System	质心天球参考系
BDS	BeiDou Navigation Satellite System	北斗卫星导航系统
BDT	BeiDou Time	北斗时
BGS	British Geological Survey	英国地质调查局
BIH	Bureau International de l'Heure	国际时间局
BIPM	Bureau International des Poids et Measures	国际计量局
BIRM	Beijing Institute of Radio Metrology and Measurement	北京无线电计量研究所
BKG	Bundesamtfuer Kartographie und Geodaesie	德国联邦大地测量局
BSNC	Beijing Satellite Navigation Center	北京卫星导航中心
BTRF	BDS Terrestrial Reference Frame	北斗参考框架
CACS	Canadian Active Control System	加拿大的主动控制网系统
CCTF	Consultative Committee for Time and Frequency	时间频率咨询委员会
CDMA	Code Division Multiple Access	码分多址
CGCS2000	China Geodetic Coordinate System 2000	2000 国家大地坐标系
CGGTTS	Common Generic GNSS Time Transfer Standard	GNSS 时间频率传递数据标准格式
CHAMP	Challenging Minisatellite Payload	挑战小卫星载荷
CIO	Conventional International Origin	国际协议原点
CODE	Center for Orbit Determination in Europe	欧洲定轨中心
CORS	Continuously Operating Reference Station	连续运行基准站
CTRF	Conventional Terrestrial Reference Frame	协议地球参考框架
CTRS	Conventional Terrestrial Reference System	协议地球参考系
CVN	Chinese VLBI Network	中国甚长基线干涉测量网
DLR	Deutsches Zentrum für Luft – und Raumfahrt	德国宇航中心

续表

缩写	英文全称	中文名
DORIS	Doppler Orbitography and Radiopositioning Integrated by Satellite	星载多普勒定轨定位系统
EAL	Echelle Atomique Libre	自由原子时
ECEF	Earth - Centered, Earth - Fixed	地心地固坐标系
EOP	Earth Orientation Parameters	地球定向参数
EPN	EUREF Permanent GNSS Network	欧洲永久 GNSS 观测网
ERP	Earth Rotation Paramete	地球自转参数
ESA	European Space Agency	欧洲空间局
ET	Ephemeris Time	历书时
EUREF	European Reference Frame	欧洲参考框架
FM	Frequency Modulation	调频
GCRS	Geocentric Celestial Reference System	地心天球参考系
GEO	Geosynchronous Orbit	地球同步轨道
GEONET	GNSS Earth Observation Network System	日本 GNSS 地球观测网络
GFZ	Helmholtz - Centre Potsdam - German Research Centre for Geosciences	德国亥姆霍兹波茨坦中心，德国地学中心
GLONASS	GLObal NAvigation Satellite System	俄罗斯全球卫星导航系统
GLONASST	GLONASS Time	GLONASS 时
GNSS	Global Navigation Satellite System	全球卫星导航系统
GNSST	GNSS Time	GNSS 时
GOCE	The Gravity field and steady - state Ocean Circulation Explorer	重力场和海洋环流探测
GPS	Global Positioning System	全球定位系统
GPST	GPS Time	GPS 时
GRACE	Gravity Recovery and Climate Experiment	重力恢复与气候实验
GSM	Global System for Mobile Communications	全球移动通信系统
GST	Galileo System Time	伽利略系统时
GTRF	Galileo Terrestrial Reference Frame	伽利略地球参考框架
HST	Hubble Space Telescope	“哈勃”太空望远镜

续表

缩写	英文全称	中文名
IAA	Russian Institute of Applied Astronomy	俄罗斯应用天文研究所
IAG	International Association of Geodesy	国际大地测量协会
IAGA	International Association of Geomagnetism and Aeronomy	国际地磁学和高空大气学协会
IAGBN	International Absolute Gravity Base Net	国际绝对重力基网
IAU	International Astronomical Union	国际天文联合会
ICRF	International Celestial Reference Frame	国际天球参考框架
ICRS	International Celestial Reference System	国际天球坐标系
IDS	International DORIS Service	国际 DORIS 服务
IEEE	Institute of Electrical and Electronics Engineers	电气与电子工程师协会
IERS	International Earth Rotation Service	国际地球自转服务
IGRF	International Geomagnetic Reference Field	国际地磁参考场
IGS	International GNSS Service	国际 GNSS 服务
IGSN - 71	International Gravity Standardization Net - 71	国际重力基准网 - 1971
IGSO	Inclined Geosynchronous Orbit	倾斜地球同步轨道
IHO	International Hydrographic Organization	国际海道测量组织
ILRS	International Laser Ranging Service	国际激光测距服务
IMCCE	French Institute for Celestial Mechanics and Calendrical Calculations	法国天体力学和历书计算所
INS	Inertial Navigation System	惯性导航系统
IPMS	International Polar Motion Service	国际极移服务
IRIG	Inter - Range Instrumentation Group	靶场仪器组
ITRF	International Terrestrial Reference Frame	国际地球参考框架
ITRS	International Terrestrial Reference System	国际地球参考系
ITU	International Telecommunications Union	国际电信联盟
IUGG	International Union of Geodesy and Geophysics	国际大地测量学和地球物理学联合会
IVS	International VLBI Service for Geodesy & Astrometry	国际天体测量/大地测量 VLBI 服务

续表

缩写	英文全称	中文名
JPL	Jet Propulsion Laboratory	美国喷气推进实验室
LAMOST	Large Sky Area Multi - Object Fiber Spectroscopy Telescope	郭守敬望远镜
LLR	Lunar Laser Ranging	月球激光测距
MEO	Medium Earth Orbit	中圆地球轨道
MIT	Massachusetts Institute of Technology	美国麻省理工学院
NASA	National Aeronautics and Space Administration	美国国家航天航空局
NATO	North Atlantic Treaty Organization	北大西洋公约组织
NavIC	Navigation with Indian Constellation	印度区域卫星导航
NGA	National Geospatial - Intelligence Agency	美国国家地理空间情报局
NGDC	National Geophysical Data Center	美国国家地球物理数据中心
NGS	National Geodetic Survey	美国国家大地测量局
NICT	National Institute of Information and Communications Technology	日本情报通信研究机构
NIM	National Institute of Metrology, China	中国计量科学研究院
NIST	National Institute of Standards and Technology	美国国家标准与技术研究院
NOAA	National Oceanic and Atmospheric Administration Commissioned Officer Corps	美国国家海洋和大气管理局
NRCan	Nature Resource Canada	加拿大自然资源部
NTP	Network Time Protocol	网络时间协议
NTSC	National Time Service Center Chinese Academy of Sciences	中国科学院国家授时中心
PNT	Positioning, Navigation, and Timing	定位、导航、授时
PPP	Precise Point Positioning	精密单点定位
PPS	Pulse Per Second	秒脉冲
PRN	Pseudo Random Noise	伪随机噪声
PSTN	Public Switched Telephone Network	公共交换电话网
PTB	Physikalisch - Technische Bundesanstalt	德国联邦物理技术研究院
PTP	Precise Time Protocol	精确时间协议
PZ - 90	Parametry Zemli 1990	PZ - 90 坐标系

续表

缩写	英文全称	中文名
QZSS	Quasi - Zenith Satellite System	日本准天顶导航卫星系统
RDSS	Radio Determination Satellite Service	卫星无线电测定业务
RINEX	Receiver Independent Exchange	接收机无关的标准数据格式
RNSS	Radio Navigation Satellite Service	卫星无线电导航业务
RTK	Real - time Kinematic positioning	实时动态定位
SAPOS	Satellite Positioning Service of German National Survey	德国卫星定位服务
SGG	Satellite Gravity Gradient	卫星重力梯度
SINEX	Solution INdependent EXchange Format	解决方案独立交换格式
SIO	Scripps Institution of Oceanography	斯克里普斯海洋研究所
SIRGAS	South American Geodetic Reference System	南美洲参考框架
SLR	Satellite Laser Ranging	卫星激光测距
SST	Satellite—Satellite Tracking	卫星跟踪卫星
SST - HL	Satellite—Satellite Tracking in the High - Low mode	高轨卫星跟踪 低轨卫星模式
SST - LL	Satellite—Satellite Tracking in the Low - Low mode	低轨卫星跟踪 低轨卫星模式
SVLBI	Space Very Long Baseline Interferometry	空间甚长基线干涉测量
TAI	International Atomic Time	国际原子时
TDB	Barycentric Dynamical Time	质心力学时
TDT	Terrestrial Dynamical Time	地球力学时
TWSTFT	Two Way Satellite Time and Frequency Transfer	卫星双向时频传递
UHF	Ultrahigh Frequency	特高频
USNO	United States Naval Observatory	美国海军天文台
UT	Universal Time	世界时
UTC	Coordinated Universal Time	协调世界时
VHF	Very High Frequency	甚高频
VLBI	Very Long Baseline Interferometry	甚长基线干涉测量

续表

缩写	英文全称	中文名
WGS	World Geodetic System	世界大地坐标系
WHU	Wuhan University	武汉大学
WMM	World Magnetic Model	世界地磁场模型
WN	Week Number	整周计数
SOW	Second of Week	周内秒

参考文献

[1] 卞鸿巍，许江宁，何泓洋，等. 水下 PNT 体系信息架构及关键问题 [J]. 导航定位与授时，2022，9（03）：31－39.

[2] 蔡志武，袁海波，张升康. 时间基准的现在和未来 [J]. 导航定位与授时，2023，10（03）：21－28.

[3] 曹冲，景贵飞，苗前军，等. 中国新时空服务体系概论 [M]. 北京：科学出版社，2015.

[4] 陈景涛，陈真，柏华岗，等. 2020 珠穆朗玛峰高程测量数据获取方案 [J]. 山东科技大学学报（自然科学版），2021，40（05）：52－58.

[5] 陈俊勇，章传银，党亚民. 月球航天探测和月球测绘 [J]. 测绘学报，2005（03）：189－195.

[6] 陈俊勇. 月球地形测绘和月球大地测量（4）[J]. 测绘科学，2004（05）：7－11，3.

[7] 陈俊勇. 中国现代大地基准——中国大地坐标系统 2000（CGCS 2000）及其框架 [J]. 测绘学报，2008（03）：269－271.

[8] 陈伟，刘猛，王永召，等. 水下 PNT 体系之声学导航定位技术应用展望 [J]. 导航定位与授时，2022，9（04）：7－16.

[9] 陈祥葱，张树清，丁小辉，等. 时空参考框架普适化表达 [J]. 地球信息科学学报，2017，19（09）：1201－1207.

[10] 程鹏飞，成英燕，秘金钟，等. 国家大地坐标系建立的理论与实践 [M]. 北京：测绘出版社，2017.

[11] 国家测绘地理信息局. 大地测量控制点坐标转换技术规范：CH/T 2014—2016 [S]. 北京：中国测绘科学研究院，2017：5.

[12] 全国地理信息标准化技术委员会. 国家一、二等水准测量规范：GB/T 12897—2006 [S]. 北京：国家测绘局标准化研究所，2006：10.

[13] 全国地理信息标准化技术委员会. 国家三、四等水准测量规范：GB/T 12898—2009 [S]. 北京：国家测绘局标准化研究所，2009：10.

[14] 全国地理信息标准化技术委员会. 全球导航卫星系统（GNSS）测量规范：GB/T 18314—2024 [S]. 北京：自然资源部测绘标准化研究所.

[15] 全国北斗卫星导航标准化技术委员会. 北斗卫星导航系统公开服务性能规范：GB/T 39473—2020 [S]. 北京：中国卫星导航工程中心，2020：11.

[16] 中国人民解放军总装备部. B 时间码接口终端通用规范：GJB 2991A—2008 [S]. 北京：中国人民解放军总装备部测量通信总体研究所，2008：8.

[17] 高成发，胡伍生. 卫星导航定位原理与应用 [M]. 北京：人民交通出版社，2011.

[18] 郭才发. 空间地磁场应用的若干关键技术研究 [D]. 长沙：国防科学技术大学，2014.

[19] 郭树人，刘成，高为广，等. 卫星导航增强系统建设与发展 [J]. 全球定位系统，2019，44（02）：1－12.

[20] 何妙福，钱志瀚. 甚长基线射电干涉测量技术 [J]. 科学，1992（05）：55.

[21] 何婷，陈国军，马嘉琳. 精密时频传递技术综述 [J]. 测绘通报，2018（05）：1－5.

[22] 贺玉玲，何克亮，王国永，等. 导航卫星时频系统发展综述 [J]. 导航定位与授时，2021，8（05）：61－70.

[23] 赫林. 利用重力场模型和 GPS/水准数据研究局部高程基准 [J]. 测绘学报，2023，52（05）：865.

[24] 黄飞江，卢晓春，刘光灿，等. 星地动态双向时间同步与测距算法 [J]. 宇航学报，2014，35（09）：1050－1057.

[25] 全国时间频率计量技术委员会. 时间频率计量名词术语及定义：JJF 1180—2007 [S]. 北京：全国时间频率计量技术委员会，2007.

[26] 姜卫平. 卫星导航定位基准站网的发展现状、机遇与挑战 [J]. 测绘学报，2017，46（10）：1379－1388.

[27] 姜卫平. GNSS 基准站网数据处理方法与应用 [M]. 武汉：武汉大学出版社，2017.

[28] 蒋连江，汪陶胜. 北斗地基增强系统现状与发展思考 [J]. 卫星应用，2021（11）：8－12.

[29] 金文敬. 太阳系行星和月球历表的发展 [J]. 天文学进展，2015，33（01）：103－121.

[30] 鞠玲玲. 船载重力测量数据处理软件设计与实现 [D]. 南京：东南大学，2016.

[31] 柯灏. 海洋无缝垂直基准构建理论和方法研究 [D]. 武汉：武汉大学，2012.

[32] 孔祥元，郭际明，刘宗泉. 大地测量学基础 [M]. 2 版. 武汉：武汉大学出版社，2010.

[33] 寇义民. 地磁导航关键技术研究 [D]. 哈尔滨：哈尔滨工业大学，2010.

[34] 李超. 时间传递技术综述 [J]. 现代导航，2018，9（03）：230－234.

[35] 李建成. 最新中国陆地数字高程基准模型：重力似大地水准面 CNGG2011 [J]. 测绘学报, 2012, 41 (05): 651-660, 669.
[36] 李征航, 魏二虎, 王正涛, 等. 空间大地测量学 [M]. 武汉: 武汉大学出版社, 2010.
[37] 刘经南, 陈冠旭, 赵建虎, 等. 海洋时空基准网的进展与趋势 [J]. 武汉大学学报 (信息科学版), 2019, 44 (01): 17-37.
[38] 刘经南, 魏二虎, 黄劲松, 等. 月球测绘在月球探测中的应用 [J]. 武汉大学学报 (信息科学版), 2005 (02): 95-100.
[39] 刘敏, 黄谟涛, 欧阳永忠, 等. 海空重力测量及应用技术研究进展与展望 (一): 目的意义与技术体系 [J]. 海洋测绘, 2017, 37 (02): 1-5.
[40] 刘强, 边刚, 殷晓冬, 等. 海洋磁力测量垂直空间归算中曲面延拓迭代方法的改进 [J]. 武汉大学学报 (信息科学版), 2019, 44 (01): 112-117.
[41] 刘天雄. 卫星导航系统概论 [M]. 北京: 中国宇航出版社, 2018.
[42] 刘旭超, 刘彦丹, 张磊, 等. 时间频率传递技术研究进展 [J]. 现代信息科技, 2021, 5 (11): 31-34.
[43] 刘宇宸, 刘利, 周善石, 等. 北斗坐标框架精度估算方法研究 [J]. 天文学进展, 2021, 39 (01): 105-117.
[44] 吕志平, 乔书波. 大地测量学基础 [M]. 北京: 测绘出版社, 2010.
[45] 明锋, 杨元喜, 曾安敏, 等. 弹性 PNT 概念内涵、特征及其辨析 [J]. 测绘通报, 2023 (04): 79-86, 176.
[46] 宁津生, 黄谟涛, 欧阳永忠, 等. 海空重力测量技术进展 [J]. 海洋测绘, 2014, 34 (03): 67-72, 76.
[47] 宁津生, 罗志才, 李建成. 我国省市级大地水准面精化的现状及技术模式 [J]. 大地测量与地球动力学, 2004 (01): 4-8.
[48] 欧阳永忠. 海空重力测量数据处理关键技术研究 [J]. 测绘学报, 2014, 43 (04): 435.
[49] 裴照宇, 刘继忠, 王倩, 等. 月球探测进展与国际月球科研站 [J]. 科学通报, 2020, 65 (24): 2577-2586.
[50] 齐小康. 基于地球和人工磁场空间信息的新概念导航和定位 [D]. 杭州: 浙江大学, 2018.
[51] 秦清亮. 海洋磁力测量技术设计关键技术研究 [D]. 北京: 中国地质大学, 2015.
[52] 任红飞, 魏子卿, 刘思伟. 国内外深空基准发展现状与启示 [J]. 测绘科学与工程, 2020, 040 (3): 8-15.
[53] 申旭辉, 泽仁志玛, 袁仕耿, 等. 中国"张衡一号"电磁监测卫星计划进展 [J]. 城市与减灾, 2021 (04): 27-32.
[54] 施闯, 辜声峰, 楼益栋, 等. 广域实时精密定位与时间服务系统 [J]. 测绘学报, 2022, 51 (07): 1206-1214.
[55] 施闯, 张东, 宋伟, 等. 北斗广域高精度时间服务原型系统 [J]. 测绘学报, 2020, 49 (03): 269-277.
[56] 施闯, 张雨露, 辜声峰, 等. 构建中国时空体系保障时空信息安全服务的探讨 [J]. 导航定位学报, 2023, 11 (6): 1-7.
[57] 施闯, 郑福, 楼益栋, 等. 北斗高精度时频服务理论方法与应用 [J]. 武汉大学学报 (信息科学版), 2023, 48 (07): 1010-1018.
[58] 时春霖, 张超, 袁晓波, 等. 天文大地测量的发展现状和展望 [J]. 测绘工程, 2019, 28 (02): 33-40.
[59] 粟多武, 王启宇, 张川, 等. 利用国产绝对重力仪进行南极中山站重力校准 [J]. 计量科学与技术, 2021, 65 (08): 36-41.
[60] 童宝润. 时间统一系统 [M]. 北京: 国防工业出版社, 2003.
[61] 王赤, 张贤国, 徐欣锋, 等. 中国月球及深空空间环境探测 [J]. 深空探测学报, 2019, 6 (02): 105-118.
[62] 魏娜, 施闯. 地球参考框架的实现和维持 [J]. 大地测量与地球动力学, 2009, 29 (02): 135-139.
[63] 魏子卿, 吴富梅, 刘光明. 北斗坐标系 [J]. 测绘学报, 2019, 48 (07): 805-809.
[64] 魏子卿. 2000 中国大地坐标系及其与 WGS84 的比较 [J]. 大地测量与地球动力学, 2008 (05): 1-5.
[65] 魏子卿. 大地坐标系新探 [J]. 武汉大学学报 (信息科学版), 2011, 36 (08): 883-886, 922.
[66] 魏子卿. 高程现代化问题 [J]. 武汉大学学报 (信息科学版), 2001 (05): 377-380.
[67] 吴海涛, 李孝辉, 卢晓春, 等. 卫星导航系统时间基础 [M]. 北京: 科学出版社, 2011.
[68] 吴书清, 李天初. 绝对重力仪的技术发展: 光学干涉和原子干涉 [J]. 光学学报, 2021, 41 (01): 44-59.
[69] 吴庭涛, 郑伟, 尹文杰, 等. 地球卫星重力场模型及其应用研究进展 [J]. 科学技术与工程, 2020, 20 (25): 10117-10132.
[70] 肖彤. 浅谈时间同步系统在电力系统中的应用 [J]. 科技与创新, 2015 (23): 78-79.
[71] 谢军, 刘庆军, 边朗. 基于北斗系统的国家综合定位导航授时 (PNT) 体系发展设想 [J]. 空间电子技术, 2017, 14 (05): 1-6.
[72] 杨旭海, 李孝辉, 华宇, 等. 卫星授时与时间传递技术进展 [J]. 导航定位与授时, 2021, 8 (04): 1-10.

[73] 杨元喜, 明锋. 中国时空基准建设现状与未来发展 [J]. 中国科学: 地球科学, 2023, 53 (09): 2192 - 2195.

[74] 杨元喜, 任夏, 贾小林, 等. 以北斗系统为核心的国家安全 PNT 体系发展趋势 [J]. 中国科学: 地球科学, 2023, 53 (05): 917 - 927.

[75] 张红波, 张风国, 甄卫民. 美国国家定位导航授时体系结构转型计划概况 [J]. 全球定位系统, 2013, 38 (02): 82 - 85.

[76] 杨元喜, 王建荣. 泛在感知与航天测绘 [J]. 测绘学报, 2023, 52 (01): 1 - 7.

[77] 杨元喜, 徐天河, 薛树强. 我国海洋大地测量基准与海洋导航技术研究进展与展望 [J]. 测绘学报, 2017, 46 (01): 1 - 8.

[78] 杨元喜, 杨诚, 任夏. PNT 智能服务 [J]. 测绘学报, 2021, 50 (08): 1006 - 1012.

[79] 杨元喜. 综合 PNT 体系及其关键技术 [J]. 测绘学报, 2016, 45 (05): 505 - 510.

[80] 姚宜斌, 杨元喜, 孙和平, 等. 大地测量学科发展现状与趋势 [J]. 测绘学报, 2020, 49 (10): 1243 - 1251.

[81] 易启林, 孙毅, 李建军. 海洋磁力测量中船磁方位改正的基准值确定 [J]. 海洋测绘, 2002 (05): 37 - 39.

[82] 尹伟言, 赵鑫. ITRF 框架坐标转换问题的研究 [J]. 测绘技术装备, 2012, 14 (03): 3 - 6.

[83] 张捍卫, 许厚泽, 王爱生. 天球参考系的基本理论和方法研究进展 [J]. 测绘科学, 2005 (02): 110 - 113, 8.

[84] 张佳培, 于雪晖, 郑靖, 等. 基于北斗卫星的时频传递方法研究 [C] // 第十三届中国卫星导航年会论文集——S05 时间频率与精密授时. 中国卫星导航系统管理办公室学术交流中心, 北京市经济和信息化局, 北京市顺义区人民政府, 2022: 36 - 42.

[85] 张杰, 范玉磊, 董海政, 等. ITRF 框架与 CGCS2000 坐标转换的研究 [J]. 全球定位系统, 2017, 42 (06): 79 - 83.

[86] 张升康, 杨文哲, 王学运, 等. 卫星双向时间频率传递研究进展 [J]. 导航定位与授时, 2021, 8 (04): 11 - 19.

[87] 张西光. 地球参考框架的理论与方法 [D]. 郑州: 解放军信息工程大学, 2009.

[88] 张美玲. 地球物理学导论 [M]. 北京: 石油化工出版社, 2019.

[89] 徐文耀. 地磁学 [M]. 北京: 地震出版社, 2003.

[90] 倪永生. 地磁学简明教程 [M]. 北京: 地震出版社, 1990.

[91] 丁鉴海, 卢振业, 余素荣. 地震地磁学概论 [M]. 合肥: 中国科学技术大学出版社, 2011.

[92] 刘天佑. 磁法勘探 [M]. 北京: 地质出版社, 2013.

[93] 张小红. 导航学 [M]. 武汉: 武汉大学出版社, 2017.

[94] 康国发, 吴小平, 胡家富. 1690 年以来全球非偶极子磁场的变化特征 [J]. 地球物理学进展, 2002 (04): 607 - 702, 710.

[95] 徐文耀, 魏自刚, 马石庄. 20 世纪地磁场的剧烈变化 [J]. 科学通报, 2000 (14): 1563 - 1566.

[96] 张晓明. 地磁导航理论与实践 [M]. 北京: 国防工业出版社, 2016.

[97] 冯丽丽. 区域地磁场谐和样条模型研究 [D]. 北京: 中国地震局地球物理研究所, 2016.

[98] 徐文耀, 区加明, 杜爱民. 地磁场全球建模和局域建模 [J]. 地球物理学进展, 2011, 26 (02): 398 - 415.

[99] 王喆. 海洋地球磁场矢量测量系统关键技术研究 [D]. 北京: 中国地震局地球物理研究所, 2020.

[100] 宗发保, 邹鹏毅, 顾建松, 等. 光泵磁力仪的主要技术指标及测试方法 [J]. 声学与电子工程, 2016, (02): 44 - 45, 49.

[101] 支萌辉. 高精度数字磁通门传感器研究 [D]. 苏州: 苏州大学, 2018.

[102] 李曙光. 原子磁力仪的研究 [D]. 杭州: 浙江大学, 2011.

[103] 白冰洁. Overhauser 效应磁传感器研究 [D]. 武汉: 中国地质大学, 2018.

[104] 林君, 刁庶, 张洋, 等. 地球物理矢量场磁测技术的研究进展 [J]. 科学通报, 2017, 62 (23): 2606 - 2618.

[105] 常宜峰. 卫星磁测数据处理与地磁场模型反演理论与方法研究 [D]. 郑州: 解放军信息工程大学, 2016.

[106] 周能兵, 王亚斌, 王强. 地磁导航技术研究进展综述 [J]. 导航定位学报, 2018, 6 (02): 15 - 19.

[107] 袁仕耿, 朱兴鸿, 黄建平. 电磁监测试验卫星 (张衡一号) 系统设计与关键技术 [J]. 遥感学报, 2018, 22 (S1): 32 - 38.

[108] 庄伟, 冯金扬, 史玉成. 全球重力基准原点正式落户中国北京 中国计量院成为全球重力加速度量值溯源地 [J]. 中国计量, 2020 (07): 13, 16.

[109] 邹蓉, 刘晖, 魏娜, 等. COMPASS 地球参考框架的建立和维持 [J]. 武汉大学学报 (信息科学版), 2011, 36 (04): 431 - 436.

[110] 邹蓉, 孙付平, 王啸, 等. 地球参考框架的发展现状和未来展望 [J]. 中国地震, 2020, 36 (04): 684 - 692.

[111] Alken P, Thébault E, Beggan C D, et al. International geomagnetic reference field: the thirteenth generation [J]. Earth, Planets and Space, 2021, 73 (1): 1 - 25.

[112] Bianco G, Luceri V, Sciarretta C. The ILRS standard products: a quality assessment [C] //Proceedings of the 15th International Workshop on Laser Ranging. 2006: 15 - 20.

[113] Bizouard C, Lambert S, Gattano C, et al. The IERS EOP 14C04 solution for earth orientation parameters consistent with ITRF 2014 [J]. Journal of Geodesy, 2019, 93 (5): 621 - 633.

[114] Chulliat A, Brown W, Alken P, et al. The US/UK world magnetic model for 2020 - 2025 [R]. Technical Report, National Centers for Environmental Information, NOAA, 2020.

[115] Craymer M R, Piraszewski M, Henton J A. The North America Reference Frame (NAREF) project to densify the ITRF in North America [C] //Proceedings of the 20th International Technical Meeting of the Satellite Division of The Institute of Navigation (ION GNSS 2007). 2007: 2145 - 2154.

[116] Han C, Liu L, Cai Z, et al. The space - time references of BeiDou navigation satellite system [J]. Satellite navigation, 2021, 2: 1 - 10.

[117] Gendt G, Altamimi Z, Dach R, et al. GGSP: realisation and maintenance of the Galileo terrestrial reference frame [J]. Advances in Space Research, 2011, 47 (2): 174 - 185.

[118] Kaftan V I, Malkin Z M, Pobedinsky G G, et al. Reference frames [J]. Науки о Земле, 2015 (3): 9 - 21.

[119] Muzondo I F, Combrinck L, Botai J O, et al. A spatial analysis of global navigation satellite system stations within the context of the African geodetic reference frame [C] //REFAG 2014: Proceedings of the IAG Commission 1 Symposium Kirchberg. Luxembourg: Springer International Publishing, 2017: 111 - 118.

[120] Liang W, Li J C, Xu X Y, et al. A high - resolution earth's gravity field model SGG - UGM - 2 from GOCE, GRACE, satellite altimetry, and EGM2008 [J]. Engineering, 2020, 6 (8): 860 - 878.

[121] Yang Y, Hulot G, Vigneron P, et al. The CSES global geomagnetic field model (CGGM): an IGRF - type global geomagnetic field model based on data from the China seismo - electromagnetic satellite [J]. Earth, Planets and Space, 2021, 73 (1): 1 - 21.